纯净钢及高温合金制备技术

牛建平　编著

北　京
冶金工业出版社
2009

内容提要

本书介绍了金属净化、纯净钢等相关概念，简述了高温合金的纯净化发展概况，论述了各种真空冶金方法的特点和应用范围；阐述了钢及高温合金中杂质元素去除过程的热力学及动力学，分析了杂质元素在金属及合金中的存在形态及其对性能的影响；通过采用氧化钙耐火材料真空感应熔炼镍基高温合金，分析了镍基高温合金中微量杂质元素的去除原理和工艺；分析了陶瓷过滤器的过滤机理及对镍基高温合金中微量杂质元素的过滤效果。

本书可供从事冶金、航空航天、动力机械、材料等领域的科研、生产、教学和管理人员参考。

图书在版编目(CIP)数据

纯净钢及高温合金制备技术／牛建平编著. —北京：冶金工业出版社，2009.5

ISBN 978-7-5024-4926-1

Ⅰ.纯… Ⅱ.牛… Ⅲ.①钢—研究 ②耐热合金—制备—研究 Ⅳ.TG142 TG132.3

中国版本图书馆 CIP 数据核字(2009)第 072810 号

出 版 人 曹胜利
地　　址 北京北河沿大街嵩祝院北巷 39 号，邮编 100009
电　　话 (010)64027926 电子信箱 postmaster@cnmip.com.cn
责任编辑 郭庚辰 美术编辑 李 新 版式设计 葛新霞
责任校对 卿文春 责任印制 牛晓波
ISBN 978-7-5024-4926-1
北京百善印刷厂印刷；冶金工业出版社发行；各地新华书店经销
2009 年 5 月第 1 版，2009 年 5 月第 1 次印刷
850mm×1168mm 1/32；9 印张；239 千字；274 页；1-3000 册
28.00 元

冶金工业出版社发行部 电话：(010)64044283 传真：(010)64027893
冶金书店 地址：北京东四西大街 46 号(100711)电话：(010)65289081

前　言

材料的纯净化一直是人们努力追求的目标之一，本书从金属净化概念入手，介绍了金属纯净化及高温合金的相关概念，简述了微合金钢、高温合金的分类及其纯净化国内外的发展概况，包括陶瓷过滤器的过滤机理及过滤效果，讨论了各种真空冶金方法的特点和应用范围，分析了杂质元素在金属及合金中的存在形态及其对性能的影响，阐述了镍基高温合金中微量杂质元素的去除原理和工艺，为从事钢及高温合金纯净化的技术人员及相关院校的师生提供基础理论和生产实践知识。

在全书的写作过程中，得到了中国科学院金属研究所胡壮麒院士、管恒荣研究员、杨克努研究员、北京科技大学傅杰教授、沈阳大学才庆魁教授的悉心指导，得到了朱丽娟教授、任传富副教授、张正贵副教授、李朝阳副教授、刘岩博士、黄忠东博士的热情帮助，我的硕士研究生王飞、侯晶、赵国英、王丽、郭威威、王宝亮、范治博参与了与本书有关课题的研究工作，近几年本科毕业生韩正乾、阎爽、袁丽、石立鹏、孔祥磊、王犇、董达、赵国强、车乾铭、邓泉水等同学参加了部分研究工作，在此一并致谢。由于作者水平所限，书中不妥之处，敬请指正。

编　者

2008 年 10 月

目　录

1 概　　述

金属材料的纯净化是金属材料发展的最重要方向之一。近年来,随着科学技术和工业生产的不断进步,特别是宇航、航空、导弹、电子和舰船等工业的快速发展,对金属材料的质量要求越来越高,不仅要求有合格的质量,而且要求有合格的化学成分、物理化学性能和力学性能。然而采用传统的制备工艺往往不能完全满足这些要求,其原因是由于金属中非金属夹杂物的含量超过了允许的范围。为了减少非金属夹杂物的有害影响,人们一方面对原材料提出了严格的要求,另一方面改革传统的制备工艺及采取辅助工艺措施,使获得的金属材料更加纯净。

1.1　金属净化概念及方法

1.1.1　金属净化概念和过滤净化过程的特点

金属净化是利用冶金物理化学和流体力学原理,采取相应的工艺措施,除去金属熔体中非金属夹杂物、有害元素和气体的过程。它不仅包含精炼过程,还包括后期的净化等过程。

金属净化是从金属熔体中分离夹杂物、有害元素和气体的过程。

金属后期净化主要是指采取过滤净化的方法。过滤净化的基本原理是金属熔体在压强差的作用下,迫使液固两相混合物通过净化介质,使固相(包括液相)夹杂物截流在介质上,达到从金属液体中分离夹杂物和有害元素的目的。

从物理学的观点来看,金属净化属于金属液体流动过程,它有两个特点:

一是流体通过过滤介质属于滞流运动,影响这种流动的有宏观的流体力学和微观的物理化学两种因素;二是悬浮于金属熔体中的固体粒子连续不断地沉积在介质表面上或内部孔隙中,因此,随着净化过程的进行,净化物连续沉积,使金属液体的流动阻力不断增加。

1.1.2 金属净化方法的分类

金属熔体净化有多种方法,按净化机理的不同,可以分为以下四大类。

(1) 吸附净化法。吸附净化是指在金属熔炼过程中,向金属液体中通入气体、加入溶剂,或加入某种能与金属液体反应产生气泡的物质,依靠吸附剂与金属液体中的夹杂物和气体发生物理化学的、物理的或机械的相互作用,并把它们从熔体中清除出去。熔体的净化程度取决于接触条件,即由熔体与吸附剂的接触面积、接触时间和表面状态等因素决定。

(2) 物理净化法。此方法是借助某种物理过程对金属熔体进行净化处理,例如对合金液体进行超声波处理、电磁处理及真空处理等。

(3) 区域精炼净化法。根据溶质再分配定律,合金凝固时所产生的非金属夹杂物会产生偏析,因此可采用区域精炼净化法去除。

(4) 过滤净化法。过滤净化法是使金属熔体流经某种介质,该介质按某种机理俘获夹杂物或悬浮物,从而达到纯净金属的目的。

国外近期发展起来的主要净化方法有:静止净化、吹入活性或惰性气体净化、溶剂净化、真空净化、不同过滤介质的过滤净化等。

1.2 纯净钢概念及研究概况

1.2.1 纯净钢概念

傅杰教授归纳了关于纯净钢的概念,“clean steel”在我国有多种译法,其含义也不同。超纯钢指钢中硫、磷、氧、氮、氢等杂质元素含量极低；清洁钢或洁净钢指钢被非金属夹杂物污染的程度低；纯净钢指钢中的硫、磷、氧、氮、氢等杂质元素含量低，且钢中的非金属夹杂物含量少、尺寸小、分布均匀，纯是看不见的，洁净是看得见的（通过显微镜），纯洁度是纯净钢纯和洁净的程度。

钢及合金纯洁度的高低意味着含杂质元素的多少，以及杂质元素形成的夹杂物的特征和控制程度。杂质元素包括非金属杂质、气体、非金属夹杂物及金属夹杂。

1.2.2 零夹杂钢概念

李正邦院士分析了制备“零夹杂钢”的理论依据，指出其工艺措施，目前国内外大规模生产的洁净钢中 C、N、S、H、P、O 含量之和不大于 100×10^{-6}，不少冶金学家将超洁净钢定义为 C、N、S、H、P、O 含量之和小于 40×10^{-6}。他们认为，针对不同的钢种和性能要求，采取不同的措施和精炼手段，各个突破，可以达到上述洁净要求。

Kiedssling 提出了夹杂物临界尺寸的概念，指出了钢材的断裂韧性 K_{IC} 与夹杂物的临界尺寸的关系，夹杂物的临界尺寸为 5 ~ 8 μm，当夹杂物的尺寸小于 5 μm 时，钢材在负荷条件下，不再发生裂纹扩展，可将此定义为超洁净钢标准之一。

当材料的洁净度达到一定程度时，其性能会发生某些突变，如超纯铁的耐腐蚀能力和金或铂相当。18Cr2NiMo 不锈钢的 P 含量从 0.026% 降低到 0.002%，耐硝酸腐蚀能力有很大提高，金属材料的加工性能、疲劳性能和韧性主要取决于钢中非金属夹杂物的性质、尺寸、数量及分布，只有当非金属夹杂物的尺寸小于 1 μm、且其数量小到彼此间距离大于 10 μm 时，它们对材料的宏观性能才不会产生影响。

为了研究钢在极限条件下各项理化性能和力学性能，日本科技厅金属研究所用冷坩埚悬浮熔炼技术，通过去除夹杂物形成元素和钢中夹杂物，生产出超高洁净钢，加拿大 Mitchell 和新日铁

Fukumoto 提出“零夹杂钢”的概念，所谓“零夹杂钢”的概念并非钢中无夹杂物，而是指钢液在凝固以前不析出任何非金属夹杂物，在固态下析出的非金属夹杂物是高度弥散分布的，尺寸小于 1 μm，在光学显微镜下是观察不到的，预示其抗疲劳性能会有大幅度提高，因此“零夹杂钢”实际上是含亚微米夹杂物的钢。可能存在的亚微米夹杂物来自两部分，一部分是原始合金或初炼炉带来的 Al_2O_3、SiO_2、CaO 等夹杂物，另一部分是钢凝固过程中析出的氧化物、硫化物和氮化物等。

钢液中析出硫化物和氮化物的溶度积远比析出氧化物的溶度积高，在一般情况下液相中不可能析出硫化物和氮化物，因此所谓“零夹杂钢”实际上就是“零氧化物”钢，要获得真正的零夹杂钢，除了控制钢中氧含量以及脱氧元素含量及其偏析，使它们的溶度积低于固相线温度时的平衡溶度积，以防止在固相线温度以前析出氧化物夹杂以外，还在于如何去除原始合金中带来的氧化物夹杂。

当夹杂物的尺寸小于 1 μm 的时候，夹杂物将发挥以下有益的影响：

（1）微细析出对晶界有钉扎作用；

（2）固溶夹杂拖拽晶界移动的效果；

（3）可抑制再结晶和晶粒长大。

1.3 微合金高强钢概况

1.3.1 微合金钢定义及属性

微合金高强度低合金钢（Microalloy High Strength Low Alloy Steel）简称微合金钢（Microalloy Steel），是近 30 年来在普碳软钢和普通低合金高强度钢的基础上迅速发展起来的工程结构用钢，是采用 Nb、V、Ti 等元素进行微合金化、具有高性能的新型低合金高强度钢。国外早已将微合金化和控制轧制技术反映到低合金高强度钢标准里，使这项重要和关键的技术得到推广应用，对低合金高强度钢的发展起到了推动作用。

从广义来说，凡是在基体化学成分中添加了微量（不大于0.20%）合金元素，从而使钢的一种或几种性能具有明显变化的钢都可称为微合金钢。通常所说的微合金钢系指微合金高强度低合金钢，它是在软钢或高强度低合金钢基体中添加了微量合金元素（主要是强烈的碳化物形成元素，如 Nb、V、Ti、Al 等）的钢。显然，这类微合金钢仍属高强度低合金钢。

微合金钢具有以下属性：

(1) 在低碳含量和超低碳含量下，具有良好的冷热成形性和焊接性。

(2) 介于合金钢和非合金钢之间，添加少量（一般含量（质量分数）≤0.01%）的 C、N 化合物形成元素 Nb、V、Ti、Al、B 等，并以晶粒细化和析出强化为钢的主要强韧化机制。

(3) 钢的屈服强度不低于 275 MPa。

(4) 在非热处理状态（控轧、控冷等）下使用。

微合金化元素有 Ti、V、Nb、B、Al、Zr、Ta 等，它们与钢中的 C、N、O 及 S 等元素可形成多种化合物，从而对钢的性能产生多种影响。钢的微合金化技术现在正被用于更加广泛的领域，如中碳非调质钢、钢筋钢、高碳轨钢、耐热工具钢、不锈钢等。这些钢可以在相当低的成本下达到良好的强度、韧性、成形性及焊接性相结合的综合使用性能。微合金钢目前可用的强度范围是 400 ~ 600 MPa（屈服强度），广泛应用于桥梁、建筑、船舶、车辆、压力容器、采油平台、输油管道等各种工程结构。由于上述用途钢材一般占社会对钢材总需求量的 60% 左右，所以微合金钢的应用前景广阔，是现代钢铁工业中的主力产品。

1.3.2 微合金元素在微合金钢中的作用

1.3.2.1 合金元素在不同金相组织中的溶解度

钢一般是由几种不同晶体结构的金相组织（例如奥氏体、铁素体、碳化物、金属间化合物、夹杂物以及不能够在钢中溶解的较为纯净的其他金属元素微粒等)构成聚合体。微观地看,一种元素在不同的技术组织中的溶解度是不一样的,有的甚至相差很多倍,就是在同一种组织中,也随温度而改变。

一种元素在几种可能形成的组成物中的分布,取决于其他元素的含量。因此要了解合金元素的分布倾向,必须知道钢的化学成分。

根据合金元素在钢中形成碳化物的倾向不同,可以把它们分成:

(1) 不形成碳化物元素。只以原子状态存在于奥氏体、铁素体等固溶体中,它们是 Si、Al、Cu、Ni、Co 等。

(2) 强碳化物形成元素。只要有足够的碳,在适当条件下就会形成它们自己的特殊碳化物,仅在缺少碳的情况下,才以原子状态进入固溶体中,它们是 V、Zr、Nb、Ti、Ta 等。

(3) 弱碳化物形成元素。介于以上两类之间,一部分以原子状态进入固溶体中,另一部分进入渗碳体中置换部分的铁原子形成置换式渗碳体,例如$(Fe,Mn)_3C$,$(Fe,Cr)_3C$ 等,但当其含量超过一定限度时(锰除外),又将形成它们各自特殊的碳化物,例如$(Fe,Cr)_7C_3$,$(Fe,W)_6C$ 等,这一类元素有 Mn、Cr、W、Mo 等,它们在碳化物中的含量,一般都比在奥氏体和铁素体中高。

碳化物属于间隙化合物。过渡金属钛、钒、铌、锆等与钢中的碳都形成一系列的二元合金碳化物。其特征是具有高的硬度、弹性模量和熔点,高的生成热并具有导电性。当过渡性金属原子半径和碳原子半径比值(r_m/r_C)小于 0.59 时形成简单密排结构的碳化物。例如 Nb、V、Ti、Ta、Zr 与碳形成面心立方点阵的 MC 碳化物,而 W、Mo 与碳形成六方点阵的碳化物 MC 和 M_2C。当(r_m/r_C) > 0.59时,形成复杂结构的碳化物。

1.3.2.2　微合金元素的强化作用

微合金元素在微合金钢中的作用主要是:细化晶粒、析出强化和固溶强化。微合金元素的溶解、析出能力直接影响着它在钢中的作用。加热时的均热阶段，微合金元素固溶于奥氏体中，阻止奥氏体晶粒的长大；在轧制阶段，微合金元素抑制回复及再结晶的进行，细化相变晶粒；在冷却过程中，第二相质点沉淀析出，起到了极大的沉淀强化作用。

A 细晶强化

在低碳锰钢中，Nb、V、Ti 等强碳氮化物形成元素能有效地细化铁素体晶粒，图 1－1 为 Nb、V、Ti 等微合金元素及其含量与铁素体晶粒的尺寸关系。在控制轧制的微合金钢中微合金元素具有非常明显的细化晶粒效果。由图可见，随着微合金元素 Nb 含量的增加铁素体晶粒的尺寸减小。当 Nb 含量达到 0.035% 时，Nb 对铁素体晶粒的细化作用减弱；当 Nb 含量达到 0.04% 时，铁素体晶粒的尺寸基本不随着 Nb 含量的增加而减小。微合金元素 Ti 对铁素体晶粒尺寸的影响与 Nb 具有相同的趋势，只是细化效果不如 Nb 明显；同样可见铁素体晶粒的尺寸随着 V 含量的增加而减小，但 V 对铁素体晶粒尺寸的影响不如 Nb、Ti 作用强。实验室内最佳控制轧制状态下的最小平均铁素体晶粒尺寸为 1～2 μm，而在大生产中则为 5～10 μm。

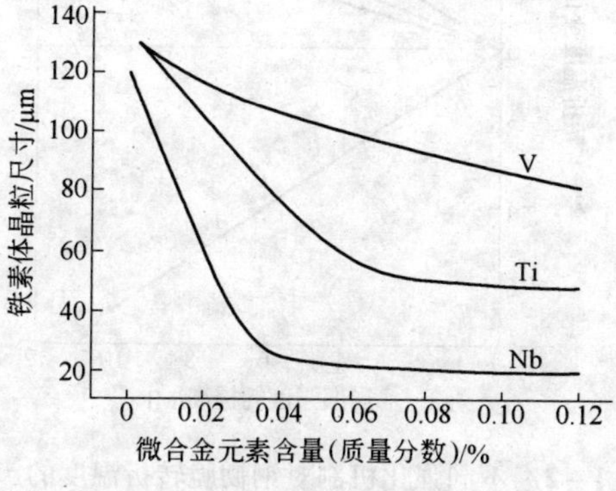

图 1－1 微合金元素及其含量与铁素体晶粒尺寸的关系

细晶强化是钢中最重要的强化方式,也是人们最早开始进行深入研究的强化方式之一。现在人们对细晶强化的本质已有清楚的了解,并得出相当准确的定量计算公式。

Hall 和 Petch 最先独立地得出了晶粒细化强化的公式:

$$\sigma_s = \sigma_{s0} + kD^{-1/2} \quad (1-1)$$

式中 σ_{s0}—— 内摩擦应力;

k——比例系数;

D——有效晶粒尺寸,对铁素体–珠光体钢,即为铁素体晶粒尺寸;对板条马氏体组织,系指板条马氏体束的尺寸;对孪晶马氏体组织,则为奥氏体晶粒尺寸。

式(1–1)表明,随着晶粒尺寸 D 的减小,钢的屈服强度将提高。如果晶粒尺寸减小 1 个数量级,那么将导致晶粒强化项的增量达到先前的 $10^{1/2}$ 倍,韧脆转折温度也将明显降低,如图 1–2 所示。

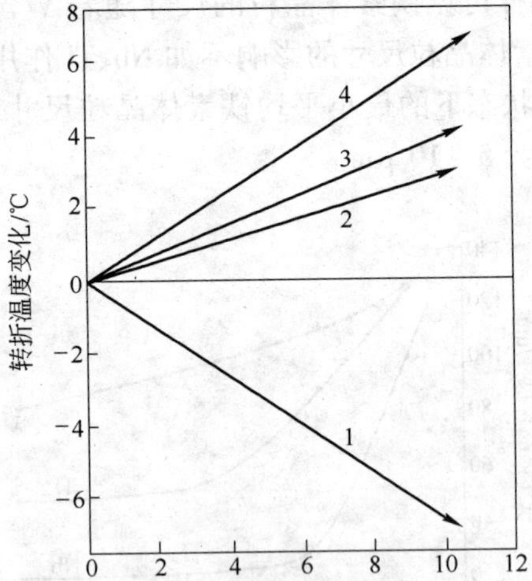

图 1–2 不同强化机制对钢韧脆转折温度的影响

1—晶粒细化强化;2—沉淀强化;3—位错强化;4—碳含量强化

晶粒细化是各种强化机制中唯一既能提高钢的强度和韧性，又能降低韧脆转折温度的方法。微合金元素通过析出质点，在从冶炼凝固到轧制加热和焊接加热及其冷却过程中，通过影响成核和晶界迁移来影响晶粒尺寸。

微合金钢中常用的细化晶粒元素有铝、铌、钒、钛等，如钒在钢中与碳、氮、氧等有极强的亲和力，形成稳定的碳化物和氮化物。所形成的碳化钒沉淀强化铁素体并阻碍晶粒长大，因而能有效提高钢的强度。

钢中含不同微合金元素其奥氏体晶粒长大的特征如图 1 - 3 所示。由图可知，含钛钢的晶粒长大温度最高，依次为铌、铝、钒等。但从加入量方面来看，在控轧和正火钢中，用较低的铌含量（目前常用的为 0.03% 左右）即能起到显著的细化晶粒作用。

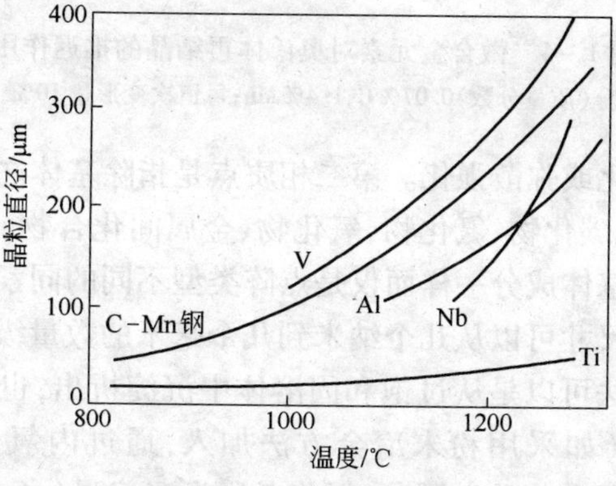

图 1 - 3 含不同微合金元素钢的奥氏体晶粒长大特征

铌对钢晶粒细化的独特影响，还表现在它对奥氏体再结晶有强烈的延迟作用。从图 1 - 4 可以看出，铌含量达 0.03% 即可将完全再结晶所需的最低温度提高到 950℃ 左右，从而显著降低控制轧制对轧机负荷的要求。

B 沉淀强化

材料通过基体中弥散分布的第二相质点而产生强化的方法称

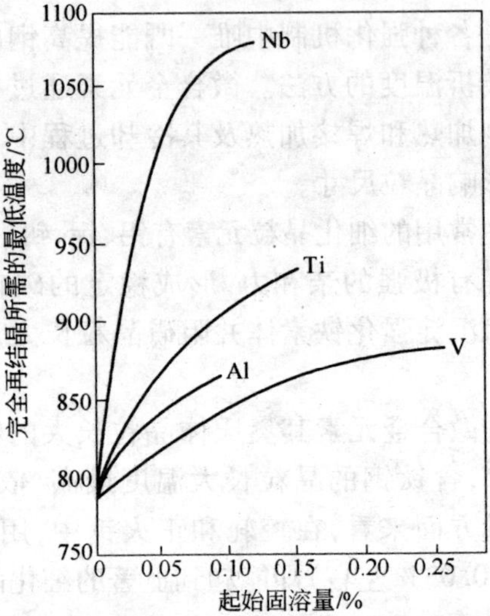

图 1－4　微合金元素对奥氏体再结晶的推迟作用

（钢的成分（质量分数）0.07% C，1.4% Mn；每道次变形量 10%～15%）

为第二相强化或弥散强化。第二相质点是指除基体之外所有其他相的质点，如碳化物、氮化物、氧化物、金属间化合物、亚稳中间相甚至包括与基体成分一样而仅是点阵类型不同的同素异构相。第二相的质点尺寸可以从几个纳米到几个毫米的数量级。产生第二相质点的方法可以是从过饱和固溶体中沉淀析出，也可以通过其他方法加入（如采用粉末冶金方法加入，通过内氧化方法产生等），后者一般称为弥散强化，而前者称为沉淀强化（或析出强化、时效强化），它们的强化机理都是一样的。但由于在一般金属材料中主要是采用比较经济的沉淀析出方法来得到第二相质点，故这里将其称为沉淀强化。

第二相质点与运动位错之间将产生相互作用，从而导致屈服强度和流变应力提高。根据第二相质点与运动位错相互作用的特点，可将其作用机制分为两种。第一种是位错不进入质点，只是绕过质点并在它周围产生位错环，这称为 Orowan 机制或绕越机制，

图 1-5 是 Orowan 机制示意图；第二种是位错穿过即切过质点，称为切过机制。

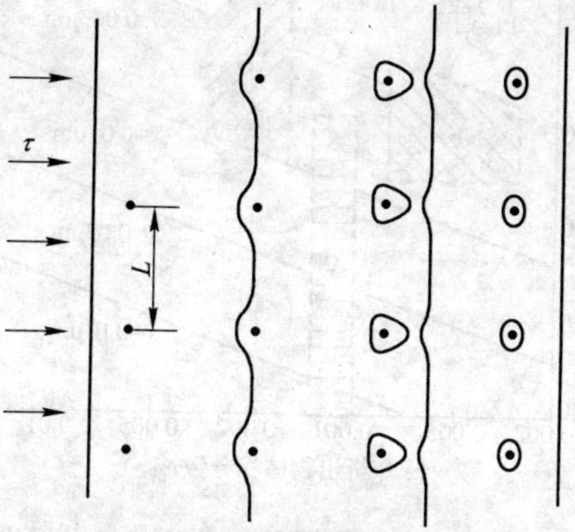

图 1-5 Orowan 机制示意图

按 Ashby-Orowan 的第二相强化模型，析出强化的作用可用公式(1-2)计算：

$$\sigma_{\mathrm{ph}} = \frac{5.9\sqrt{f}}{\bar{x}} \cdot \ln \frac{\bar{x}}{2.5 \times 10^{-4}} \qquad (1-2)$$

强化效果与析出物质点的平均直径 $\bar{x}$ 成反比，与析出物质点体积分数 f 的平方根成正比(见图 1-6)。

能够生成碳、氮化合物并有析出强化作用的只有铌、钒和钛。含铌钢的强度增量主要靠晶粒细化，而且在含量 0.04% 以下增加很快。含钒钢的强度增量主要靠析出强化，晶粒细化的分量较小。含钛钢的作用居中，特点是在 0.08% 以下主要靠晶粒细化，超过 0.08%，则析出强化起主要作用。由于晶粒细化能降低韧脆转折温度，而析出强化则是提高韧脆转折温度，综合影响的结果是：铌在 0.03% ~0.04% 和钛在 0.08% 以下降低钢的韧脆转折温度。但是钒不论其含量多少都将提高钢的韧脆转变温度。微合金钢的控制轧制和控制冷却，正是利用了 Nb、V、Ti 等微合金元素细化晶粒和析出强化的效应，获得了高达 400 ~600 MPa 的屈服强度和良好的韧性。

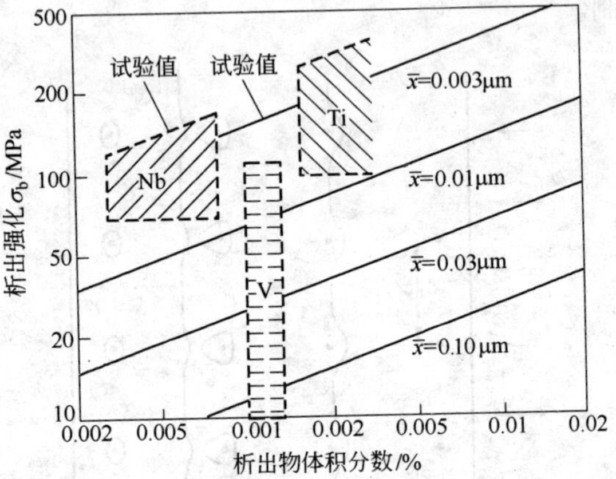

图1-6 析出物平均颗粒尺寸、体积分数与析出强化之间的关系

C 固溶强化

固溶强化是由于固溶体中的溶质与运动位错相互作用而引起流变应力的增加。位错与溶质原子之间有多种作用机制，主要有：弹性相互作用、模量相互作用、电相互作用、层错相互作用、有序化相互作用。固溶强化问题是一个相当复杂的问题，而 α-Fe 中的固溶强化作用主要来自于弹性相互作用。固溶强化作用与位错和第二相质点的作用显然是有密切联系的，但一般并不具有线性可加性。然而当溶质浓度很低时，基体的形变特征不发生明显的变化时，固溶强化与位错强化和第二相强化的作用就可以简单地线性相加了。

经过长期的大量的试验研究工作已经证实，在一般的稀固溶体中，溶质的固溶强化造成的屈服强度增量可用式(1-3)表示：

$$\sigma_{Mi} = k_{Mi}[M_i]^{m_i} \tag{1-3}$$

式中，$[M_i]$为溶质元素 M_i 在固溶体中溶解的质量百分数；k_{Mi} 和 m_i 为常数，它们取决于基体及溶质元素的性质。m_i 的数值介于1/2 和 1 之间。当溶质元素的硬化能力较弱时（如在铁中溶解度较大的置换固溶元素)，m_i 等于1；若溶质元素的硬化能力较强(如 α-Fe 中间隙固溶的 C,N 等溶质)，则 m_i 等于1/2。然而当钢中间隙固溶的 C,N 量很少时，也可在一定的 C、N 浓度范围内用直线关系代替抛物线关系，也能准确地估算固溶强化效应。在一般的微合金钢乃至低碳钢中，间隙固溶的 C、N 含量的变化范围很小，完全可以采用近似直线关系式。这样，所有固溶元素的强化效果都可以用式(1-4)表述：

$$\sigma_{Mi} = k_{Mi}[M_i] \tag{1-4}$$

系数 k_{Mi}的大小也取决于基体和溶质元素的性质。一般来说，系数 k_{Mi}大致与溶质元素在基体中的最大溶解度的倒数成正比。目前，定量计算固溶强化导致的屈服强度增量都是采用实验确定的系数 k_{Mi}。

1.3.3 国内外微合金钢发展现状、趋势及存在问题

1.3.3.1 发展现状

我国低合金钢研究起步于1957年，结合中国资源，先后研制钢号345个，经统一后为233个，已纳入国家与行业标准93个，1995年实际生产205个，其中产量大于5万t的只有19个。这类钢低强度级居多，高强度级少，最近几年才有所发展，有的厂家可以提供Ⅲ级钢筋和各种高强度的板、带、管和轨。

2000年中国钢产量1.285亿t，而到2004年中国钢产量已达到2.72亿t，短短4年，中国钢产量翻了一番。2007年中国钢产量超过4亿t，我国已经成为世界最大的钢铁生产国和钢铁消费国，但从钢材的品种结构看，我国还不是一个钢铁工业强国。我国的低合金钢和微合金钢的生产和质量还远远落后于各工业发达国家，从微合金钢所消费的铌铁来看(表1-1)，我国1998年吨粗钢的铌铁的消耗强度只是美国、日本、德国的1/5～1/8。微合金钢的生产一定程度上反映钢铁工业技术水平，发展微合金钢是钢铁强国的必由之路。

表 1－1 我国及主要工业发达地区历年铌铁消费量 (t)

国家、地区	1993 年	1995 年	1997 年	2003 年
北 美	6060	7970	11100	13500
日 本	4450	4700	5050	7050
欧 洲	6070	7930	10250	12850
巴 西	1050	1020	1320	1580
中 国	78	260	280	1500

低合金高强度钢，特别是其中的微合金钢是近 30 年来发展最迅速、最富有活力的钢材品种之一，被广泛地用于各个工业部门。微合金钢的品种、规格、数量和质量可反映一个冶金企业的综合技术实力。表 1－2 为我国 20 世纪末的钢材总产量及微合金钢产量。从表 1－2 可以看出，我国微合金钢产量呈缓慢递增的趋势。图 1－7为我国历年微合金钢产量的统计。表 1－3 为 2003～2005 年某些工程结构用的微合金钢的产量。1986～1998 年，在微合金化的细晶化和碳氮化物溶解－析出行为研究的基础上，微合金钢开发的突出成就主要是在油气输送管线用钢、大型跨江公路桥和铁路桥梁用钢、造船用钢、汽车用钢、工程机械用钢、耐候集装箱用钢的生产。

表 1－2 近年我国钢材总产量及微合金钢产量

项 目	年 份					
	1994	1995	1996	1997	1998	1999
钢材总产量/万 t	9300	9400	10100	10800	11400	12200
微合金钢总量/万 t		213.77	238.97	285.16	282.30	292.50
微合金钢占钢材总量/%		2.27	2.37	2.64	2.48	2.40

微合金钢、低合金高强度钢对降低钢的成本、改善钢的强韧性和焊接性的作用在 20 世纪 60 年代就引起了全世界的普遍重视，到 20 世纪 80 年代得到了迅速的发展。随着近代冶金技术的迅速发展，微合金钢、低合金钢在其后几十年里得到了迅猛发展，使装备、工艺与技术三者得到完美的结合。近30年来，随着人们认识

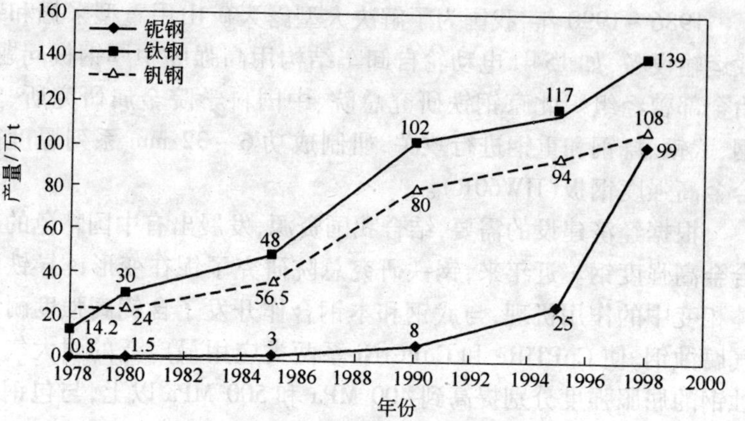

图 1－7 我国历年微合金钢产量统计

表 1－3 某些工程结构领域用微合金钢的产量 （万 t）

分 类	主要牌号	产量(2003～2005 年)
油气长输管线用钢	A PL,5L,X60～X70	95.4
桥梁用钢(斜坡、悬索桥)	StE355,14MnNbq,16MnNbq	40.6
造船用钢	AH32,36DH32,EH32	50.4
工程机械用钢	BHW 60W,HQ 60B,HG60,HG70,HJ58,DB685	20.3
汽车用钢(大梁、车轮)	B510L,RS50,GQ 360,WL 510,RCL 420	52.8
集装箱用钢	B480GNQ,B480GNQR	90.4
铁道用钢(重轨)	56Nb,BNbRe,AD3	105.2
球罐用钢(压力容器)	Bp460N,WHD4	12.6

的深入、工艺过程和设备的改进以及微合金化与控制轧制技术的有机结合，使微合金钢发展成为具有良好的综合力学性能、可焊性、成形性等多种使用性能的工程结构用钢的新钢类。微合金钢具有适合于大规模工业生产、成本低、能耗低、经济效益显著和用途广泛等特点。发达国家微合金钢的产量占钢材总产量的10%～15%，而我国 2004 年钢材总产量为 2.67 亿 t，其中微合金钢产量不到全年钢材总产量的 3.0%，与工业发达国家还有很大的差距。因此，我国微合金钢的研究和生产具有很大的潜力，目前也已列入钢铁和机械制造业的重大研究课题。

1986～1990 年，我国为了解决大型露天矿山用重型采掘和装载运输设备，如 154 t 电动轮自卸车结构用高强度中厚钢板问题，冶金部曾经组织北京钢铁研究总院、中国科学院金属研究所、宝钢、武钢、舞钢和重钢进行攻关，研制成功 6～32 mm 系列厚度微合金高强度钢板（HW60R）。

根据经济建设的需要，结合我国资源，发展出有中国特色的微合金高强度钢。近年来，钢铁研究总院研究了铌在变形诱导铁素体相变中的作用机理，与武钢和本钢合作开发了含铌高强度耐大气腐蚀钢，使 CuPTiRe 和 CuPCrNi 系两类应用最广泛的耐大气腐蚀钢的屈服强度分别提高到 400 MPa 和 500 MPa 以上，与包钢薄板坯连铸连轧厂合作开发了 X60 管线钢和汽车大梁钢。

我国于 1998 年启动了翁宇庆负责的 973 项目“新一代钢铁材料的重大基础研究”，其主要研究内容是将目前广泛应用的铁素体－珠光体钢的屈服强度提高一倍，即碳素结构钢屈服强度从 200 MPa 级提高到 400 MPa 级，低合金高强度钢的屈服强度从 400 MPa级提高到 800 MPa 级。我国的研究形成了以变形诱导铁素体相变为核心的细晶粒或超细晶粒形成理论和控制技术，实现了细晶粒或超细晶粒钢的工业化生产。中国 973 新一代钢铁材料基础研究所取得的丰硕成果，开辟了一条生产高性能、长寿命、低成本超级钢的技术路线，同时满足当代社会发展对节约能源、节约资源和环保的要求。而在这些独创性的研究成果中，引起国内外重视的是钢铁研究总院的“形变诱导铁素体相变”（DIFT）、北京科技大学的“弛豫析出控制相变”（RPC）和“形变强化相变”（DET）机制所构成的生产超细晶粒钢（$d_\alpha \approx 1\ \mu m$）的主导技术。

我国在开展新一代钢铁材料的基础理论研究工作的同时也安排了超细晶粒钢的工业化试制。在扁平材研发方面，宝钢与东北大学对 C-Mn 钢利用低温轧制、加速冷却和低温卷取等技术，获得了铁素体晶粒尺寸约为 5 μm 左右的铁素体－珠光体－贝氏体钢，钢板的屈服强度达到 400 MPa 级，同时具有良好的成形性能，已应用于第一汽车制造厂的汽车大梁。攀钢和武钢与钢铁研究总院采用普通碳素结构钢化学成分，利用控制轧制、道次间加速冷却和轧后控冷等技术，获得了铁素体晶粒尺寸约为 4 ~5 μm 的铁素体 - 珠光体钢。钢板的屈服强度也达到了 400 MPa 级，成形性能优异，已开始批量应用于东风汽车大梁的生产。

从 1870 年美国圣路易斯城附近一座横跨密西西比河的桥梁拱型桁架采用含 Cr1.5% ~2.0% 的低合金高强度钢到现在，已有 130 多年的发展历史。从合金设计角度来看，微合金钢的发展大体上经历了三个阶段。

第一阶段为 20 世纪 20 年代以前。结构制造主要采用铆接，设计规范主要采用抗拉强度。钢的强化主要靠碳以及加入单一合金元素，如 Cr、Ni、Si 等。碳含量达到 0.3% 以上，合金元素的加入量相对较高，达到 2% ~3%，甚至更高一些。最初的低合金高强度钢可以说是由机械制造用合金结构钢移植过来的。

第二阶段为 20 世纪 20 年代至 60 年代，结构制造中日益广泛地采用焊接技术。在某些领域，设计规范逐步采用屈服强度，对于钢种的焊接性开始提出要求，降低碳含量和碳当量（C_{eq}）是大势所趋，钢种向低碳多元素方向发展，碳含量一般降到 0.2% 以下，合金元素 2 ~3 个，甚至更多。

第三个阶段自 20 世纪 60 年代至今。钢中碳含量进一步降低到 0.1% 以下，有的钢种甚至进入超低碳范围，Ti、V、Nb 等微合金元素逐步进入角色。近年来，Cu 的析出强化已应用于开发舰艇、工程机械高强度钢和高强度深冲钢。目前微合金钢正由单一元素微合金化向多种元素复合合金化方向发展。

还在上述发展的第二阶段，人们即已认识到，为了改善低合金高强度钢的性能，单靠合金化的作用是有限的。一方面，对低合金高强度钢性能的要求越来越多，而且指标越来越高；另一方面，由于低合金高强度钢的使用面扩大，经济性问题也日益突出。利用新工艺技术是提高低合金高强度钢综合性能价格比的有效途径。德国的 St.52 钢，从最初的 Si、Mn 钢加入少量 Al，研制成细晶粒的 St.52F 以及高纯度细晶粒的 St.FS 钢就是很好的实例。第二次世界大战结束前后开发出淬火回火的低碳马氏体钢，如 HY-80、AK-25 以及 USST-1 钢则是采用新工艺技术的另一个范例。但生产工艺技术进步的作用只有在低合金高强度钢发展的第三阶段才比较明显地发挥出来。现在可以认为，合金元素，特别是微合金元素的作用，只有采用一定的生产工艺技术才能充分发挥。现代的低合金高强度钢应是合金化、微合金化与先进工艺技术相结合的产物。

微合金钢产生于 20 世纪初，最早引起人们注意的微合金元素是钒。早在 1916 年，美国人 Bullens 就发展了添加 0.12% ~0.20% V 的软钢。1934 年 Cone 论述了一种含 0.2% C、0.10% ~0.18% V、0.45% ~ 0.75% Mn 的钢，该钢在轧制态的屈服强度为 275 ~ 345 MPa，同时比普碳钢具有更细、更均匀的晶粒尺寸。随后，美国钒公司研制了具有高的冲击韧性和疲劳寿命的钒钢。德国比美国更早认识到氮在含钒钢中的重要性。1945 年，Neumeister 和 Wiester 论述了在 0.18% C、1.5% Mn 钢中添加 0.1% V 可以使屈服强度提高 390 MPa，他们将强度的提高归功于 VC，VN 或 V(N，C)对晶粒的细化作用。铌在软钢中的应用比钒要晚得多。20 世纪 50 年代末期，铌的冶金问题初步得到解决。这时，大西洋两岸同时积极进行了铌钢的研制和生产应用。微合金元素 Nb 是近几年发展的 HSLA 中的主要合金元素。用 V、Ti、Nb 微合金化的 HSLA 钢在过去的 40 年中获得了迅速发展，目前世界总产量约为 8000 万 t/a。

标志性的国际会议 Microalloying'75 对这一时期微合金钢的研究开发及生产应用工作进行了充分的总结，确立了微合金钢的地位和进一步发展的方向，使得微合金钢成为重要的研究领域。各国的物理冶金学者对这类钢的工艺过程、组织和性能进行了大量研究工作并取得了新的成果，大大丰富了物理和力学冶金的内容，有力地推动了对物理和力学冶金的深入认识，从而使微合金钢成为近 30 年来物理和力学冶金领域的重大进展之一。20 世纪 80 年代至今是微合金钢产品的迅速发展时期，特别是 20 世纪 90 年代后期世界主要钢铁生产国相继制定和实施新一代钢铁材料研发计划，超细组织、高洁净度、高均匀度和微合金化是钢铁材料的最重要发展趋势，微合金钢的研发获得了更为广泛的认同和重视。各工业发达国家均将微合金钢作为钢铁工业中最重要的研制和发展方向。

目前，国外正在研制设计强度为700 MPa相当API X100的高强度微合金管线钢（铁镍基体），主要用于大管径高压输送天然气管线，现在仍处于试用阶段。

20世纪90年代以来，美国决定采用微合金钢新技术改进其海军舰艇用高强度合金船体钢板（HSLA80~100）的可焊性和韧性，此项工作被列入美国国防生产规划（Defense Production Act Title III Program），由政府资助，总投入6亿美元，彻底改造了Bethlehem Steel的Burns Harbor等几个钢厂（1991~1996年），使他们具备了生产新型高强度微合金钢板的能力。从1996年开始，美国大幅度减少了从日本、韩国、欧洲进口优质中厚钢板的数量。

日本新日铁大分钢厂推出厚度为18~50 mm（屈服强度≥400 MPa）的微合金高强韧表层钢板（SUF plate），被称为开拓性高技术钢（new era of high tech steels）。这种钢板利用控制轧制和在线控制冷却技术在钢板两个表面各形成厚度为4 mm的表层超细晶粒（0.5~2 μm）强韧化带，钢板中心部位则仍保持细晶（10~12 μm），使全板冷脆转变温度下降到150K（-123℃），而目前市场通用的微合金钢板的冷脆转变温度为-80℃。这种钢板具有极高韧性（A_{KV}≥200J），主要用于高层建筑抗震钢结构。

1.3.3.2 发展趋势

微合金高强度钢由于高效、节约合金元素和能源及在生产过程中向大气释放的二氧化碳量少，已经被公认为“环境保护材料”（Environment conscious materials），为国际社会中倡导应用的材料。目前西方各国在建筑工程中已经不再使用砖瓦材料，而主要采用钢材。

1995年在日本人口高度稠密的阪神地区发生了强烈大地震，而伤亡不过数千人。据总结，主要是因为大部分建筑是用钢结构和硅酸盐（玻璃），自重轻、抗震、防火能力强。在阪神地区重建中，日本提出了建设无灾害城市的口号。近年来在西方普遍采用钢材建设各种公共建筑设施如桥梁、立体交通枢纽、电视塔、高层建筑等。其中高强度大规格 H 型钢占建筑用钢的50% ~80%,绝大部分抗震高层工程钢结构都开始采用微合金钢,建筑钢筋的用量很少。

应用控制轧制和微合金新技术生产高强韧性耐候钢板也是一个发展方向。在西方工业发达国家采用耐候钢板建造的桥梁已经占其钢桥总数的25%以上。原因是用耐候钢建造的桥梁一般涂一次漆后,可以在40年内不必再涂油漆,而普通钢板建造的桥梁不但需要经常涂漆,而且由于严重锈蚀需要更换,其使用寿命只能到20年。

目前国际上的新型工程结构大部分是根据微合金高强度钢性能设计的,因此必须应用这种钢。例如,苏联在20世纪80年代建造的横贯欧亚大陆高压输送天然气管线所用的上千万吨微合金管线钢板,只能由德国(欧洲段)和日本(亚洲段)钢厂供应,尽管当时苏联的钢铁产量居世界首位。

在基础研究成果指导下开发微合金高强钢,已经体现在许多钢铁企业钢材品种结构调整的方案和规划之中。表现为两大特点,其一是装备的更新和工艺技术的改造与品种开发相结合;其二是低温轧制及铁素体轧制的超薄带生产技术的应用。

近十几年来,在微合金高强度钢生产领域已经成熟地应用了许多新技术,未来的发展趋势也十分明显,有以下几个主要方面:

(1) 国内对控轧的概念仍有许多模糊,甚至混淆了一般热轧(CHR)与传统控轧(CCR)、再结晶控轧(RCR)的工艺差异,对不同的微合金化适用于不同的控轧操作还不理解。为此,应当按'75微合金化和'95 微合金化两次国际会议关于微合金化和热机械处理(TMP)的定义,把握控制奥氏体晶粒度的合金设计新概念,如图1-8所示,在完全再结晶区,适合采取钒、钛微合金化的RCR工艺,在不发生再结晶区则应用铌微合金化的CCR工艺,由于钛、铌及钒的碳氮化物的溶解-析出的不同特性(图1-9),决定了不同微合金钢所采取的控轧和控冷工艺的不同。

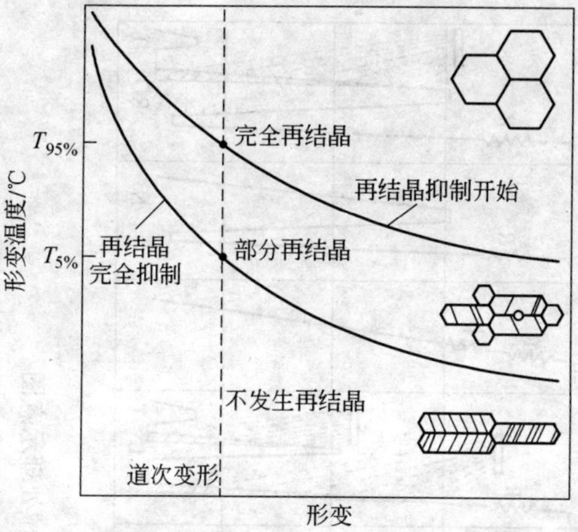

图 1－8　不同形变条件对应的奥氏体组织示意图

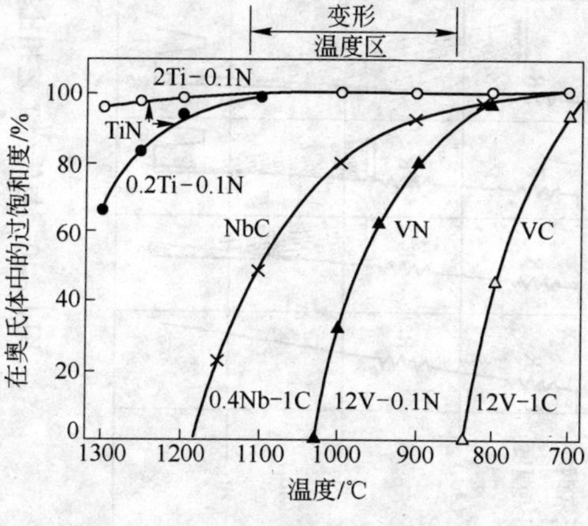

图 1－9　不同微合金化的过饱和度

（2）热机械处理方法有了很大的发展（图 1－10），轧后加速冷却，甚至在高温奥氏体区的直接淬火被广泛应用，加速冷却钢材的回火操作对于获得高性能具有重要意义。过去快冷都在轧后进行，最近又开发了在轧制过程中快冷的新工艺。

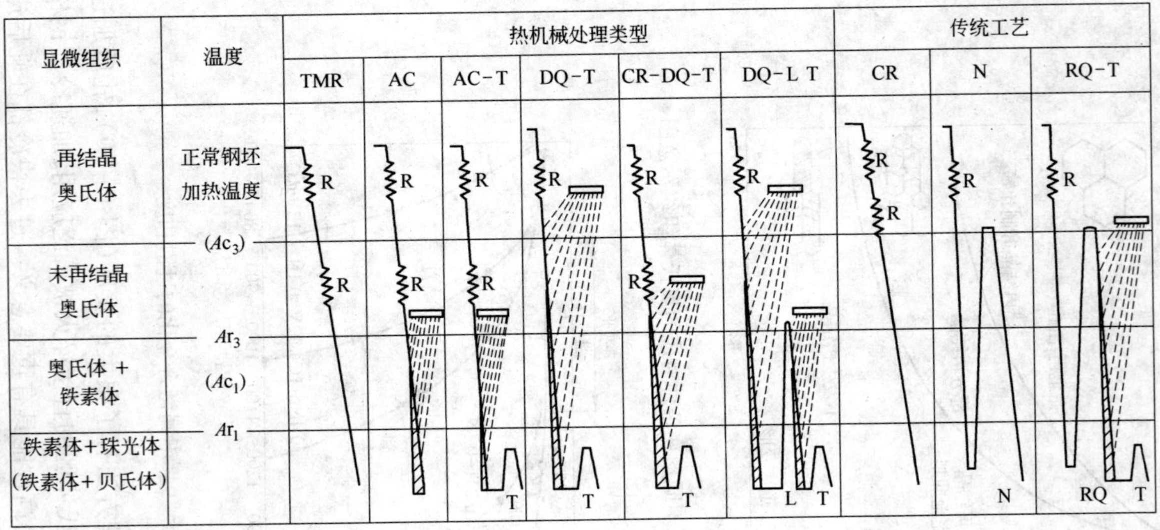

图 1-10　与传统工艺相比较的热机械处理示意图

TMR—热机械轧制；L—L 处理（中间淬火）；R-热轧；AC—加速冷却；CR—控制轧制；

N-正火；DQ—直接淬火；RQ—传统加热淬火；T-回火

（3）氮作为一种“合金元素”的应用，这种技术已被人们接受，由此开发了许多含氮钢，不仅对于生产钒氮合金化的Ⅲ级钢筋是一种节省钒铁的途径，也是不宜控轧控冷的低碳长条材发挥钒的强化作用的方法。

（4）从微钛处理到 TiO 细晶化和 TiC 析出强化有了新的发展，含钛钢被认为是“最脏的钢”的观点已成为历史，钛微合金化不仅用于防止时效脆化和改善热影响区韧性，最近又用于双相钢提高铁素体强度和疲劳性能。

（5）高层建筑用钢的发展趋势是除了要求 Z 向性能外，防火和抗震性能也提到日程，为防火要求提高钢的高温屈服强度，为抗震则要求钢具有较低的屈强比。

（6）探讨高强高韧超级钢的工艺新途径，当钢的晶粒度从 5 μm下降到 1 μm 时钢的强度可以提高 1 倍，塑韧性不降低。

（7）为降低微合金钢的生产成本，探索复合合金化和钒、钛、铌的最佳配比。

（8）钢中有害元素（如硫、磷、锡等）的利用。将使钢铁生产纳入绿色工业范围，有助于钢铁材料的可持续发展。

1.3.3.3　存在的问题

近年来，钢铁工业中发展最迅速、最富有活力的钢种是低合金高强度钢（HSLA 钢），特别是其中的微合金钢。但目前我国微合金高强度钢生产能力不足、产量比例不高，总产能不够，西部尚有 600 ~ 700 万 t 缺口，不能满足建筑、能源交通等部门的需要。我国微合金钢的研究和生产有三个明显的缺陷：（1）处于模仿开发阶段，自主创新少；（2）控轧控冷技术受制于现有的装备；（3）合金设计理论指导与生产水平的脱节，宏观的合金设计尚处于基础研究阶段，而微观层次上的合金设计过于超前。

我国西部具有发展微合金化钢的资源条件。攀枝花的钒 - 钛资源和西北有色研究院的高纯铌、铌单晶，宁夏有色冶炼厂的铌铁得天独厚，在微合金钢开发中应充分利用钒、钛、铌微合金化的潜力，有目标地建立西部有特色的微合金化钢体系。我国已确定把发展微合金高强度钢作为一项重大技术政策来抓，调整品种结构，提高市场占有率。

(1) 微合金高强度钢的比例低：工业发达国家生产的微合金钢实际上全部是高强度钢，其产量占总钢产量的比例一般在15%以上。1999年我国低合金钢产量3000万t，其中低合金高强度钢产量为629万t，微合金钢约占346.6万t，分别占当年粗钢产量的24.9%、5.1%和2.8%。

(2) 强度级别低：国产微合金钢的强度级别低，如建筑用螺纹钢筋，国外大量使用的是Ⅲ级400 MPa以上的微合金钢，而国内90%以上是335 MPa的Ⅱ级硅锰钢筋。

(3) 质量水平低：在钢材质量方面，目前国产微合金高强度钢的主要质量问题是钢水化学成分波动大，杂质含量较高，力学性能不稳定。

1.4　薄板坯连铸连轧钢的冶金质量控制

1.4.1　冶金材料问题的研究思路及冶金质量控制

薄板坯连铸连轧钢的冶金质量控制，属于冶金材料学科领域的问题，通常从成分决定组织，组织决定性能的思路入手。即根据钢种的不同成分，确定不同的生产工艺，包括冶炼、轧制或锻造、热处理、机加工和焊接，如图1－11所示。对于薄板坯连铸连轧，主要是冶炼和轧制工艺。生产工艺通过其对成分及组织的影响来影响钢的性能。

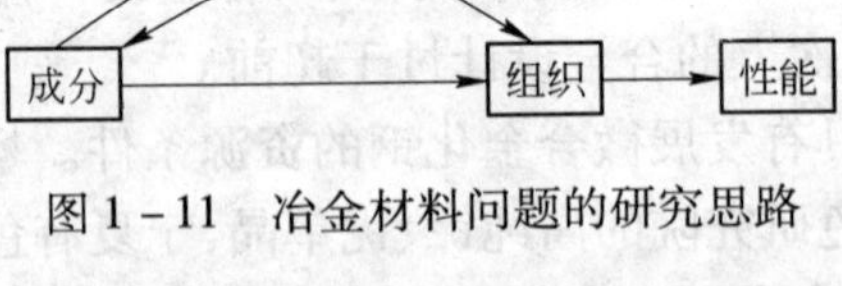

图1－11　冶金材料问题的研究思路

冶炼是生产工艺中最活跃的因素，它可以影响合金成分的控制精度，特别是对钢中微量元素（包括有益的微合金成分及有害的杂质元素含量)的控制精度,也可以影响钢的铸态组织。这里所说的冶金质量控制,严格说来是冶炼质量控制。

钢的冶炼质量控制对钢的性能具有重要作用,冶炼质量可以用成分控制、纯洁度及铸态组织作为评价指标,冶金质量控制包括成分控制、纯洁度控制及铸态组织控制。

1.4.1.1 成分控制

每一种钢及合金均有一定的成分要求,这一要求在技术条件中有明确的规定。例如,不锈钢 1Cr18Ni9Ti 要求 $w(C) \leqslant 0.12\%$, $w(Mn) \leqslant 2.0\%$, $w(Si) \leqslant 0.8\%$, $w(Cr) = 17.0\% \sim 19.0\%$, $w(Ni) = 8.0\% \sim 11.0\%$, $w(Ti) = 0.2\% \sim 0.8\%$。

钢及合金成分达到技术条件规定时,一般均能满足技术条件对该钢种性能方面的要求。但是,实践表明,为了得到最佳的综合性能或经济效益,不同钢种尚有缩小了范围的控制成分要求,即要求将成分控制在技术条件允许的某一更窄的范围内,这一控制规格,便是所谓的“厂标”或“企业标准”。衡量一炉钢冶炼的好坏,首先要看成分是否控制合适,能否控制在最佳范围内。

“企业标准”要缩小的规格范围,通常根据下述两个因素来确定,一个是最佳综合性能要求,另一个是最佳经济效益要求。为了说明这一问题,举出两个例子,一个是 1Cr18Ni9Ti 的冶炼,另一个是 09CuPNiCr 集装箱板钢的冶炼。

冶炼 1Cr18Ni9Ti 时,按技术条件,C 含量在 0.12% 以下均为合格,企业标准缩小规格,要求 $w(C) \leqslant 0.08\%$,因为 C 含量高时,C 与 Cr 形成碳化物,降低抗腐蚀性能。另外,C 含量高时要求加入较多的 Ti 铁,Ti 铁会带入较多的 Al 和 Si,Ti、Al、Si 是缩小奥氏体区、扩大铁素体区的元素,对改善加工性能不利。对 Ti、Al、Si、Cr 等一般均控制在中下限,除有利于提高性能外,还可以减少合金元素的用量,降低成本,不少钢种冶炼时,在不影响性能的前提下,常将某些贵重的合金元素控制在中下限。

电炉冶炼 09CuPNiCr 集装箱板钢时,由于废钢中含有一定量的 Cu、Ni、Cr 等杂质元素,以其代替所炼钢种要求的 Cu、Ni、Cr 合金料，可以显著地降低冶炼成本，使企业获得显著的经济效益。

为了将成分控制在最佳范围内，要求原材料稳定并有准确的成分单，冶炼操作工艺要稳定，取样要有代表性，炉前分析要准确，并要采取必要的措施防止成分偏析。

“成分控制”除了指将成分控制在缩小了的规格要求以内，还意味着对微量元素的控制。近年来，V、Nb 等微量元素越来越多地用来改善钢的性能，形成了含 V、Nb 的 HSLA 钢。常见的有利微量元素添加剂有 Nb、V、Ti、Ce、Ca、B 等，微量元素对钢的性能具有重要影响。

微量元素一般均与氧、硫、氮及其他金属杂质元素具有较强的亲和力，在控制上必须很好地注意冶炼方法、操作条件、加入方法、数量以及钢种特点的影响。

实践表明，即使加入同样的微量元素，对性能的影响也是不同的。例如 Ti，以前被人们作为 HSLA 系列中的一个可选元素，被放弃了，目前，在钢液纯净化技术得到高度发展时，又可能成为一个更经济的微合金化元素而被广泛采用。

1.4.1.2 纯洁度控制

钢及合金纯洁度的高低意味着含杂质元素的多少，以及杂质元素形成的夹杂物特征的控制。杂质元素包括非金属杂质、气体、非金属夹杂物及金属夹杂。

(1) 非金属杂质（包括 S、P）：不同钢种的技术条件中均包含对 S、P 含量的要求，根据钢中 S、P 含量的多少，工业用钢分为普通钢（$w(S) \leqslant 0.055\%$，$w(P) \leqslant 0.045\%$），优质钢（对于碳素钢 $w(S) \leqslant 0.045\%$，$w(P) \leqslant 0.040\%$）及高级优质钢（$w(S) \leqslant 0.03\%$，$w(P) \leqslant 0.035\%$）。随着现代科学技术、现代工业，特别是国防工业对金属材质要求的不断提高，对于硫磷含量的控制也越来越严格。例如管线钢要求 $w(S) \leqslant 0.0003\%$，一些在高寒地区工作的钢种，要求 $w(P) \leqslant 0.0050\%$。

(2) 气体：主要是氧、氮、氢的含量。

(3) 非金属夹杂物：非金属夹杂物主要包括氧化物、氮化物、硫化物类型的夹杂物(在高温合金中,有的碳化物也列入非金属夹杂物之类)。非金属夹杂物的存在破坏了基体的连续性,对钢的力学性能具有很大的影响,如非金属夹杂物引起金属疲劳断裂,当钢内非金属夹杂物多,分布不均匀时,钢的延展性、韧性、焊接性能以及耐腐蚀性能都大为降低,如果钢内有网状硫化物则可造成热脆。

夹杂物含量、尺寸及分布情况是衡量钢材质量的重要指标之一。一般常规检验中,对非金属夹杂物所采取的测定方法是标准等级比较法,这种方法是先将夹杂物对钢材的玷污情况(包括夹杂物数量、大小、分布等)分类制成等级图片,然后将要检查的试样的整个磨面在显微镜下逐个视场进行检查,选取其中玷污程度最大的视场(最脏视场)与标准图片相比较,从而评定级别,不同钢种根据其对性能的要求不同,对夹杂物评级的要求也不同,对轴承钢分Ⅰ~Ⅳ类夹杂,每类中又分粗系、细系。

(4) 金属夹杂:钢中若含有 Pb、Sn、As、Sb、Bi 及其他微量杂质,性能显著降低,各国对金属杂质的含量,不同钢种有不同的要求。

对于一些对钢的深冲性能有严格要求的钢种,Cu、Ni、Cr、Mo 也被称为有害金属杂质,废钢中这类杂质元素的含量高时,对深冲钢如小轿车面板的生产不利,加部分铁水冶炼是目前较为经济、适用的措施。

从废钢中分离有价金属元素,已引起人们的注意,但目前尚处于研究阶段,大规模地经济回收利用尚有一定困难。

1.4.2 低碳钢薄板坯连铸连轧的纯净度控制

1.4.2.1 氧的控制

钢中氧以两种形式存在,一种是氧化物夹杂,一种是溶解氧。

氧化物夹杂对钢的性能起有害作用,特别是降低钢的疲劳性能。夹杂物的类型、数量、尺寸及分布对钢的性能有影响,大颗粒夹杂往往成为疲劳源或裂纹萌生源。实践表明,电渣重熔的轴承

钢总氧量在 20×10^{-6} 左右，其疲劳寿命可以比含氧 5×10^{-6} 左右、夹杂物类型相同的轴承钢高一倍，因为前者夹杂物的尺寸细小，分布均匀。

加拿大的米切尔教授曾提出“零夹杂”的概念，所谓“零夹杂”实际上是指尺寸小于 1 μm、用普通金相显微镜难以观察到的夹杂物。

要实现“零氧化物夹杂”或超细化氧化物夹杂物，必须使溶解氧与脱氧元素的活度积（对低碳钢来说可用浓度积代替）低于固相线温度下的平衡活度积。要做到这一点，必须降低钢中溶解氧的含量。有两种方案，一是先用铝脱氧，降低钢中溶解氧，然后再用真空重熔，例如电子束重熔，将铝脱氧产物及其他外来氧化物夹杂成膜，真空分解或与 C 反应去除。二是先用真空 C 脱氧，然后再用真空重熔将外来氧化物夹杂等成膜，真空分解或与 C 反应去除。

这两种方法均要求首先制备高纯净的炉料，可用真空感应炉通过特殊的熔炼方法，制备高纯的母料，先将钢中的硫、氧降至较低的程度，以避免采用第一种方法时达不到效果或采用第二种方法时发生真空喷溅。此外，真空感应熔炼时，为防止坩埚材料 MgO、Al_2O_3 等增氧，应采用 CaO 坩埚。

这两种方法均应注意钢中锰的控制，关于真空感应熔炼和真空重熔过程中不同元素挥发动力学研究的结果可供参考。

关于这两种方案的选取，作者认为采用第一种方案较好，因为无论是转炉流程还是电炉流程，采用真空碳脱氧的方法均无法实现，而用铝脱氧是规程要求的。

“零氧化物夹杂”对于工业生产实际上是不可能实现的，因为工业生产离不开耐火材料，包括冶炼炉、精炼炉、钢包、中间包用耐火材料，以及中间包覆盖剂和结晶器保护渣均可能给钢中带来外来大型夹杂。此外，铝脱氧也会带来尺寸为几个 μm 至 20 μm 的脱氧产物，它们难以去除。

现在看来，控制夹杂物无害化比较现实，要做到夹杂物无害化，一是要降低总氧量，使夹杂物数量减少，尺寸细化，铝脱氧是最有效的；二是要减少脱氧产物 Al_2O_3 的有害作用，例如水口堵塞，为此需要进行 Ca 处理，保证 $Al_{inc} \leqslant 20 \times 10^{-6}$。

关于大型夹杂物问题，纯净钢中的大型夹杂物只有几个 mg/10 kg，其含量低于 1×10^{-6}，数量较少，通常用金相显微镜也难以观察到，关于夹杂物无害化的问题，例如，恶化钢性能的夹杂物尺寸的门槛值与数量有待进一步研究。

氧的控制重点要放在浇注温度下钢中溶解氧的控制，溶解氧低，氧化物析出的温度低，尺寸应该小。再有应该控制冷却速度，冷却速度对纳米氧化物和铁碳化物的析出有影响。加 B 使晶粒粗化，材料的屈服强度降低，以适应冷轧基板生产的要求，是控制溶解氧的一个成功的实例。

薄板坯连铸连轧钢种绝大部分为低碳钢，具有晶粒较常规热连轧厚板钢细小、强度较高的特点，国外电炉薄板坯连铸连轧钢中氮含量较高，关于晶粒细化的原因，认为是 AlN 的钉扎作用，使得奥氏体再结晶晶粒细化和铁素体晶粒细化。

对于冷轧基板，强度高的板材不利于轧制，为了解决这一问题，第一代薄板坯连铸连轧钢，国外采用加 B 的办法。珠钢 CSP 生产线是我国第一条也是唯一一条电炉薄板坯连铸连轧线，属于第一代 CSP 产品，在消化吸收引进技术的同时，为了生产冷轧基板，也进行了加 B 的试验，取得了降低 σ_s50 MPa 的效果，并申请了专利，其他薄板坯连铸连轧厂家也进行了试验，结果均取得了降低 σ_s 几十兆帕的结果，使冷轧基板的 σ_s 能满足 DDQ 级的要求。

关于 B 的影响机理，按常规观点，认为是由于形成了 BN，抑制了 AlN 的晶粒细化作用。

我们发现了几十至几百纳米硫化物和氧化物沉淀的析出，并认为其通过钉扎晶界阻碍了再结晶奥氏体的长大，细化了再结晶奥氏体晶粒及随后的铁素体晶粒，这就使我们对低碳高强度钢中 AlN 的细化晶粒及其对钢的强化作用产生了怀疑。

首先我们研究了 Al 对晶粒细化和强化的影响，当 Als 在

0.0047% ~0.0430%范围内时，晶粒尺寸和强度变化不大，没有发现随 Al 含量的增加，晶粒细化、强度增高的现象，也未观察到 AlN 阻碍晶界运动的实验证据。

晶粒粗化的原因可能主要是由于 B 氧化物的析出减少了几十至几百纳米的 Al、Si、Ti 等氧化物及以其为非自发核心形成的硫化物析出，而这些氧化物、硫化物起钉扎晶界细化奥氏体再结晶晶粒的作用。

1.4.2.2 硫的控制

一般来说，硫是有害元素。在铁硫保持平衡时，硫在铁中的溶解度很小。对于低碳钢来说，由于含有锰，硫的溶解度进一步降低。在室温时，硫以硫化物夹杂的形式存在于固态钢中。

硫通过形成硫化物夹杂而对钢的力学性能产生影响。钢中的硫含量增加，使硫化物夹杂的含量增高，钢的塑性和韧性降低；同时，钢材力学性能的方向性增大，钢的热加工性能变坏。硫对钢力学性能的影响，不仅和硫的含量有关，而且还和所形成的硫化物夹杂的颗粒大小、形状、分布以及基体的组织有关。

硫化物夹杂可能是简单的硫化物，例如低碳锰钢中的 MnS，当低碳钢液进行 Ca 处理时，可能有 CaS，当钢中含有微量 Cu 时，可能有 CuS；在含微量 Ti 的钢中，可能有 Ti 的硫化物；也可能是复杂的硫化物。根据析出温度的不同，可能是硫化物包氧化物，例如含硫较高的轴承钢中存在的硫氧化物，也可能是碳氧化物包硫化物（硫化物为核心）。

当钢中的含硫量小于 0.01% 时，就不足以形成连续的网状枝晶间夹杂物，但由于凝固时硫会出现宏观偏析，所以不论是在连铸时或是在铸锭时，在铸件的某些局部区域都会有杂质富集，因此在普通浇注条件下即使钢中的硫含量小于 0.002%，也会有较大的 MnS 夹杂在局部沉淀出来。

1.4.2.3 氮的控制

钢中自由氮高导致钢的韧性、冷弯性能、成形性能及焊接性能降低。

美国电炉钢中的氮含量通常为$(80 \sim 120) \times 10^{-6}$范围。为消除自由氮的有害影响，在20世纪80年代末、90年代初先后投产的Nucer Crawfordsuille（克拉福茨维莱，纽柯1）和Nucer Berkeley（柏克利，纽柯2）分别开发了含V系列和含Nb系列的薄板坯连铸连轧低合金高强度（HSLA）钢以取代普通碳素钢，实现结构轻量化。

珠钢投产的电炉－CSP生产线是我国第一条也是唯一一条电炉薄板坯连铸连轧生产线。由于目前我国废钢及电力紧缺，价格高，电炉钢成本比转炉钢成本高，电炉流程要生存发展，必须生产高附加值钢并降低钢材成本，走中国特色之路，为此，开发了一系列低氮电炉钢生产技术，大批量生产出了含N量低于50×10^{-6}的低碳高强度（HSLC）钢。

我国其他十条已投产和在建的薄板坯连铸连轧生产线，基于中国国情，均采用转炉流程，钢中氮含量一般均低于50×10^{-6}，更宜于生产HSLC钢，这就使我国有可能在生产年产量达几千万吨、σ_s为400 MPa级的热轧板过程中，不添加价格昂贵的V和Nb。

低氮控制是薄板坯连铸连轧高强度钢板，使不含V、Nb的HSLC钢与含V、Nb的HSLA钢力学性能相当的一个关键的冶金因素。

A 钢中氮的有害作用

尽管氮在一定条件下对钢的性能具有有利作用，但通常是将氮作为钢中的有害元素看待的。其主要有害作用表现为：

（1）降低钢的冷弯性能及成形性能：图1－12示出了氮含量对表征冷弯性能和成形性能的碳素钢平均塑性应变比的影响，由图1－12可见，当钢中自由氮含量不高于10×10^{-6}时，$\bar{r}$可以高达$1.8 \sim 2.0$，自由氮含量高时，$\bar{r}$下降。

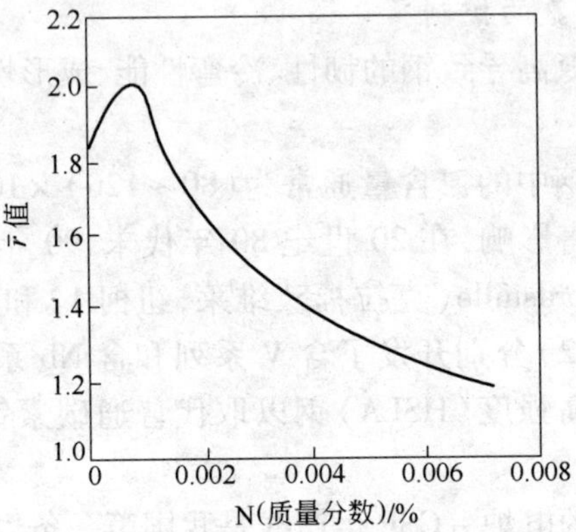

图 1－12 氮含量对碳钢平均塑性应变比的影响

(2) 降低焊接金属的低温冲击韧性：图 1－13 表示氮含量对钢焊接性能的影响。由图 1－13 可见，当焊接金属中自由氮由 50×10^{-6}降至 10×10^{-6}以下时，钢的韧脆转变温度由 －10℃ 降至 －80℃。

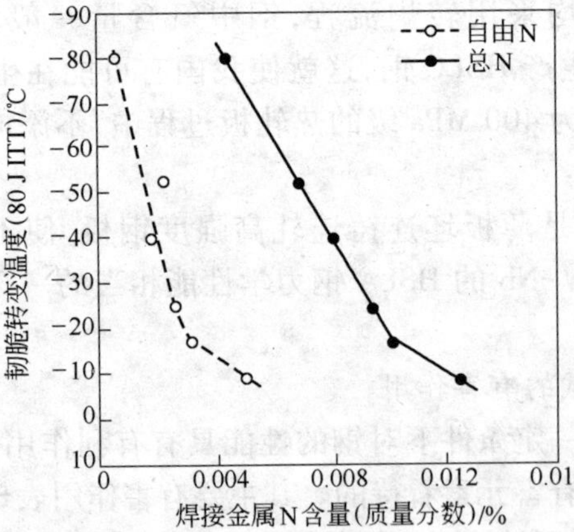

图 1－13 夏比冲击韧性转变温度随焊接金属氮含量的变化

(3) 产生应力时效与蓝脆：对于低碳钢，氮可以导致应力时效及蓝脆。室温时，氮在 α 铁中的溶解度低于 0.0015%，当钢中自由氮高时，如果将钢较快地冷却至室温条件下静置，氮将逐渐以 Fe_4N 的形式析出，使钢的强度、硬度增加，塑性、韧性降低，产生蓝脆，由图 1－14 可见：自由氮含量低于 10×10^{-6}时，应力时效作用不显著。

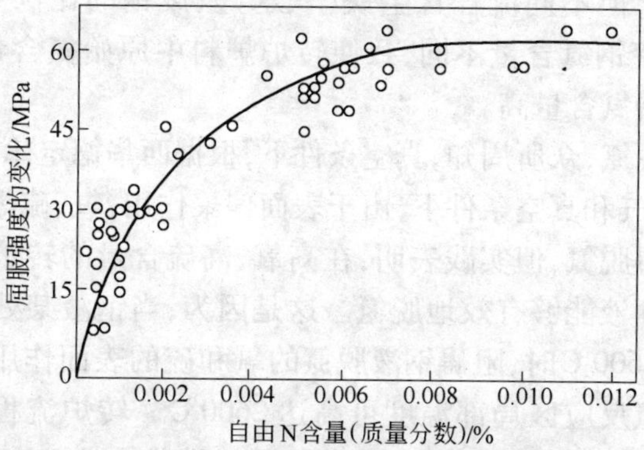

图 1－14 氮含量对应力时效的影响

碳素钢中总氮含量高，自由氮含量也高，当钢中氮含量低于 50×10^{-6}时，自由氮含量可低于 10×10^{-6}。

B 影响钢中氮含量因素的理论分析

现代炼钢流程中同时存在脱氮与吸氮过程。钢中氮含量取决于原始氮含量、脱氮量和吸氮量，如式(1－5)所示：

$$[N] = [N]_0 - \Delta[N]_1 + \Delta[N]_2 + \Delta[N]_3 - \Delta[N]_4 + \Delta[N]_5 + \Delta[N]_6 \tag{1-5}$$

式中 [N]——最终钢液中的氮含量；

$[N]_0$——炉料中的氮含量；

$\Delta[N]_1$——冶炼过程中的净脱氮量，它等于增氮量与脱氮量的差；

$\Delta[N]_2$——出钢至精炼开始钢液的增氮量；

$\Delta[N]_3$——精炼过程中的增氮量；

$\Delta[N]_4$——精炼过程中钢液的脱氮量；

$\Delta[N]_5$——精炼结束至连铸开始钢液的增氮量；

$\Delta[N]_6$——连铸过程中的增氮量，包括钢包、中间包至结晶器整个连铸过程中钢液的增氮量。

关于$[N]_0$，现代转炉流程与电炉流程的炉料主要是生铁（铁水）与废钢，但不同流程含生铁（铁水）及废钢的比例不同，生铁（铁水）及废钢氮含量不同，致使转炉炉料中原始氮含量低，电炉炉料中原始氮含量高。

关于脱氮，众所周知，真空条件下，根据西华德定律，钢液可以脱氮；在大气和真空条件下，由于表面偏聚作用，氧、硫等表面活性元素将阻碍脱氮，但实践表明，在高氧、高硫含量的转炉或电炉冶炼过程中钢液能够有效地脱氮。这是因为，当钢液某处温度高于2250℃和2600℃时，阻碍钢液脱氮的氧和硫的表面作用将分别消失，在碳、氧反应区局部温度可高达2600℃。转炉流程和电炉流程通过碳、氧反应能够脱氮，且脱氮量与脱碳量成正比，转炉冶炼过程比电炉冶炼过程能更有效地脱氮。

1.5　低碳钢中的沉淀强化

1.5.1　铁碳析出物及其强化作用

碳含量在0.06%～0.25%之间的低碳钢是国内外大量使用的钢种，采用常规工艺生产时，屈服强度为200 MPa级别。将这类钢材的屈服强度大幅度提高，符合钢铁行业可持续发展的要求，具有重要的意义。

在研究薄板坯连铸连轧HSLC钢强度高的原因时，发现钢中存在大量纳米尺寸的氧化物和硫化物，其尺寸一般为几十纳米至几百纳米，并发现钢中存在大量尺寸小于20 nm的沉淀粒子，它们具有尖晶石结构；观察到钢中存在的纳米AlN粒子，其尺寸为几个纳米至几十纳米，并进行了动力学研究；研究了用CSP工艺生产低碳钢中纳米碳化物及其对钢力学性能的影响，指出：薄板坯连铸连轧低碳钢铸坯、轧卡件和钢材中均存在大量尺寸小于 18 nm 的析出物，主要为铁碳析出物，对钢起显著的沉淀强化作用，沉淀析出对钢材屈服强度的贡献与细晶强化的贡献相当。

目前，学术界对薄板坯连铸连轧低碳钢中存在的大量纳米氧化物、硫化物、氮化物粒子能细化钢的晶粒已基本取得共识，但对纳米铁碳析出物的存在及其作用具有不同意见。发现了 ZJ330 钢连铸坯、轧卡件及轧材中小于 20 nm 的纳米析出物，并在用常规工艺生产的 Q195 钢中观察到这类纳米粒子，只是数量比 ZJ330 钢中的少得多，并认为这些析出物是纳米氧化物，结构为尖晶石型的铁氧体；一般认为纳米 AlN 的析出是阻碍奥氏体和铁素体晶粒长大，影响晶粒细化，从而影响强度的主要因素。

1.5.1.1　HSLC 钢的化学相分析、X 射线小角散射分析结果及纳米析出物的质量衡算

用电子显微镜很难确定钢中纳米粒子的质量分数或体积分数，化学相分析加 X 射线小角散射是确定纳米级颗粒的成分、质量分数或体积分数的一种有效方法。低碳钢的化学相分析过程可以简单地用以下流程表示：

（1）将钢样电解获得包括铁碳化物 M_3C 相（实际包括渗碳体和纳米铁碳析出物）、合金碳化物 $M(C_xN_y)$、硫化物、AlN 及氧化物的电解粉末；

（2）除掉铁碳化物、硫化物及 AlN，获得 $M(C_xN_y)$ 和氧化物；

（3）用电解法测定氧化物的量。

由于实验用低碳钢中 $M(C_xN_y)$ 相及氧化物量很少，本文以 M_3C 质量分数代表总粉末的质量分数。按 MnS 计算化合硫含量，化合氮含量中包含 Fe_3C 和 $M(C_xN_y)$ 中的氮。

粒度分布采用 X 射线小角散射法按 GB/T 13221—1991（ISO/TS 13762—2001）标准测定。分析测试工作是由国家钢铁材料测试中心完成的。实验钢的成分见表 1-4，ZJ330 热轧板与铸坯（轧卡件）不是同一炉次。

表1-4 试验钢的化学成分(质量分数) (%)

试验材料	C	Si	Mn	S	P	Cu	Alt	Als	N	T.O
ZJ330 热轧板	0.060	0.11	0.28	0.006	0.012	0.12	0.020	0.016	0.0044	0.0028
ZJ330 铸坯	0.051	0.04	0.39	0.012	0.015	0.16	0.031	0.0306	0.0044	0.0030
ZJ330 轧卡件	0.051	0.04	0.39	0.012	0.015	0.16	0.031	0.0306	0.0044	0.0030
ZJ510 热轧板	0.18	0.28	1.21	0.004	0.023	0.11	0.024	0.021	0.0034	0.0024

注:ZJ510 中 Ti0.005%,由原材料中带入,非特意添加。

通过对电解粉末进行 X 射线结构分析,发现在试验用 CSP 铸坯、轧卡件及成品板材中均存在 M_3C 相,其组分及质量分数列于表1-5;ZJ510 还有一定的 $M(C_xN_y)$ 相,总量为0.0062%,其中含 Ti 0.0044%,小于18 nm 的该类粒子质量分数更小,对沉淀强化的贡献可以忽略不计。

表1-5 $M_3(C_xN_y)$ 中各元素的质量分数 (%)

试验材料	Fe	Mn	Ni	C	N	Σ
ZJ330 热轧板	0.823	0.004	0.001	0.059	0.001	0.888
ZJ330 铸坯	0.688	0.008	0.002	0.050	0.001	0.749
ZJ330 第一道轧卡件	0.694	0.008	0.002	0.050	0.001	0.755
ZJ330 第二道轧卡件	0.724	0.009	0.002	0.052	0.001	0.788
ZJ510 热轧板	2.054	0.067	0.002	0.151	0.002	2.278

试样中的化合氮及化合硫含量示于表1-6,氧化物夹杂中各组分的分量及总量示于表1-7。

表1-6 试验钢中化合氮及化合硫的含量(质量分数) (%)

试验材料	AlN	化合 N	化合 S
ZJ330 热轧板	0.0020	0.0018	0.0058
ZJ330 铸坯	0.0023	0.0020	0.0116
ZJ330 第一道轧卡件	0.0023	0.0020	0.0116
ZJ330 第二道轧卡件	0.0023	0.0020	0.0116
ZJ510 热轧板	0.0021	0.0038	0.0039

表 1–7　ZJ330 热轧板氧化物夹杂的定量分析结果(质量分数)(%)

Al_2O_3	SiO_2	CaO	FeO	MgO	TiO_2	MnO_2	NiO	Cr_2O_3	Σ
0.00178	0.00257	0.00096	0.00066	0.00030	0.00002	0.00003	0.00001	0.00003	0.00636

注:钢中总氧含量为 0.0030%。

典型的电解粉末粒度分布特征及小于 18 nm 颗粒的质量分数测量结果示于图 1–15 及表 1–8。图中 $f(D)$ 为粒度分布频度,代表各粒度间隔内 1 nm 间隔中颗粒的平均质量分数。例如 1～5 nm 间隔内,$f(D)=0.3\%/\text{nm}$,则粉末中尺寸为 1～5 nm 颗粒的质量分数为 $0.3\%/\text{nm}\times(5-1)\text{nm}=1.2\%$。由图可见,直方图中具有两个峰值,其物理意义有待进一步研究,可能与钢中具有两类不同粒子的尺寸分布有关。

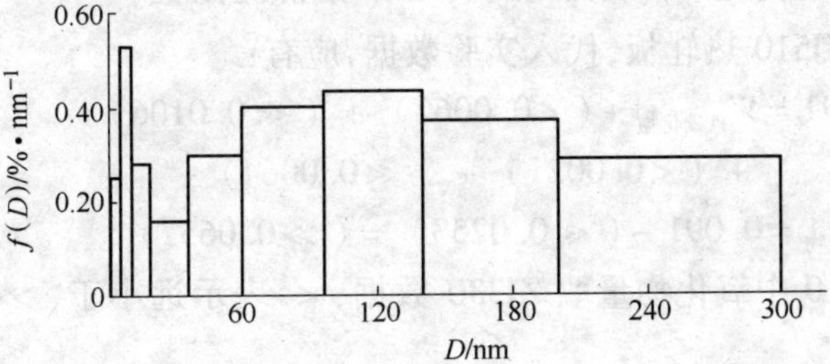

图 1–15　ZJ330 热轧板电解粉末颗粒尺寸分布直方图

表 1–8　小于 18 nm 颗粒的质量分数　(%)

试验材料	电解粉末总量(质量分数)/%	试样中不同尺寸颗粒比例/%[①]				<18 nm 颗粒(质量分数)/%
		1～5 nm	5～10 nm	10～18 nm	<18 nm	
ZJ300 热轧板	0.888	0.25/1.0	0.53/2.7	0.28/2.2	—/5.9	0.052
ZJ330 铸坯	0.749	0.30/1.2	0.65/3.7	0.47/3.7	—/8.2	0.061
ZJ330 第一道轧卡件	0.755	0.47/1.9	0.99/4.9	0.82/6.6	—/13.4	0.101
ZJ330 第二道轧卡件	0.788	0.49/2.0	1.00/5.0	0.39/3.1	—/10.1	0.080
ZJ510 热轧板	2.2783	0.21/0.8	0.46/2.3	0.11/0.9	—/4.0	0.091

① 分子—$f(D)$,%/nm;分母—不同尺寸颗粒质量分数占整个颗粒质量分数的比例。

用上述化学相分析加 X 射线小角散射法确定的粒度小于 18 nm的粒子中，如前所述可能包括铁碳化物 M_3C、合金碳化物 $M(C_xN_y)$、硫化物、AlN 及氧化物的电解粉末。

对于粒度小于 18 nm 的颗粒，根据质量守恒原理：

$$W_{粉末} = W_{铁碳化物} + W_{合金碳化物} + W_{硫化物} + W_{AlN} + W_{氧化物}$$

式中，$W_{粉末}$为电解粉末中粒度小于 18 nm 的颗粒的质量分数，%；$W_{铁碳化物}$、$W_{合金碳化物}$、$W_{硫化物}$、W_{AlN}、$W_{氧化物}$为各类粒度小于18 nm析出物的质量分数，%。

对于 ZJ330 热轧板，代入实验数据，应有：

$$0.052 = W_{铁碳化物} + 0 + (\ll 0.016) + (< 0.0020) + (\ll 0.0064)$$

$$W_{铁碳化物} = 0.052 - (\ll 0.0244) = (\gg 0.0276)$$

对 ZJ510 热轧板，代入实验数据，应有：

$$0.091 = W_{铁碳化物} + (< 0.0062) + (\ll 0.0106) + (< 0.0021) + (\ll 0.0064)$$

$$W_{铁碳化物} = 0.091 - (\ll 0.0253) = (\gg 0.0657)$$

ZJ510 中氧化物量取 ZJ330 数据，≪ 表示远小于、≫ 表示远大于。

钢中粒度小于 18 nm 的硫化物和氧化物以及 AlN 可能起沉淀强化作用，但其质量分数不大，从上述分析计算可知，能起沉淀强化作用的粒度小于 18 nm 的颗粒主要应为铁碳化物，可能主要是纳米铁碳析出物。

1.5.1.2　影响纳米级铁碳化物析出因素的分析

钢中纳米级铁碳化物的析出具有普遍性，但是在不同的条件下，析出的量不同，从而对钢的性能具有不同的影响。钢中纳米级铁碳化物析出的影响因素主要有下述几个方面。

（1）钢中的碳含量。根据对含碳 0.06% 左右 ZJ330、含碳 0.18% 左右的 ZJ510 的化学相分析及小角散射分析结果可知，随碳含量的增加，粒度小于 18 nm 的颗粒质量分数增加，前者为 0.052%，后者为 0.091%。

(2) 合金元素的影响。我们曾经研究过 800 MPa 级 HSLA 钢(含 C0.06%)中不同尺寸析出物的比例,发现粒度小于 18 nm 的颗粒质量分数为 0.0129%,比低碳高强度钢低,但粒度小于 36 nm 的颗粒质量分数为 0.1261%,其原因可能是钢中的碳大部分在较高温度下形成了微合金元素的碳化物,其尺寸主要为 18 ~ 36 nm。

(3) 纯洁度的影响。钢中溶解氧高时,Fe_3O_4 的析出温度升高,例如当[O]为 6×10^{-6}时,可以计算出 Fe_3O_4 的开始析出温度为 844℃,高于 776℃([O]为 2×10^{-6})析出物的尺寸应增大。

(4) B 的影响。B 是一个表面活性元素,在某些界面处,与表面活性元素 O 可形成 B_2O_3,从而降低几十至几百纳米的氧化物和硫化物阻碍晶粒长大的作用,使晶粒粗化,强度降低。另一方面,溶解氧的降低,亦应减少低温时 Fe_3O_4 的析出,从而减少较低温度时,以 Fe_3O_4 为核心的铁碳化物的非均匀形核比例,使强度进一步降低。

(5) 冷却条件。粒度小于 18 nm 的颗粒是在 776℃以下析出的,这个温度处于卷取以前的层流冷却过程中,冷却速度过快可能抑制这一析出,冷却速度过慢又可能使析出物长大,为此,从控制纳米铁碳化物析出的角度出发,必须将冷却速度控制在一个合适的范围内。对厚板坯,冷却速度慢,析出量少。

(6) 卷取温度。卷取温度低,钢中位错密度大,有利于析出,但冷速过快又可能抑制卷取前的析出,因此从这个角度出发应该有一个合适的卷取温度。此外,卷取温度过低,轧机损伤大。

(7) 热处理工艺。如果薄板坯连铸连轧薄板在开始析出温度以上,例如 800℃退火并控制冷却,可以预期晶粒度变化不大,但粒度小于 18 nm 铁碳化物的质量分数将减少,强度下降。

从上述影响因素分析,也可以看出钢的组织性能综合控制(ICMP)不同于控冷控轧(TMCP)。低碳高强度钢的终轧温度为 890℃,强化机制不是形变诱导相变(DIFT)或形变强化相变(DEFT)。

1.5.2 微合金元素对一种 HSLA 钢组织和性能的影响

1.5.2.1 进口板的成分分析及力学性能

从新会中国集装箱集团有限公司获得的瑞典进口的 Corten700 板的实物取样(试样号 A,B)分析,成分见表 1-9,力学性能见表 1-10。

表 1-9 Corten700 板的化学成分(质量分数) (%)

C	Si	S	P	Mn	Ni	Cr	Mo
0.053	0.08	0.001	0.006	1.9	0.054	0.043	0.016
Cu	V	Ti	Nb	O	N	Alt	Als
0.010	0.010	0.125	0.060	0.0020	0.0056	0.029	0.027

表 1-10 Corten700 板的力学性能

分析单位	试样号	σ_s/MPa	σ_b/MPa	δ/%	σ_s/σ_b
珠 钢	A	660	715	17	0.92
	B	715	760	18	0.94
钢研总院	A	675	735	19	0.92
	B	720	785	17	0.92

1.5.2.2 拟开发的新钢种成分与力学性能

在"973"项目中,曾在实验室条件下试制成功极限抗拉强度高于 800 MPa 的热轧薄板,其成分和力学性能见表 1-11 和表 1-12。

表 1-11 B_2C 板的化学成分(质量分数) (%)

C	Si	S	P	Mn	Ni	Cr	Mo
0.062	0.47	0.011	0.0038	2.34	0.0046	—	—
Cu	V	Ti	Nb	B	N	Alt	Als
0.11	0.032	0.029	0.044	0.0067	0.0063	0.21	0.21

表 1－12　B_2C 板的力学性能

σ_s/MPa	σ_b/MPa	δ/%	a_{KV}/J·cm^{-2}	
812	881	14.4	174.5（室温）	103（－40℃）

1.5.2.3　Corten700 与 B_2C 的对比性实验研究

A　组织观察

利用扫描电镜观察 Corten700 和 B_2C 钢板的组织，结果如图 1－16和图 1－17 所示。

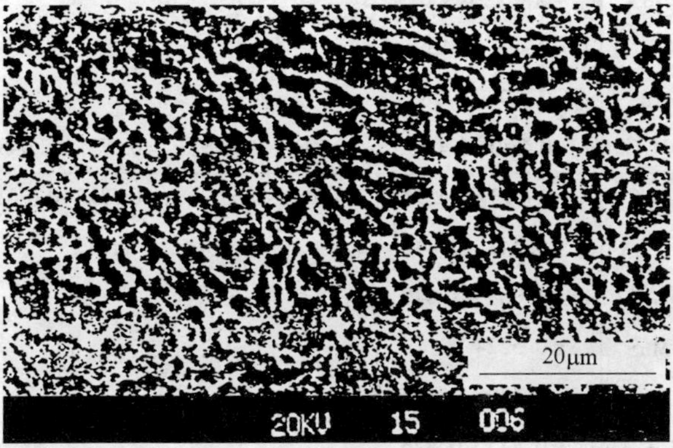

图 1－16　Corten700 钢板的组织照片

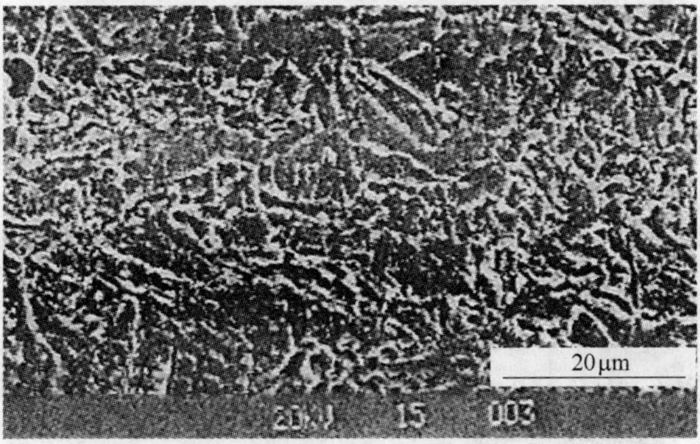

图 1－17　B_2C 钢板的组织照片

由图1－16和图1－17可见，两个高强度钢板的组织特征不同，与其具有不同的成分和工艺特点有关，但都为贝氏体组织。

B 化学相分析结果

对Corten 700及B_2C试样进行了化学相分析研究，析出相的结构分析见表1－13。

表1－13 析出相的结构

试样	相类型	点阵常数	晶系
Corten700	NbN	$a_0 = 0.437 \sim 0.438$	面心立方
	Ti(CN)	$a_0 = 0.425 \sim 0.426$	面心立方
	TiC	$a_0 = 0.427 \sim 0.428$	面心立方
	M_3C	$a_0 = 0.4510 \sim 0.4515$, $b_0 = 0.5080 \sim 0.5079$, $c_0 = 0.6730 \sim 0.6748$	正交晶系
B_2C	M_3C	$a_0 = 0.4523 \sim 0.4530$, $b_0 = 0.5088 \sim 0.5080$, $c_0 = 0.6743 \sim 0.6742$	正交晶系
	Nb(CN)	$a_0 = 0.441 \sim 0.442$	面心立方
	$M_{23}C_6$	$a_0 = 1.068 \sim 1.070$	面心立方
	MnS	$a_0 = 0.5224$	面心立方
	TiC	$a_0 = 0.430 \sim 0.431$	面心立方
	Ti(CN)	$a_0 = 0.425 \sim 0.426$	面心立方
	NbC	$a_0 = 0.447 \sim 0.448$	面心立方
	VC	$a_0 = 0.415 \sim 0.416$	面心立方

C 相的质量分数及结构式

Corten 700及B_2C中M_3C和$M_3C + M_{23}C_6$的质量分数见表1－14。

表1－14 M_3C和$M_3C + M_{23}C_6$中各元素占钢的质量分数（%）

试样	碳化物类型	Fe	Cr	Mn	Ni	C	合计
Corten 700	M_3C	0.0532	0.0013	0.0183	0.0114	0.0054	0.0895
B_2C	$M_3C + M_{23}C_6$	0.0270	0.0024	0.0177	0.0050	0.0055	0.0575

MC各元素占钢的质量分数见表1－15。

表1-15　MC各元素占钢的质量分数　（%）

试样	Ti	V	Nb	C	N	合计
Corten 700	0.0532	0.0013	0.0183	0.0114	0.0054	0.0895
B_2C	0.0270	0.0024	0.0177	0.0050	0.0055	0.0575

各相的结构式如下：

Corten 700 中的 M_3C 为 $(Fe_{0.982}Cr_{0.005}Mn_{0.012}Ni_{0.001})_3C$

MC 为 $(Ti_{0.834}V_{0.019}Nb_{0.147})(C_{0.711}N_{0.289})$

B_2C 中 MC 为 $(Ti_{0.704}V_{0.058}Nb_{0.238})(C_{0.514}N_{0.486})$

Corten 700 和 B_2C 中化合硫及化合氮的质量分数见表1-16。

表1-16　Corten 700 和 B_2C 中化合硫及化合氮的质量分数（%）

试样	[S]	化合硫	MnS	[N]	化合氮	N_{MC}	AlN
Corten 700	0.0010	0.0018	0.0049	0.0056	0.0055	0.0054	痕
B_2C	0.0110	0.0091	0.0247	0.0063	0.0065	0.0055	0.0030

1.5.2.4　钢中碳化物的粒度分布

用SAXS法（X射线小角度散射法）分析了Corten 700及 B_2C 试样中碳化物的粒度分布，结果见表1-17，表1-18及图1-18～图1-21。

表1-17　M_3C 和 $M_3C+M_{23}C_6$ 中尺寸小于36 nm颗粒的粒度分布　（%）

试　样	电解粉末的总量/%	试样中不同尺寸颗粒的比例/%						<18 nm颗粒/%	<36 nm颗粒/%
		1～5 nm	5～10 nm	10～18 nm	18～36 nm	<18 nm	<36 nm		
Corten 700	0.2214	0.77/3.1	1.59/8.0	0.68/5.4	0.93/16.8	—/16.5	—/33.3	0.0365	0.0737
B_2C	0.4290	0.06/0.2	0.19/1.0	0.23/1.8	1.46/26.3	—/3.0	—/29.3	0.0129	0.1261

注：分子—$f(D)$，%/nm；分母—不同颗粒质量分数占整个颗粒质量分数的比例。

表1-18　MC中尺寸小于36 nm颗粒的粒度分布　（%）

试　样	MC总量/%	试样中不同尺寸颗粒的比例/%						<18 nm颗粒/%	<36 nm颗粒/%
		1～5 nm	5～10 nm	10～18 nm	18～36 nm	<18 nm	<36 nm		
Corten 700	0.0895	1.05/4.2	2.15/10.7	1.26/10.1	0.91/16.5	—/25.0	—/41.5	0.0224	0.0371
B_2C	0.0575	0.06/0.2	0.19/1.0	0.23/1.8	0.47/8.4	—/6.2	—/14.6	0.0035	0.0084

注：分子—$f(D)$，%/nm；分母—不同颗粒质量分数占整个颗粒质量分数的比例。

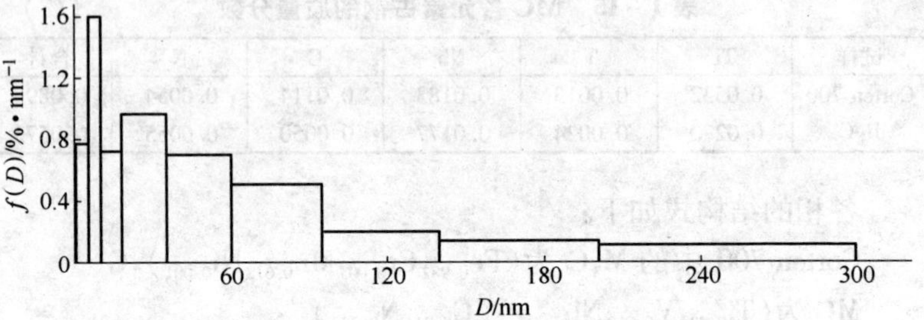

图 1－18 Corten 700 电解粉末(M_3C)颗粒的尺寸分布直方图

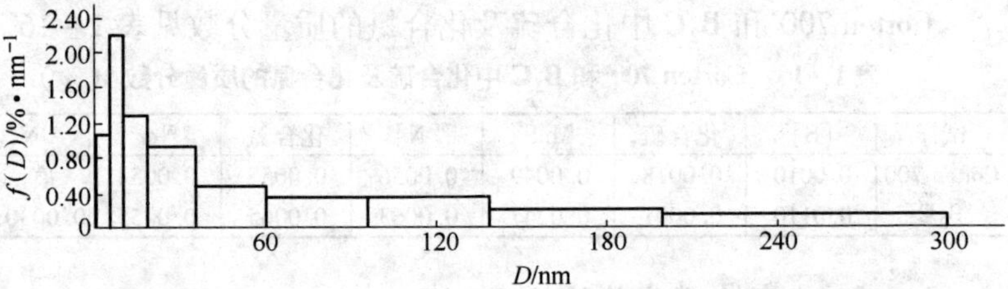

图 1－19 Corten 700 电解粉末(MC)颗粒的尺寸分布直方图

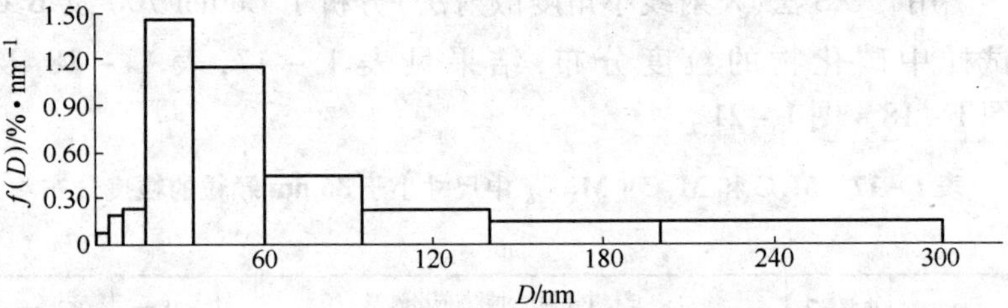

图 1－20 B_2C 电解粉末($M_3C+M_{23}C_6$)颗粒的尺寸分布直方图

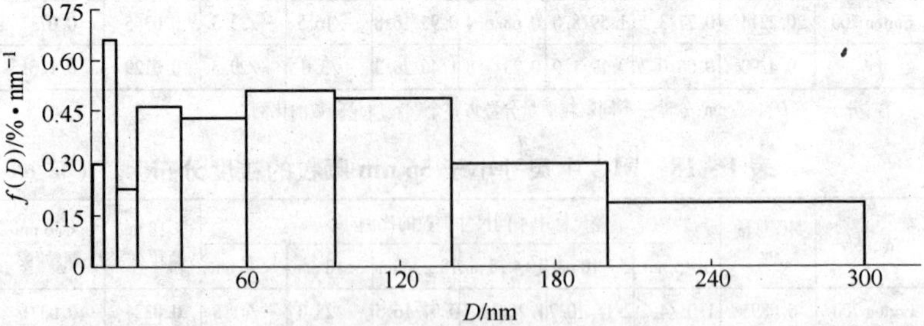

图 1－21 B_2C 电解粉末(MC)颗粒的尺寸分布直方图

1.5.2.5 合金的轧制

合金轧制流程如图 1－22 所示。

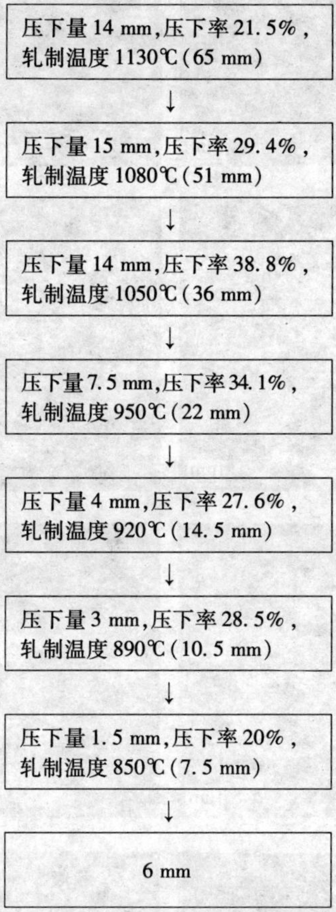

图 1－22 合金轧制流程图

1.5.2.6 合金的组织与性能

用真空感应炉熔炼得到的实验钢的化学成分见表 1－19,经轧制得到厚度为 6 mm 左右的钢板,其合金组织如图 1－23 所示,力学性能见表 1－20。

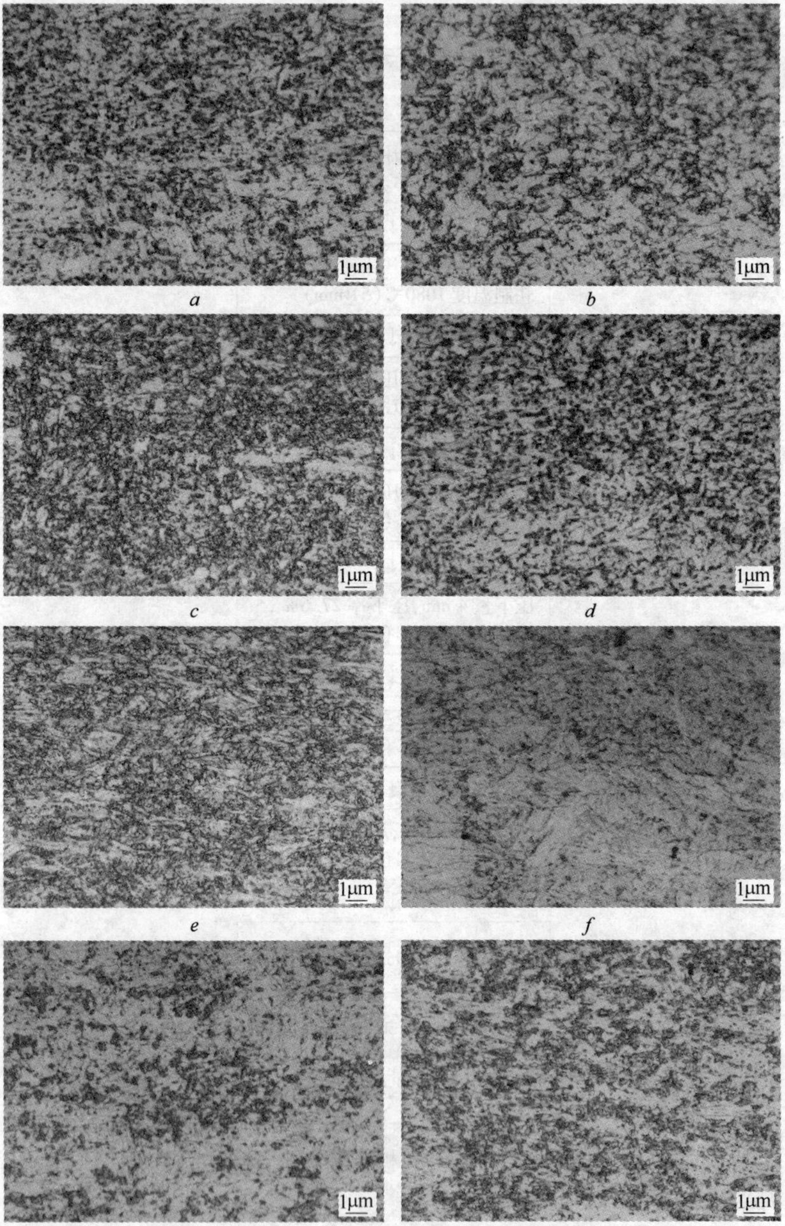

a b c d e f g h

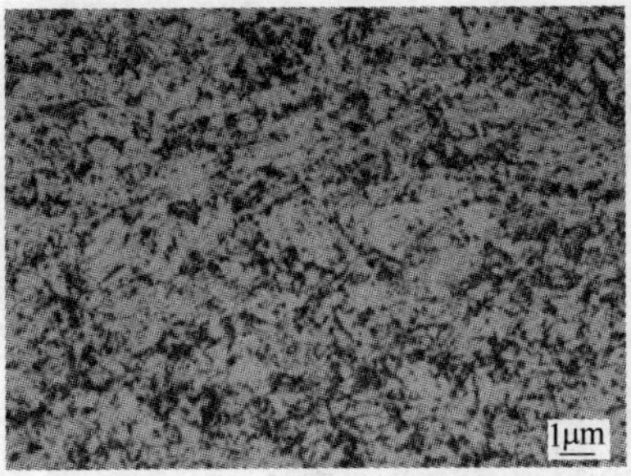

i

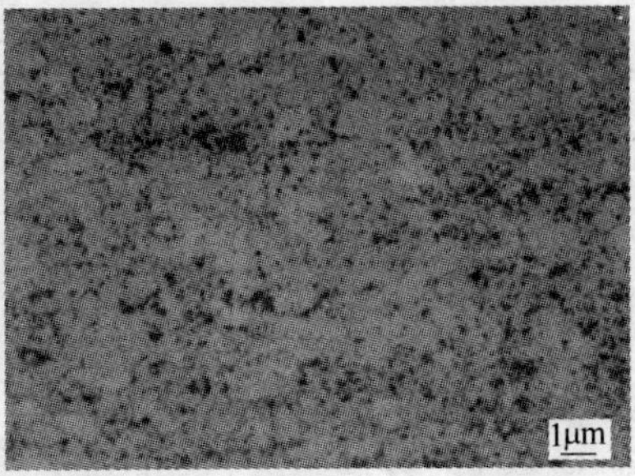

j

图 1-23 实验钢的合金组织

表 1-19 实验钢的化学成分(质量分数) (%)

编号	C	Si	Mn	P	S	Al	Cu	Mo
1	0.043	0.13	2.03	0.010	0.006	<0.005	0.02	<0.01
2	0.025	0.09	1.98	0.010	0.006	<0.005	0.02	<0.01
3	0.051	0.10	2.01	0.011	0.005	0.010	0.03	<0.01
4	0.058	0.09	1.90	0.010	0.006	<0.005	0.03	<0.01
5	0.052	0.10	1.90	0.010	0.007	<0.005	0.02	<0.01
6	0.050	0.14	1.98	0.010	0.008	0.085	0.02	<0.01
7	0.038	0.10	2.38	0.010	0.007	<0.005	0.03	<0.01
8	0.049	0.10	2.34	0.009	0.007	<0.005	0.03	<0.01
9	<0.009	0.07	1.97	0.012	0.013	<0.005	0.02	<0.01

编号	Ni	Ti	Nb	Als	B	O	N
1	0.03	0.021	0.045	0.0011	<0.001	0.0026	0.0008
2	0.03	0.044	0.042	0.0011	<0.001	0.0039	0.0014
3	0.03	0.085	0.041	0.0034	<0.001	0.0019	0.0009
4	0.03	0.061	0.043	0.0016	<0.001	0.0074	0.0026
5	0.03	0.042	0.041	0.0010	0.0029	0.0072	0.0024
6	0.03	0.069	0.045	0.0888	<0.001	0.0012	0.0018
7	0.03	0.044	0.042	0.0012	<0.001	0.0030	0.0018
8	0.03	0.046	0.040	0.0012	<0.001	0.0066	0.0014
9	0.03	0.040	0.044	0.0005	<0.001	0.0140	0.0017

表 1-20 实验钢的力学性能

编号	σ_s/MPa	σ_b/MPa	σ_s/σ_b	δ/%
1	574	715	0.8	15.60
2	491	575	0.85	19.05
3	675	749	0.90	16.40
4	508	693	0.73	13.50
5	751	903	0.83	10.92
6	623	770	0.81	10.65
7	558	679	0.82	17.76
8	575	674	0.85	17.94
9	433	486	0.89	22.90

由表 1-20 可知，B 对提高钢的强度具有重要作用，其机理有待进一步研究；Ti 含量为 0.085% 和 0.069%，其屈服强度分别为 675 MPa 和 623 MPa，强度极限分别为 749 MPa 和 770 MPa，与 Corten 700 钢相当；Ti 含量为 0.021%，屈服强度为 574 MPa，强度极限为 715 MPa，所以可以通过调整 Ti 含量来调整钢的强度；当 Mn 含量为 2.34% ~2.38% 时，未发现 Mn 含量对钢强度的进一步提高有影响；碳含量低时，试验条件下强度低；试验钢中，氮含量低，低氮条件下，微合金元素的作用机理有待进一步研究。

1.6 高温合金及其纯净化研究概况

1.6.1 高温合金的定义、特点及分类

高温合金又称热强合金、耐热合金或超合金，其定义为通常来自 Sims 和 Hagel 所编的《高温合金》一书。

高温合金通常是以第八主族元素为基，能在较高的温度和严酷的工作环境下承受较大的应力并具有较高表面稳定性的合金。

高温合金具有较高的高温强度、断裂力学性能、塑性、组织稳定性，良好的抗氧化性能和抗腐蚀性能，优良的抗疲劳性能和抗蠕

变性能及高的纯洁度和可靠性，在英、美被称为“超合金”。

高温合金是制造航空涡轮发动机的热端部件、航天火箭发动机各种高温部件的关键材料，也是制造地面燃气轮机、能源、冶金及化工等工业部门所需高温耐腐蚀部件的材料，高温合金的研制和生产水平是一个国家金属材料发展水平的标志之一。

高温合金的发展可以追溯到20世纪初，1906年Marsh发现Ni-Cr合金在高温下具有很好的抗氧化性和较高的电阻，特别是Ni-20Cr合金，使用温度可以达到1100℃，因此被广泛应用于制作冶金、玻璃熔炼以及陶瓷工业的加热器。1929年，英国和美国的Merica、Bedford和Piling等人将少量的Ti和Al加入到Ni-20Cr合金中，使该合金具有显著的蠕变强化作用。1937年德国的涡轮喷气发动机问世，1939年英国也研制出Whittle涡轮喷气发动机，美国于1941年开始发展航空涡轮发动机。其后，随着对高温合金性能要求的不断提高，在20世纪40年代，初具规模的高温合金体系就建立起来了。又经过近半个世纪的发展，现在已经形成了完备的高温合金体系，高温合金的发展达到了前所未有的状态。

现代高温合金的合金化程度高；微量元素难以控制和掌握；由于合金中含有Al、Ti等较活泼元素，在熔炼中易氧(氮)化烧损，并生成夹杂物而影响合金的纯净度；钨、钼、铌、铝、钛的同时大量存在，会引起偏析和组织的不均匀；合金对气体含量的要求非常严格，热加工性能差等。

高温合金通常按以下几种方式分类：

按合金的基体元素种类可以把高温合金分为铁基合金、镍基合金和钴基合金。

按合金的热处理强化类型，可以把高温合金分为固溶强化型和时效沉淀型合金。

按成形工艺可以把高温合金分为变形高温合金、铸造高温合金及粉末高温合金。

按使用特性可以把高温合金分为高热强高温合金、高屈服强度高温合金和低膨胀高温合金等。

1.6.2 高温合金的化学成分及其所含微量元素的分类

化学成分是高温合金工程分类的核心，在20世纪30年代，高温合金仅以铁或镍为基体，并含有足够的铬以提高抗氧化性。其后，加入了少量的铝、钛或铌以提高其高温强度。20世纪40年代后期添加了合金元素钼，通过固溶和碳化物产生附加的强化效应。其后不久，难熔元素W、Nb、Ta和Re也被加入以起相同的作用。在高温合金几十年的发展过程中，向高温合金中添加的元素不断增多，以获得某些特别的力学性能和化学性能。20世纪50至70年代，由于真空熔炼技术应用到高温合金的熔炼，使大量合金元素的添加成为可能。

高温合金中各种合金元素的作用见表1－21。

表1－21 高温合金中的合金元素及其作用

<table>
<tr><th colspan="2">作 用</th><th>铁 基</th><th>钴 基</th><th>镍 基</th></tr>
<tr><td colspan="2">固溶强化</td><td>Cr, Mo</td><td>Nb, Cr, Mo
Ni, W, Ta</td><td>Co, Cr, Fe
Mo, W, Ta</td></tr>
<tr><td colspan="2">稳定面心立方点阵</td><td>C, W, Ni</td><td>Ni</td><td></td></tr>
<tr><td rowspan="4">形成
碳化物</td><td>MC 型</td><td>Ti</td><td>Ti</td><td>W, Ta, Ti, Mo, Nb</td></tr>
<tr><td>M_7C_3 型</td><td></td><td>Cr</td><td>Cr</td></tr>
<tr><td>$M_{23}C_6$ 型</td><td>Cr</td><td>Cr</td><td>Cr, Mo, W</td></tr>
<tr><td>M_6C 型</td><td>Mo</td><td>Mo, W</td><td>Mo, W</td></tr>
<tr><td colspan="2">碳氮共渗</td><td>C, N</td><td>C, N</td><td>C, N</td></tr>
<tr><td colspan="2">促进普通碳化物的析出</td><td>P</td><td></td><td></td></tr>
<tr><td colspan="2">形成γ′相</td><td>Al, Ni, Ti</td><td></td><td>Al, Ti</td></tr>
<tr><td colspan="2">形成η相</td><td>Al, Zr</td><td></td><td></td></tr>
<tr><td colspan="2">提高γ′相的溶解度</td><td></td><td></td><td>Co</td></tr>
<tr><td colspan="2">硬化析出/金属间化合物</td><td>Al, Ti, Nb</td><td>Al, Mo, Ti W, Ta</td><td>Al, Ti, Nb</td></tr>
<tr><td colspan="2">提高抗氧化性</td><td>Cr</td><td>Al, Cr</td><td>Al, Cr</td></tr>
<tr><td colspan="2">改善耐热腐蚀性</td><td>La, Y</td><td>La, Y, Th</td><td>La, Th</td></tr>
</table>

续表 1-21

作 用	铁 基	钴 基	镍 基
提高抗硫化性	Cr	Cr	Cr
改善蠕变性能	B		B
提高断裂强度	B	B, Zr	B
导致晶界偏析			B, C, Zr
易于加工		Ni, Ti	

显然,高温合金中除了主要的合金元素之外,还含有很多种微量元素。这些元素,有些是有意添加的,有些则是原料中带来的杂质元素。微量元素对高温合金的性能有极大的影响,最近几十年对这方面的研究有了很大的进展。研究结果表明,S、Se、Te、As、Sb、Bi、Pb 和 Ag 为有害元素,已经得到了比较彻底的研究,并在镍基高温合金中受到严格的限制。对诸如 B、Mg、Hf、Zr 和稀土元素之类的有益元素也进行了大量的研究,尤其是 B 已经被当成很重要的强化元素,加入到大部分的镍基高温合金中以改善其蠕变和断裂性能。

实际上,早在 20 世纪 50 年代后期就已经知道 B、Zr 等微量元素对镍基高温合金蠕变性能的有益作用。从 20 世纪 60 年代中期开始,人们对微量元素在高温合金中的作用兴趣日益浓厚,当时已经明确认识到必须严格控制高温合金中的 Pb、Bi、Te、Tl、S 等有害的微量元素。同时也认识到这些微量元素引起晶界脆化,而有益的微量元素通常就是用于抵消这些不利作用的。此外,还知道微量元素不仅影响高温合金的使用性能,还影响其工艺性能。例如铸造和锻造性能。不过 20 世纪 60 年代制定的技术规范,甚至到了 20 世纪 70 年代仍然很少要求分析微量元素,检验高温合金质量主要是依靠应力断裂试验。现在人们已经充分认识到微量元素对高温合金性能的影响,制定的技术规范对微量元素提出了越来越苛刻的要求。

微量元素的种类和作用是极其复杂的,第一个系统研究微量元素对纯镍影响的是 Bieber 和 Decker。表 1－22 列出了他们以及其他几位研究者对微量元素的分类。实践证明，Bieber 和 Decker 的分类绝大多数是正确的，但也有一些例外，例如已经发现高达 3.5% 的 Hf 在某些合金中仍然是有益的，而少量的银却有害。后来的几位研究者的分类有所改进，尤其是 Holt 和 Wallace 的分类为人们所公认。但对 P 的认识有一些偏差。

表 1－22　高温合金中微量元素的分类

类　型		元　素
有　害	残余气体	O, H, N, Ar, He
	非金属夹杂	S, P
	金属及金属夹杂	Pb, Bi, Sb, As, Se, Ag, Cu, Ti, Te
有　益	净化剂	Ca, Mg, Ce, La
	微量合金化元素	B, Zr, Hf, Mg, C
	高含量合金化元素	Hf, Zr

对于微量元素对高温合金性能影响的机制，也进行了大量的研究工作。McLean 和 Strang 认为，尽管局部富集并非微量元素影响高温合金力学性能的充分条件，但无疑是必要的条件。他们认为，恒载应力断裂试验对偏聚元素的影响不明显，而能产生穿过晶界应力的温度或应力循环试验似乎更有鉴别力，他们同时还详尽地讨论了微量元素的各种富集机制。

Seah 提出一种描述偏聚诱发晶界结合力变化的理论，这一方法可以从现有的升华焓和原子尺寸数据出发，很容易计算出这种变化。计算结果表明，Pb、Bi、Te、Tl、S、Sb、As、Se、Ag、P 和 Mg 都是有害元素；而 C、B 和 N 是有益的元素；Hf、Zr 是中性元素。

Burton、Berkowitz 和 Kane 利用 AES 分析研究了 Hastelloy C-276合金的表面偏聚，合金在 100～900℃之间进行循环退火，发现 C、N、O、S、P 和 Si 都偏聚到同一表面，偏聚行为极为复杂，显示了对工业合金元素富集现象研究的复杂性和高难度。偏聚受预先的冷加工、退火温度和退火时间的影响。考虑到残留气体表面吸附的可能干扰，只有P和S的偏聚最为显著，其中S的偏聚量在各个温度下都随时间的延长而提高，而P在800℃以下随时间的延长偏聚量增加，800℃以上反而逐渐下降，P和S的偏聚量之间似乎存在某种互相排斥的关系。

从元素周期表可以看到，高温合金中的微量元素大部分位于周期表的两端。这些元素的原子半径与合金基体的主要形成元素Ni、Fe的原子半径差别较大，它们在基体中的溶解度非常低，因此多偏聚在晶界附近。有利的微量元素起晶界强化作用，而有害的微量元素起脆化晶界作用。根据大量的研究结果，可以把高温合金中微量元素作用的特点归纳如下：

微量元素与基体中主要元素的原子半径、晶体结构、电子结构和电负性有很大的差别，在基体中的溶解度低，因而多偏聚在晶界附近，或强化晶界，或弱化晶界。

有害的微量元素，或以单原子形式偏聚在晶界上形成脆性区；或在晶界上形成有害的连续的第二相薄膜；或由于本身的熔点低，在后凝固区形成低熔点区或低熔点组织。

有利的微量元素，或富集在晶界上填满晶界上的空位和晶界缺陷，从而改变晶界结构；或在熔炼过程中与有害杂质形成高温稳定的化合物，从而减小有害杂质元素的不利作用；或改变第二相的形态，从而改变合金的组织。

1.6.3 高温合金的发展及替代材料

1.6.3.1 高温合金的发展

高温合金是有生命力和发展前途的，而且它正在进入“工艺时期”的第二个时代，一些主要的未来发展趋势包括以下一些方面：

(1) 用铼作为合金化元素以最大限度地提高高温合金的高温蠕变强度。

(2) 含一定数量的铪、镧和钇（提高氧化抗力）的无涂层合金的开发。

(3) 更广泛地应用定向凝固和单晶涡轮叶片和导向叶片铸件。

(4) 提高涡轮盘合金洁净程度以便最大程度减少涡轮盘合金的固有内部缺陷。

(5) 更广泛地应用等温锻造以使涡轮盘中获得均匀的晶粒尺寸。

(6) 更广泛地应用由预合金化粉末生产的涡轮盘合金。

(7) 更广泛地应用采取热等静压致密化的细晶铸造涡轮机叶轮。

(8) 广泛地发展和应用混合部件。这种混合部件是利用扩散连接方法,将两个或更多种零件连接在一起形成整体合金部件。

由于陶瓷和金属间化合物首先在短寿命发动机上得到了特殊的应用,因此这些材料的竞争将变得更加激烈。涂层的难熔金属的用途将是较少的,而涂层的碳碳复合材料可能会有特殊的军事用途。尽管竞争的材料将涌入一些特殊的领域,但镍基高温合金仍然将是燃气轮机行业的主要材料。这是由于它们具有良好的适应性和可修复性,即采用铸造、锻造和粉末冶金工艺可以制造出各种尺寸的燃气轮机部件。

尽管高温合金系会继续遇到金属系和非金属系的竞争,但是高温合金仍将继续是未来燃气轮机的主导材料。

1.6.3.2 高温合金的替代材料

考虑高温合金替代材料的出发点有以下两个方面:一是选择强度优于高温合金和耐腐蚀抗力也优于高温合金,但最高使用温度较高温合金没有明显提高的材料;二是选择那些具有较高熔点、强度及腐蚀抗力可用、在 1095 ~ 2205℃ 温度范围内能承受较高使用温度的材料。

从这两点出发,高温合金的替代材料有金属间化合物、复合材料、难熔金属和陶瓷四种。

(1) 金属间化合物。金属间化合物原子排列的长程有序对高温强度有利,同时铝化合物由于 Al_2O_3 膜的保护作用而具有高的抗氧化性能。它的缺点是在室温下没有明显的塑性，高温下没有足够的蠕变抗力。虽然已经有 Ni_3Al 的制成品，但离真正的实用还需要做大量的研究工作。

(2) 复合材料。原来采用共晶复合材料制作的大部分零件已被单晶高温合金替代，只有 Fe-Mn-Cr-C 为基的高强度铁基共晶合金得到一定的发展，它们用于制作低成本、不太重要的零件。

对于纤维增强的高温合金已做了大量的研究工作，陶瓷纤维的特点是具有高的强度、刚度和稳定性，优异的抗氧化能力、腐蚀抗力和低密度。现在存在的问题是陶瓷纤维增强高温合金的陶瓷纤维表面遭受就位侵蚀，并且纤维与基体之间的热膨胀不匹配，因此导致合金强度不够高。

钨纤维已被证明是较成功的，W-HfC 纤维对强化镍基合金特别有效。正处于发展阶段的其他纤维增强的高温合金有 HfN 涂层的钨纤维增强的 MAR-M200 和 SiC 增强的 FeCrAlY 合金。

(3) 难熔金属。通常选择 Fe、Co 和 Ni 而不选其他金属，这是因为其他金属具有不紧密的 bcc 结构、低温延性差、抗氧化能力极差和密度大等特点。

在难熔金属中已经应用的只有 Nb 用于机架上，其他的用途正在研究。

(4) 陶瓷。陶瓷包括整体陶瓷、陶瓷复合材料和 C-C 复合材料。

陶瓷材料具有优异的氧化抗力和腐蚀抗力、低成本和主要原材料 Si、C 和 N 容易得到。它们的缺点是脆性大、易受热冲击并且比耐热金属导热性差，所以服役于拉伸载荷的性能极差。在日本 Si_3N_4 陶瓷材料已成功用于制造汽车柴油发动机，美国也已研制成功两种陶瓷汽车发动机。

在所有替代材料中，仅有两种材料近期可能研究成功，它们是钛铝化合物(金属间化合物)和铌合金(难熔金属)。

1.6.4 高温合金的熔炼方法

20 世纪 40 年代,高温合金是在大气下采用电弧炉或感应炉熔炼的。但在大气下存在元素容易烧损;很难准确控制合金的成分;气体、有害杂质及非金属夹杂物含量高等缺点,所以从 20 世纪 50 年代开始采用真空熔炼。

1.6.4.1 高温合金的熔炼技术

高温合金超纯净熔炼的目标是消除大于临界缺陷尺寸的夹杂物;氧、氮及硫的含量低于液相线温度的溶解度。这样可以在不改变合金主要成分的情况下,提高合金的使用性能。

目前和未来高温合金的熔炼方法有以下几种。

(1) 单炼。AAM (电弧炉熔炼),AIM (感应炉熔炼),VIM (真空感应炉熔炼),PAF (等离子电弧炉熔炼),PIF (等离子感应炉熔炼)。

(2) 双炼。VAR (真空电弧重熔),VADER (真空电弧双电极重熔),VIR (双真空熔炼),NAV (非自耗),PMV (等离子),ESR (电渣重熔),EVR (真空感应加电渣重熔),NER (非自耗),PAR (等离子重熔),EBM (电子束重熔),VEB 或 VIM + EBCFM (真空感应加电子束),NEB (非自耗电极加电子束)。

(3) 三次熔炼。三次熔炼有 VIM + VAR + ESR, VIM + ESR + VAR, NAV + EBM + VAR,采用电渣重熔金属作为第三次真空电弧重熔的自耗电极,主要是为保证合金具有很低的气体含量。

国内外高温合金的熔炼设备主要有电弧炉、感应炉、真空感应炉、真空自耗炉和电渣炉、电子束炉和等离子电弧炉等。

1.6.4.2 高温合金熔炼技术的发展方向

真空冶金和特种熔炼技术的发展方向为:

(1) 传统冶金的某些具体过程适宜真空冶金技术的可以用真空冶金技术代替。

(2) 新型真空冶金设备的研制。

(3) 对某些材料研究新的真空冶金方法、新设备及新流程。

(4) 真空冶金用新材料的研制。

(5) 有熔渣存在条件下的真空熔炼(包括重熔)技术的开发。

(6) 新型特种熔炼技术的发展或同一特种熔炼技术应用领域的拓宽。

(7) 特种冶炼过程及冶金质量控制的数值模拟和计算机控制。

(8) 熔炼出零夹杂物超纯高温合金。A. Mitchell 提出了生产零夹杂物不锈钢及高温合金的概念,不但从理论上论证了获得零夹杂物不锈钢及高温合金的可能性,而且通过实验(三次电子束冷床熔炼 EBCHM(EBCHR)),获得了接近零夹杂物的不锈钢。

1.6.4.3 国内外目前高温合金的熔炼水平

伴随高温合金的成分和组织研究的同时,对其生产工艺也进行了大量的研究。从 20 世纪 80 年代,出现了一些新的熔炼工艺,显著地提高了高温合金的纯净度。对镍基高温合金的熔炼,是采用了严格选择原材料及防止耐火材料污染等措施,同时从工艺上采用真空电弧炉熔炼、电渣重熔和真空感应熔炼为第一步,然后采用等离子重熔,电子束重熔等方法进行进一步的精炼。其中真空感应熔炼仍然为这些方法中的主要方法。文献介绍了真空感应熔炼 IN718 合金过程中采用不同材质坩埚对脱氧、脱氮和脱硫的影响,其实验结果见表 1-23。从表 1-23 中可见,采用 CaO 坩埚重熔后合金中的硫含量明显比采用 MgO 和 Al_2O_3 坩埚低,氧含量也有一定程度的降低,但氮含量相差不多。

表 1-23 不同材质坩埚中重熔 IN718 合金后的化学成分(质量分数)

坩 埚	O	N	S	Ca	备 注
CaO	9×10^{-6}	22×10^{-6}	2×10^{-6}	9×10^{-6}	1550℃,0.1 Pa 下精炼 10 min
MgO	14×10^{-6}	24×10^{-6}	27×10^{-6}	$<1\times10^{-6}$	
Al_2O_3	20×10^{-6}	23×10^{-6}	27×10^{-6}	$<1\times10^{-6}$	

表 1－24 是采用不同材质坩埚重熔 MarM247 合金后化学成分的分析结果。从表 1－24 中可以看到，采用 CaO 坩埚重熔后的 MarM247 合金中的氧、氮和硫的含量明显比其他坩埚低。

表 1－24 不同材质坩埚重熔 MarM247 合金后的化学成分（质量分数）

坩 埚	O	N	S	备 注
CaO	$<5\times10^{-6}$	$<5\times10^{-6}$	3×10^{-6}	0.013 Pa，1550℃，保温 20 min
MgO	6×10^{-6}	10×10^{-6}	9×10^{-6}	
Al_2O_3	6×10^{-6}	9×10^{-6}	6×10^{-6}	
ZrO_2	16×10^{-6}	9×10^{-6}	6×10^{-6}	

吴仲堂等进行的高温、高真空强化精炼工艺，能够使氧、氮及硫等杂质元素的含量大大降低。表 1－25 反映了在真空感应熔炼过程中采用电磁搅拌的熔炼效果。显然，加电磁搅拌的要比不加电磁搅拌的熔炼效果好。

表 1－25 不同熔炼工艺的熔炼结果——微量元素含量（质量分数）

熔炼工艺	C	N	O	S
普通精炼工艺	$(140\sim300)\times10^{-6}$	$(50\sim60)\times10^{-6}$	$(44\sim59)\times10^{-6}$	$(9\sim13)\times10^{-6}$
高温高真空强化精炼工艺	$(50\sim200)\times10^{-6}$	$(20\sim40)\times10^{-6}$	$(3\sim27)\times10^{-6}$	$(10\sim14)\times10^{-6}$
高温高真空强化精炼工艺电磁搅拌	100×10^{-6}	11×10^{-6}	8×10^{-6}	10×10^{-6}
	100×10^{-6}	10×10^{-6}	8×10^{-6}	6×10^{-6}
	90×10^{-6}	10×10^{-6}	1×10^{-6}	10×10^{-6}
	100×10^{-6}	10×10^{-6}	1×10^{-6}	5×10^{-6}
	80×10^{-6}	10×10^{-6}	3×10^{-6}	7×10^{-6}
	20×10^{-6}	$<10\times10^{-6}$	4×10^{-6}	9×10^{-6}
	20×10^{-6}	$<10\times10^{-6}$	3×10^{-6}	8×10^{-6}
	30×10^{-6}	$<10\times10^{-6}$	1×10^{-6}	4×10^{-6}

美国 SMC 公司发展了优质级高温合金熔炼技术，迄今为止，这一技术代表了熔炼的最高水平。它主要是采用高质量的原材料、高真空精炼及过滤净化等，不但使氧、氮和硫等杂质元素的含量低（见表 1－26 和表 1－27），而且成分控制准确，炉与炉之间

的化学成分波动小,对 100% 返回料的处理也可以达到新料一样的水平。表 1-27 列出了采用同一技术熔炼的第三代单晶合金 CMSX-10 母合金中的杂质元素含量。

表 1-26 SMC 公司的 CMSX-4 母合金中的杂质含量(质量分数)

(炉子容量 3630 kg,100% 新料)

炉二次	C	S	N	O
V7927	20×10^{-6}	6×10^{-6}	3×10^{-6}	1×10^{-6}
V8053	19×10^{-6}	5×10^{-6}	2×10^{-6}	1×10^{-6}
V8054	15×10^{-6}	6×10^{-6}	3×10^{-6}	1×10^{-6}
V8154	21×10^{-6}	3×10^{-6}	2×10^{-6}	2×10^{-6}
V8195	18×10^{-6}	4×10^{-6}	2×10^{-6}	2×10^{-6}
V8256	15×10^{-6}	2×10^{-6}	1×10^{-6}	1×10^{-6}
V8276	19×10^{-6}	2×10^{-6}	1×10^{-6}	2×10^{-6}
V8277	20×10^{-6}	2×10^{-6}	1×10^{-6}	2×10^{-6}
V8291	14×10^{-6}	2×10^{-6}	1×10^{-6}	2×10^{-6}
V8311	17×10^{-6}	2×10^{-6}	1×10^{-6}	2×10^{-6}
V8312	19×10^{-6}	2×10^{-6}	1×10^{-6}	2×10^{-6}
V8330	24×10^{-6}	2×10^{-6}	2×10^{-6}	1×10^{-6}
V8331①	18×10^{-6}	2×10^{-6}	2×10^{-6}	2×10^{-6}
V8351	21×10^{-6}	2×10^{-6}	1×10^{-6}	1×10^{-6}
V8393	24×10^{-6}	3×10^{-6}	1×10^{-6}	1×10^{-6}
V8394	32×10^{-6}	4×10^{-6}	1×10^{-6}	2×10^{-6}
V8433	19×10^{-6}	2×10^{-6}	1×10^{-6}	2×10^{-6}
V8455	23×10^{-6}	2×10^{-6}	1×10^{-6}	2×10^{-6}
V8479	21×10^{-6}	1×10^{-6}	1×10^{-6}	2×10^{-6}
V8480	17×10^{-6}	1×10^{-6}	1×10^{-6}	1×10^{-6}
V8481	17×10^{-6}	2×10^{-6}	2×10^{-6}	1×10^{-6}
V8508	22×10^{-6}	2×10^{-6}	1×10^{-6}	1×10^{-6}
V8520	28×10^{-6}	1×10^{-6}	1×10^{-6}	1×10^{-6}

① 50% 新料 / 50% 铸件返回料。

表 1-27 第三代单晶合金 CMSX-10 母合金中的杂质含量(质量分数)

C	B	Zr	S	N	O	Si
20×10^{-6}	$<20\times10^{-6}$	$<20\times10^{-6}$	1×10^{-6}	1×10^{-6}	1×10^{-6}	$<0.01\times10^{-6}$

注:此表为 40 个小炉(容量为 124 ~ 182 kg)和 3 个大炉(容量为 3856 kg)综合结果。

刘奎等人采用 CaO 坩埚熔炼 M17 合金的效果见表 1－28，从熔炼前后的氧、氮及硫含量的对比情况可以看出，CaO 坩埚明显有利于脱硫，对脱氧也有一定的有利影响，对脱氮基本无影响，这与前面的表 1－23 的结论相符合。

表 1－28 采用 CaO 坩埚对 M17 合金的熔炼效果（质量分数）

元 素	O	N	S
熔炼前	15×10^{-6}	22×10^{-6}	20×10^{-6}
熔炼后	9×10^{-6}	20×10^{-6}	5×10^{-6}

资料介绍的采用 EBCHR 熔炼 IN718LC 合金的熔炼效果见表 1－29。金川淳等用真空感应和电子束熔炼 IN718 合金，氧含量为 $(7\sim8)\times10^{-6}$，氮含量为 $(60\sim80)\times10^{-6}$。S. Patel 等用电子束冷床冶炼 IN718 合金，其氧含量为 4×10^{-6}，氮含量为 40×10^{-6}，硫含量为 5×10^{-6}。

表 1－29 EBCHR 法熔炼 IN718LC 合金的氧和氮含量（质量分数）

炉 次	O	N
新炉料	12×10^{-6}	6×10^{-6}
新炉料 + EBCHR	6×10^{-6}	6×10^{-6}
返回料	12×10^{-6}	30×10^{-6}
返回料 + EBCHR	7×10^{-6}	27×10^{-6}

表 1－30 归纳了近年来国内外高温合金的熔炼方法及熔炼水平。

表 1－30 近年来国内外高温合金熔炼方法及熔炼水平（质量分数）

国外	VIR，美国 CM 公司	O、N、S $=1\times10^{-6}$
	VIM（CaO 坩埚）	O、S $<10\times10^{-6}$，N $=10\times10^{-6}$
	EBCHR	O 、S $=(4\sim5)\times10^{-6}$，N $=(20\sim40)\times10^{-6}$
	EBR	数据不详
	VIM + ESR + VAR	数据不详
	VIM + EBR	O $=7\times10^{-6}$，N $=60\times10^{-6}$

续表 1－30

国内	VIM ＋ 电磁搅拌	$S<10\times10^{-6}$，$O=1\times10^{-6}$，$N=4\times10^{-6}$
	VIM ＋ VAR 或 VIM ＋ ESR	数据不详
	冷壁坩埚熔炼	数据不详
	VIM（CaO 坩埚）	O、$N=20\times10^{-6}$，$S=5\times10^{-6}$

参 考 文 献

［1］ 傅杰，陈恩普，谢继莹，丁勇，等．特种熔炼［M］．北京：冶金工业出版社，1982.

［2］ 傅杰．特种熔炼与冶金质量控制［M］．北京：冶金工业出版社，1999.

［3］ 王中丙，等．现代电炉－薄板坯连铸连轧［M］．北京：冶金工业出版社，2004.

［4］ 傅杰，李晶，徐晓达，周德光，王中丙．电弧炉冶炼终点碳的控制［J］．钢铁，2001，36(6)：18.

［5］ 李迎春　编译．Al 和 N 元素对薄板钢淬透性的影响［J］．国外金属热处理，1994，15(6)：52.

［6］ Maehara Y，Yotsumoto K，Tomono H，et al. Mater. Sci. Technol.，1990，(6)：793.

［7］ 尾冈博幸．炉外精炼［M］．李宏　译．北京：冶金工业出版社，2002.

［8］ Reed Thomas. Free Energy of Formation of Binary Compounds. MIT Press，1971.

［9］ Elliot J F. Thermochemistry for Steelmaking，Addison-Wesley，1963：2

［10］ 傅杰，周德光，李晶，柳得橹．低碳超级钢中氧硫氮的控制及其对钢组织性能的影响［J］．云南大学学报（自然科学版），2002，24：158.

［11］ 周德光，陈希春，傅杰，王平，李晶，徐明德．电渣重熔与连铸轴承钢中的夹杂物［J］．北京科技大学学报，2000，22(1)：26.

［12］ Fu Jie. Evaporation Behaviour of Elements During the Large Section Consumable Electrode VAR of Alloy A286，The Third China-Japan Symposium on Science and Technology of Iron and Steel. 1985.（4）：336.

［13］ Yaguchi H. Manganese sulfide precipitation in low-carbon desulfurized free-machining steel［J］. Metall. Trans. A，1986，17A：2080.

［14］ E. T. 特克道根著．高温工艺物理化学［M］．魏季和，傅杰译．北京：冶金工业出版社，1988.

［15］ 伊赫桑·巴伦主编．纯物质热化学数据手册［M］．程乃良、牛四通、徐桂英等译．北京：科学出版社，1995.

［16］ 黄希祜．钢铁冶金原理（修订版）［M］．北京：冶金工业出版社，1995.

［17］ 赵增武，常国威，王新华．氧、硫对高纯净低合金钢强韧性的影响研究［C］．新

一代钢铁材料研讨会论文集. 北京:2001:431.

[18] 梁克中. 金相——原理与应用[M]. 北京:中国铁道出版社:1983:286.

[19] Morrison W B. Nitrogen in the Steel Product[J]. Ironmaking and Steelmaking, 1989,16(2):123.

[20] 杨才福,张永权. 薄板坯连铸高强度钢的微合金化选择[C]. 2005 年薄板坯连铸连轧品种与工艺技术研讨会论文集. 59.

[21] Garcia C I, Tokary C, Graham C, Vayquey M, Aparicio L R and De Ardo A J. Niobium HSLA Steels Produced Using the Thin Slab Casting Process: Hot Strip Mill Products, Properties and Applications[C], Proc of TSCR'2002, Guangzhou, China: 194 ~ 210

[22] Glodowski R J. Vanadium-Nitrogen Microalloyed HSLA Strip Steels Produced by Thin Slab Casting[C], HSLA Steel's 2000, Metallurgical Industry Press, Beijing,313 ~ 318.

[23] 傅杰,王中丙,康永林,等. 电炉-CSP 工艺生产 HSLC 钢的研究与开发[J]. 北京科技大学学报. 2003,25(5):449.

[24] 奥特斯 F 著. 钢铁冶金. 倪瑞明,张圣弼,项长祥译. 北京:冶金工业出版社,1997.

[25] Koin Ito, Kazuo Amano and Hiroshi Sakao. Kinetic Study on Nitrogen Absorption and Desorption of Molten Iron[J], Transaction ISIJ,1988,28:42.

[26] 傅杰. 钢冶金过程动力学[M]. 北京:冶金工业出版社,2001.

[27] 凌天鹰,徐匡迪. 浇注过程钢液吸氮的研究. 钢铁研究,1989,51(2):7.

[28] 周德光,金勇,傅杰,王中丙,李晶,许中波,柳得橹,康永林,陈贵江,李烈军. CSP 薄板坯的铸态组织特征研究[J],钢铁,2003,38(8):47.

[29] Cornelissen M C M, Mathematical Model for Solidification of Multicomponent Alloys [J]. Ironmaking and Steelmaking, 1986,13(4):204 ~ 212.

[30] 田乃媛. 薄板坯连铸连轧(第二版)[M]. 北京:冶金工业出版社,2004.

[31] 康永林,傅杰. 关于薄板坯连铸连轧产品开发问题的探讨[C]. 2004 年全国炼钢、轧钢生产技术会议文集. 50

[32] Garsia C I, Tokarz C, Graham C, et al. 含铌高强度低合金钢薄板坯连铸连轧工艺的生产:热轧产品的种类,性能和应用[C]. 2002 年薄板坯连铸连轧国际研讨会论文集. 广州:2002. 12:153.

[33] Caesar C, Mueller J, Terni G. 意大利 AST 工厂 – 第一家生产不锈钢的 CSP 厂[C]. 2002 年薄板坯连铸连轧国际研讨会论文集. 广州:2002. 12:37.

[34] 殷瑞钰. 我国薄板坯连铸连轧生产的发展与优化[C],薄板坯连铸连轧技术交流与开发协会第三次技术交流会文集. 2005. 8:10.

[35] 傅杰. 电炉炼钢发展历史分期问题. 钢铁研究学报, 2006,12(4):28

[36] 王泰昌. 大型电炉和转炉流程炼钢的制造成本分析[C]. 中国电炉流程与工程技术文集. 北京:冶金工业出版社,2005.

[37] 王泰昌. 薄板坯连铸连轧投资和成本分析[C]. 薄板坯连铸连轧技术交流与开发协会第三次技术交流会文集. 2005. 8.

[38] 翁宇庆. 超细晶钢[M]. 北京:冶金工业出版社,2003.

[39] 傅杰,王中丙,康永林,等. 电炉 - CSP 工艺生产 HSLC 钢的研究与开发[J]. 北京科技大学学报. 2003,25(5):449.

[40] 傅杰. 新一代低碳钢-HSLC 钢[J]. 中国有色金属学报. 2004,14(Special 1):82

[41] Liu Delu, Fu Jie, Kang Yonglin, Huo Xiangdong, Wang Yuanli, Chen Nanjing. Oxide and Sulfide Dispersive Precipitation and Effects on Microstructure and Properties of Low Carbon Steels[J]. J. Mat. Sci. Tech. ,2002, 18(1): 7.

[42] Liu Delu, Huo Xiangdong, Wang Yuanli, Sun Xianwen. Aspects of microstructure in low carbon steels produced by the CSP process[J]. Journal of University of Science-and Technology Beijing, 2003,10(4):1.

[43] Kang Y L, Yu H, Fu J, et al. Morphology and precipitation kinetics of AlN in hot strip of low carbon steel produced by compact strip production[J]. Mater Sci and Eng, 2003 A, 351: 265.

[44] Yu Hao, Kang Yonglin. Analysis on Microstructure and Misorientation of Ultra-thin Hot Strip of Low Carbon Steel Produced by Compact Strip Production[J]. Journal of Materials Science and Technology,2002, 18(6): 501.

[45] 傅杰,吴华杰,康永林,等. 低碳钢中纳米级析出物的研究[C]. 2005 年薄板坯连铸连轧品种与工艺技术研讨会论文集. 2005. 4:7.

[46] 殷瑞钰. 冶金流程工程学[M]. 北京:冶金工业出版社,2004.

[47] Sims C T, Hagel W C. The Superalloys[M]. New York: Willey, 1972.

[48] 冶军. 美国镍基高温合金[M]. 北京:科学出版社,1978.

[49] 黄乾尧, 李汉康等编著. 高温合金[M]. 北京:冶金工业出版社, 2000.

[50] 陈瑞宁等,译. 金属手册[M]. 北京:机械工业出版社, 1991.

[51] 俞华峰. 提高铁基高温合金锻造温度的可能途径[D]. 沈阳:中国科学院金属研究所, 1985.

[52] 周兰章. 磷、硫、硅对 IN718C 合金显微组织和力学性能的影响[D]. 沈阳:中国科学院金属研究所, 1995.

[53] Sims C T, Stoloff N S, Hagel W C 著. 高温合金[M]. 赵杰, 朱世杰, 李晓刚, 王富刚 译. 大连:大连理工大学出版社, 1992.

[54] 戴永年, 赵忠. 真空冶金[M]. 北京:机械工业出版社, 1988.

[55] 罗思. 真空技术[M]. 北京:机械工业出版社, 1989.

[56] 曲喜新. 电子元件材料手册[M]. 北京:电子工业出版社,1989.
[57] 石川欣造,等. 开拓未来的新材料[M]. 王魁汉等译. 北京:冶金工业出版社,1989.
[58] 岛村昭治著. 开拓未来的尖端材料[M]. 蔡可芬译. 北京:冶金工业出版社,1988.
[59] 万群,钟俊辉. 电子信息材料[M]. 北京:冶金工业出版社, 1990.
[60] 稀有金属应用编写组. 稀有金属应用[M]. 北京:冶金工业出版社, 1985.
[61] 德姆鲍夫斯基著. 等离子冶金[M]. 林彬 译. 北京:冶金工业出版社, 1987.
[62] Winkler O, Bakish R. 真空冶金学[M]. 康显澄译. 上海:上海科学技术出版社, 1982.
[63] 刘奎. 均质合金真空感应熔炼工艺研究[D]. 沈阳:中国科学院金属研究所,1999.
[64] 出川通, 音谷登平. 用 CaO 耐火材料精炼镍基超合金[J]. 鉄と鋼, 1987, 14:1691.
[65] 孙长杰, 刑纪萍. CaO 坩埚在高纯净化合金研究中的应用[J]. 金属学报, 1998, 34(7):731.
[66] 汤浅悟郎, 迟田雅宣, 片桐英雄. 超纯熔化材料生产工艺[J]. 电气制钢, 1983, 54 (1):3.
[67] 吴仲棠, 代修彦, 桂中楼等. DD3 单晶合金的真空感应熔炼[J]. 材料工程, 1995, 6:35.
[68] 陈荣章. 单晶高温合金发展现状[J]. 材料工程, 1995, 8:3.
[69] 殷克勤. 提高铸造高温合金及其精铸件纯度的途径[J]. 材料工程, 1999, 7:47.
[70] 出川通,等. 在氧化钙坩埚中加铝及铝合金引起铁液的脱硫行为[J]. 鉄と鋼 1987,14:1684.
[71] 谢锡善, 徐志超, 董建新,等. C、O、N、S 在 GH169 合金中的作用[J]. 金属学报, 1995 , (31)' Suppl:693.
[72] 李守军,罗威豹,张红斌. GH132 合金在冶炼过程中氮、氧变化规律[J]. 金属学报, 1995, (31) Suppl:175.
[73] 吴仲棠,钟振纲,唐定中,等. 无 Re 第二代单晶合金探索研究[J]. 金属学报, 1999, (35) Suppl, 2:10.
[74] 殷瑞钰. 钢的质量现代进展(高温合金特种钢)[M]. 北京:冶金工业出版社, 1995.
[75] 乌帕达耶,杜布. 冶金热力学与动力学的应用计算[M]. 北京:冶金工业出版社, 1981.
[76] 张鉴. 冶金熔体的计算热力学[M]. 北京:冶金工业出版社, 1998.

[77] 魏寿昆.冶金过程热力学[M].上海:上海科学技术出版社, 1980.
[78] 知水, 王平, 侯树庭.特殊钢炉外精炼[M].北京:原子能出版社, 1996.
[79] 蒋明学, 李勇.陈肇友耐火材料论文选[M].北京:冶金工业出版社, 1998.
[80] 戴维, 舒莉.铁合金冶金工程[M].北京:冶金工业出版社, 1999.
[81] 王常珍.固体电解质和化学传感器[M].北京:冶金工业出版社, 2000.
[82] 李正邦.电渣冶金原理及应用[M].北京:冶金工业出版社, 1996.
[83] 傅杰, 王迪, 徐志超. 高温合金及合金钢中微量元素的作用与控制[M].北京:冶金工业出版社, 1989.

2 真空冶金

真空冶金出现以前的合金熔炼都是在大气下进行的,由于在大气下的熔炼存在合金容易受到污染、成分不容易控制,杂质元素不容易去除、合金中容易产生缺陷等缺点,因而,随着科学技术的进步和对材料质量要求的提高,大气下的合金熔炼已不能满足生产高质量合金的要求,真空冶金的地位就越来越重要了。

2.1 真空冶金的定义、特点及发展

真空冶金是指在小于大气压下进行的冶金作业。

它具有以下5种特点:

(1) 真空下气体压力低,对一切增容反应(增加容积的物理过程或化学过程)都有有利的影响。这类过程很多,如物质的气化、金属的气化和蒸发,在真空中物质的沸点降低:

$$M_{凝聚态} \longrightarrow M_{气态}$$

氧化物MO被还原剂还原,金属氧化物还原成固态或液态金属:

$$R + MO_{凝聚态} \longrightarrow M_{凝聚态} + RO_{气态}\uparrow$$

金属氧化物还原成气态金属:

$$R + MO_{凝聚态} \longrightarrow M_{气态} + RO_{气态}\uparrow$$

溶解了气体G的金属放出气体:

$$G_{金属} \longrightarrow G\uparrow$$

金属与气体生成的化合物分解放出气体:

$$MG \longrightarrow G\uparrow + M$$

金属化合物热分解。真空对这些过程都有利,即加快了反应进行的速度或是降低了反应进行的温度。

(2) 真空中气体稀薄,很少有气体参加反应。

金属在真空中熔化时溶解气体的量很少。

金属在真空中加热到较高温度时氧化量较少，无论金属呈固体或液体都极少在真空中氧化。

气体遵循理想气体方程。

（3）真空系统是一个较为密闭的体系，与大气基本隔开，只经过管道和泵将真空系统中的残余气体送入大气。大气只能经密封不严处进入真空系统，系统内外的物质流动完全在控制之下。

（4）若过程需要较高的温度（大于真空室壁材料的软化温度），则加热系统要用电在炉内加热，因而真空系统没有燃料燃烧所带来的问题，如含 SO_2 气体的排放、收尘和对环境的污染等。

（5）金属或氧化物在真空中形成气体之后，气体分子很小或很分散。在真空中多原子分子倾向于分解成较少原子组成的分子，形成的气体分子很小，粒径一般为 10^{-10} m。

真空冶金的使用，是建立在真空技术的进步和广泛应用基础上的，真空冶金技术的发展史为：

获取真空的想法，出现在公元前 384 ～ 322 年。

1654 年第一台可供实用的真空泵由德国马德堡市市长、工程师 O. V. Guerike 制成，并用来做了有名的“马德堡半球实验”，开始了实际应用真空的时代。

1643 年 E. Torricelli 用一端封闭的玻璃管，测出大气压约为 101 kPa（760 mm 汞柱高）。

1865 年 Bessemer 设想将炼好的钢在真空中浇铸以消除气泡和裂纹，但技术和设备都不足以达到要求。

1874 年 H. McLeode 发明了压缩真空计。

1905 年 M. V. Pirani 提出电子束熔炼的概念。20 世纪 50 年代应用于高温合金的熔炼。目前世界上的最大的 EBCFM 炉是建立在日本矿业日立工厂的 ESP100/1200CF 炉。

1917 年采用真空电阻炉熔化镍基合金。

1923 年德国开始研究真空感应熔炼。

1926 年德国用真空感应炉（容量 4 t,功率 350 kW）熔化 Co、Ni 合金。

1935 年 Hopkings 研究应用水冷铜坩埚自耗电极真空电弧熔炼。

1938 年应用真空脱气设备对钢进行脱气处理。

1940 年苏联开始研究电渣冶金。

1950 年美国应用真空自耗电极电弧炉熔炼 Ti。

1957 年应用电子束炉熔炼 Ta、Nb 等合金。

1962 年美国应用等离子熔炼不锈钢及高温合金。

20 世纪 50 年代采用电弧炉或非真空感应炉熔炼。电弧炉只能熔炼低合金化的合金及铝、钛等易烧损元素少的合金。现代的高温合金含有大量的易烧损元素及微量元素,必须采用真空下的熔炼工艺。要进一步提高合金的质量、改善合金的铸态组织和热加工塑性、力学性能等,须采用双联工艺及三联工艺。通常情况下,对合金化程度较低的合金来说是采用电弧炉熔炼、非真空感应炉熔炼铸成电极后再进行真空自耗或电渣重熔。对合金化程度较高的合金,则采用真空感应炉熔炼成电极棒,然后再经真空自耗重熔或电渣重熔。采用不同的冶炼工艺方法冶炼不同类型的合金,其工艺因素对冶金质量的影响各不相同。采用电渣重熔金属作为第三次真空电弧重熔的自耗电极,主要是保证合金具有很低的气体含量。

综上所述,真空冶金是在 20 世纪初发展起来的,在 20 世纪 40 年代之后有了重大的发展,解决了过去不能解决的一些问题,生产出过去不能获得的多种金属材料。

2.2 各种真空冶金方法及发展趋势

2.2.1 真空感应熔炼

真空感应熔炼是一种成熟的真空熔炼方法,是高温合金生产的重要工艺,特别是对含有铝、钛等活泼元素较多的合金,必须采用真空感应熔炼。美国已有容量为60 t的真空感应炉、精密铸造真空感应炉达100座以上。近年来,在真空感应熔炼高温合金时,国外已广泛采用电子计算机进行控制和调整成分。我国比较先进的地方是对高温合金中镁含量的控制及数学模型的建立,并成功地应用于实际生产中。

为了提高真空感应熔炼金属的纯净度,国外的方法是:严格控制原材料的纯净度、提高坩埚材料的稳定性、延长精炼时间、吹氩搅拌脱氮、采用过滤技术等。

2.2.1.1 真空感应熔炼的特点

真空感应熔炼具有以下一些特点:

(1) 金属熔炼、熔化、合金化及浇注均在真空条件下进行,避免了与大气的相互作用而产生的污染。

(2) 在真空条件下,碳具有很强的脱氧能力,其产物CO被抽至系统之外,克服了采用脱氧剂所产生的脱氧产物的污染。

(3) 可以精确控制合金成分,特别是Al、Ti、B、Zr等合金元素的含量可控制在很窄的范围之内,包括对百万分之一数量级易挥发微量元素的控制。

(4) 低熔点有害杂质、微量元素及气体可被去除,还可以消除二次氧化。强烈的搅拌速度可以加快反应速度,并使熔池内液态金属的温度和成分均匀。

(5) 熔炼与铸造操作容易。

(6) 不同熔炼批次的材料成分的再现性好,使材料的性能稳定一致。

(7) 存在熔炼过程中坩埚耐火材料污染金属问题。

(8) 合金铸锭或铸件的凝固组织不容易控制。这个问题可通过电磁冶金来解决。

真空感应熔炼主要是用来生产供二次真空用自耗电极、熔炼母合金及精密铸造零件,大型的真空感应炉也用来生产优质特殊钢锭。铸造真空感应炉则主要用来生产镍基高温合金铸件。在国内,真空感应熔炼是基本的熔炼方法,主要用于熔炼高温合金、高强度钢和超高强度钢。

2.2.1.2 真空感应熔炼的辅助方法

(1) 采用 CaO 耐火材料;

(2) 电磁搅拌;

(3) 过滤;

(4) 加稀土元素。

2.2.2 真空电弧熔炼

真空电弧熔炼是在真空条件下,利用低电压、强电流形成电弧以熔炼金属的方法。该方法始创于1839 年,1905 年 Bolton 博士利用低压氩气电弧成功地熔炼出金属 Ta,到 20 世纪 50 年代达到工业生产规模,此后开始大量生产高温合金和特殊用途的合金钢,成为优质合金主要的熔炼方法之一。目前,世界上最大的工业性真空电弧炉容量已达 50 ~ 70 t,并正在研究 100 t 的大炉子。

真空电弧熔炼包括真空自耗电极电弧炉熔炼,真空非自耗电极电弧炉熔炼及真空自耗电极电弧凝壳熔炼。

总体来看,真空电弧熔炼具有以下的特点:

(1) 减少了活性元素(如 Al、Ti)的损耗,铸锭凝固过程可控,因此其组织的一致性和均匀性较好。

(2) 真空电弧熔炼不能去除硫和磷。

(3) 夹杂物数量少、尺寸大,存在树枝状晶环和“白点”缺陷。

(4) 所生产的铸锭总是圆柱形。

(5) 铸锭的表面质量较差。

真空电弧熔炼主要用于熔炼易反应的活泼金属钛、钨、钼、钒、锆等难熔金属及高温合金。

2.2.3 电渣熔炼

电渣熔炼实质上是一种无电弧自耗熔炼法,它的热量来自于熔渣的电阻热。电渣熔炼具有以下的特点。

(1) 金属材料能够被熔渣有效地精炼，合金中的非金属夹杂、气体和硫含量显著减少，合金的纯净度增高，因而合金的力学性能得到改善。

(2) 在电渣熔炼过程中，始终有液态渣的保护，使金属不与空气进行接触，合金元素烧损低，成分容易控制。

(3) 避免了熔炼过程中耐火材料的污染。

(4) 熔化金属快速轴向结晶，使铸锭组织致密，缩孔较小，没有缩松及皮下气泡等缺陷，提高了材料的塑性。

(5) 设备简单，易于操作。

电渣熔炼主要用于金属的重熔提纯和熔铸异形铸件。近来，电渣熔炼又有了一些新的发展，产生了一些新的技术，如钢包电渣精炼、电渣浇注、连续电渣渣洗、电渣热封顶、电渣熔铸新的工艺、电渣堆焊和电渣表面镀膜等。

2.2.4 电子束熔炼

电子束熔炼包括电子束冷室精炼与电子束重熔两种方法。

电子束冷室精炼被认为是很有前途的精炼工艺。棒料自左面送入，在电子束的轰击下熔化，在水冷炉床内保持液态，向右流动。密度比金属液体小的夹杂物上浮，被水冷铜板挡住。而密度比金属液体大的夹杂物则沉底被凝壳抓住。由于水冷炉床浅，表面积及单位体积比表面积大，因而有利于气态杂质及低熔点、易挥发杂质的脱除。金属液体经挡板下流向右方，另一电子枪保持坩埚嘴处的金属为液态，金属液体连续流入水冷结晶器中，由电子束保持结晶器内锭表面为一浅熔池，经不断下拉成锭。电子束扫描的位置和形状，可以根据需要进行调节。这种工艺最早用于冶炼回收钛合金屑，现在正在开发用于高温合金的超纯净熔炼。电子束重熔没有水冷炉床，真空感应熔铸的棒料直接进入到水冷铜结晶器一侧上方，经电子束熔化成液滴滴入水冷铜结晶器内的熔池中，经不断下拉成锭。

近年来在美国与欧洲均开展了电子束冷室熔炼高温合金的研究,前苏联和日本开展了电子束重熔的工作。已有的结果表明,电子束熔炼可以进一步降低采用常规的冶炼工艺熔炼出锭子中的氧和氮的含量,对于高温合金的使用性能有一定的提高。采用电子束熔炼会增加合金的成本,同时会使蒸气压比镍高的合金元素的损失较大,因此对于工业化、经济效益具有不同的看法,还需要进行大量的研究工作。

电子束熔炼的特点可以归纳为以下几个方面:

(1) 不用耐火材料,避免了耐火材料与金属液体反应所带来的污染。

(2) 真空度高,通常真空度比真空感应及真空电弧熔炼高一个数量级。

(3) 温度高,通过电子束聚焦很容易达到3000℃以上。

(4) 可以设计炉室,使液流稳定,便于夹杂物上浮或下沉,所以去除非金属夹杂和气体的能力高。

(5) 高的合金添加能力。

(6) 高蒸气压元素易损失。

(7) 设备昂贵、成本高。

(8) 铸锭的尺寸受到限制。

电子束熔炼的真空度高,去除气体、夹杂物及有害元素的效果优于真空自耗重熔,可在较宽的范围内控制熔化和结晶过程以进行精炼和调整铸锭组织。如对 GH4698 合金经电子束熔炼后,比真空自耗重熔的各项性能分别提高:σ_b 为 40 MPa、$\sigma_{0.2}$ 为 72 MPa、δ 为 8%、ψ 为 10%、A_K 为 21.96J。采用 EBCHM(R)可以防止坩埚材料对合金的污染,是很有发展前景的熔炼手段,适于熔炼难熔金属。

2.2.5 等离子熔炼

等离子熔炼是利用等离子弧作为热源来熔融、精炼和重熔金属的一种新型冶炼方法,它也可以熔炼非金属材料。这种方法从20世纪60年代初研制成功以来,已得到了很大的发展。它包括等离子电弧炉熔炼、等离子感应炉熔炼、等离子电弧重熔及等离子电子束重熔。

等离子熔炼具有以下一些特点:

(1) 熔炼温度远高于大部分工艺所能达到的温度;

(2) 熔炼气氛容易控制并且可以自由选择;

(3) 热效率、生产率高;

(4) 气体、夹杂物含量、力学性能接近于真空熔炼效果;

(5) 操作灵活性大,可进行带渣或无渣熔炼;

(6) 易挥发元素收得率高。

等离子熔炼主要用于精密合金、耐热合金、活泼金属及其合金、海绵钛、各种难熔金属及贵金属等的熔炼。

2.2.6 熔炼工艺对合金性能的影响

各种熔炼方法对合金性能的影响:

(1) 不同熔炼方法对合金性能的影响是不同的,这取决于合金原材料的成分,包括最初的熔炼方法和随后的重熔方法。

(2) 一般说来,真空电弧熔炼对合金的强度等性能没有太大的影响,但能提高其在高温下长期的和短期的塑性。

(3) 真空电弧重熔可以消除合金的偏析聚集,使其均匀分布,从而提高零件的质量。

(4) 通过真空感应熔炼能获得高质量的金属,但须获得相应的结晶组织,则必须选择铸锭截面。

(5) 电渣重熔能提高铁基合金的工艺性能,但对提高热强合金力学性能效果不明显。

(6) 用电子束重熔可以进一步提高合金的性能。

2.2.7 真空冶金的发展趋势

2.2.7.1 真空冶金及特种熔炼技术的发展方向

(1) 传统冶金的某些具体过程适宜使用真空冶金技术的可以用真空冶金技术代替;

(2) 新型真空冶金设备的研制;

(3) 对某些物料研究新的真空冶金方法、新设备及新流程;

(4) 真空冶金用新材料的研制;

(5) 有熔渣存在条件下的真空熔炼(包括重熔)技术的开发;

(6) 新型特种熔炼技术的发展或同一特种熔炼技术应用领域的拓宽;

(7) 特种冶炼过程及冶金质量控制的数值模拟和计算机控制;

(8) 零夹杂物超纯金属及合金的生产。

2.2.7.2 真空冶金的新技术

新的熔炼技术有以下5种。

A 冷坩埚熔炼(Cold Wall Crucible Melting)

冷坩埚熔炼又称为感应壳熔炼(Induction Skull Melting),它起源于悬浮熔炼和感应渣熔炼。研究这种熔炼方法的目的在于无污染地熔炼活泼金属和难熔金属。悬浮熔炼技术已经有几十年的发展历史了。由于采用无坩埚熔炼,限制了熔炼物料的质量(一般仅几十克),只能用于理论上的研究和探索。为了克服这一缺点,近年来国外发展了感应壳熔炼。美国已经建成试验性的设备,坩埚容量达到200 kg。前苏联冷坩埚直径最大可达1 m。冷坩埚熔炼和浇注可以在真空或惰性气氛下进行。

冷坩埚熔炼的特点是避免了耐火材料的污染;大功率的搅拌促进了成分的均匀化,密度差较大的成分也可以比较均匀,可以在坩埚内调整成分,达到预期的化学成分配比;整个熔体的温度均匀可控,不产生局部过热。

现行的生产工艺中只有在水冷结晶器中的重熔精炼才兼具有提高金属纯净度和控制凝固组织的双重功能。

目前这一技术主要用于钛、锆等活泼金属及金属间化合物的熔炼，对促进上述材料的研究进展具有重要作用。例如采用冷坩埚技术使 TiAl 合金的研究得以进展。实验证明，Ti-48Al 则明显表现出塑性，而 Ti-46Al 和 Ti-52Al 合金则明显表现出脆性。可见，对于金属间化合物来说，准确控制成分是关键，只有采用冷坩埚熔炼技术，才能使这类新材料的研究有所突破。

B 真空电弧双电极重熔（VADER）

真空电弧双电极重熔（VADER）是一种制备等轴细晶锭的重熔方法，与其他高温合金的熔炼工艺相比，是比较新的一种方法，出现于 20 世纪 70 年代后期。近年来，美国特殊金属公司（SMC）的 VADER 炉已经达到商业化水平，据报道可生产直径为 300 mm 的等轴细晶锭，也有资料报道已达 500 mm。我国也建立了试验性的 VADER 炉，并熔炼了高温合金、钛合金、弹性合金、高速钢等，取得了一定的效果；同时还研究了镁对 VADER718 合金性能的影响及 VADER 过程中镁挥发的动力学及镁的控制。

真空电弧双电极重熔的发展可用于代替 VAR 或难以加工的高温合金等的粉末冶金工艺。该方法的缺点是熔炼后的铸锭存在严重的宏观偏析和微观偏析，以后的工作是研究 VADER 过程中的凝固特性及元素的偏析行为。

C 新一代的电子束熔炼

新一代电子束熔炼技术包括电子束连续流熔炼（EBCHM 或 EBCHR）和电子束渣膜熔炼（EBFFME）。

EBCHR（高真空下）允许将熔化和精炼与最终铸锭的凝固分开，在防止熔融金属中的不溶组分流入铸锭的同时，它提供了足够的停留时间来进行与熔化速率没有关系的挥发反应，不需要的残存物和杂质元素蒸发到几乎探测不出的水平是可以达到的。存在的问题是 Cr 的挥发，必须在炉料中补充。有文献报道，合金中的氧和氮的含量显著减少，非金属夹杂物能通过水冷分液器被机械去除或在电子束的强烈热量下分解，因此材料的洁净度比其他方法熔炼的合金要好。

电子束渣膜熔炼（EBFFM）是在冷床中的金属液面上形成一定比例的渣膜，非渣膜覆盖部分有利于金属液的脱气，渣膜覆盖部分有利于降低挥发损失，完成脱除杂质的任务。这方面的工作报道较少。

纽扣炉是一种具有纽扣形状坩埚的电子束炉，它是近年来首先在美国发展起来的一种用于评价合金中非金属夹杂物的检验设备。

D 喷雾成形法

喷雾成形法的特点是偏析小、晶粒细；可直接成形各种形状的坯料及可制备复合材料。

E 高压下的电渣重熔

高压电渣重熔是一种控制气氛下的电渣重熔，它包括钢包电渣精炼、电渣浇注、连续电渣渣洗、电渣热封顶、电渣熔铸的新工艺、电渣堆焊和电渣表面镀膜等，这些工艺正在进行研究之中。这种方法主要用于生产含氮的不锈钢。一般不用于高温合金的熔炼。

在上面的一些新的熔炼工艺中，电子束冷室精炼法（EBCHR）被认为是很有前途的精炼工艺，电子束重熔是比真空自耗重熔更好的重熔工艺。

总之，合金熔炼工艺的选定，不外乎从提高液态金属的纯度和改善铸锭结晶两方面入手。要根据所生产合金的化学成分、产品的种类和用途，选定最佳的冶炼工艺路线。对于镍基高温合金，因为含有较多的 Al、Ti，所以首先必须采用真空感应熔炼，同时要采用一些辅助工艺措施。如果想进一步提高合金的纯净度或想熔炼出无杂质含量的合金，则要在真空感应熔炼后，采用一些新的工艺（如 EBCHR 等）。

2.3 冶金用耐火材料

2.3.1 熔炼用耐火材料的性能要求

2.3.1.1 熔炼用耐火材料应具有的性能

(1) 足够的耐火度；

(2) 在真空中加热不发生分解；

(3) 不与合金元素发生反应;

(4) 一定的高温强度和热稳定性;

(5) 不含易挥发元素。

2.3.1.2 熔炼常用耐火材料的性能

熔炼常用的耐火材料有 MgO、Al_2O_3、ZrO_2 和 CaO 等,这些耐火材料的性能见表 2-1 和表 2-2,表 2-3 对两种常见耐火材料 CaO 和 MgO 的性能进行了比较。

最初选择熔炼材料的时候,通常是根据所熔炼金属要求的不同,选用不同纯度的氧化铝和氧化镁为主要材料制造的坩埚,如果所熔炼的合金中含有较多的活泼元素,则采用经石灰稳定处理的氧化锆制造的坩埚。

表 2-1 各种熔炼用耐火材料的性能

性能和特征	Al_2O_3	MgO	CaO	ZrO_2	ThO_2
晶系	六方	六方	立方	立方	立方
晶格结构类型	刚玉 Al_2O_3	岩盐 NaCl	岩盐 NaCl	萤石 CaF_2	萤石 CaF_2
晶格常数/nm	0.512	0.402	0.480	0.508	0.559
按矿物学标度的硬度	9	5~6	4.5	7	6.5
密度/$g\cdot cm^{-3}$	3.97	3.6	3.35	5.6	9.69
熔点/℃	2030	2800	2600	2700	3000
平均比热容/$J\cdot mol^{-1}$	1.172	1.231	0.808	0.733	0.251
平均线[膨]胀系数/$℃^{-1}$	8.4×10^{-6}	15.6×10^{-6}	13.8×10^{-6}	7.7×10^{-6}	10.2×10^{-6}
弹性模量/GPa	150	28		96	85
泊松系数μ	0.32	0.36		0.36	0.17
耐压强度/MPa	49			200	100
抗拉强度/MPa	11	422		130	

表 2-2 氧化物的分解压 (Pa)

氧化物	温度/℃		
	727	1400	1600
MgO	4.5×10^{-47}	2.1×10^{-17}	1.89×10^{-12}
Al_2O_3	4.1×10^{-43}	1.8×10^{-17}	1.11×10^{-12}
ZrO_2	6.1×10^{-43}	1.4×10^{-17}	5.28×10^{-13}
CaO	5.1×10^{-51}	7.7×10^{-22}	

表 2-3 氧化钙和氧化镁的性能比较

矿物名称	CaO	MgO
熔点/K	2860 ±25	3075 ±30
在氧化气氛中的最高使用温度/K	2680	2680
蒸发温度/K		
在 10^2 Pa 时	2920 ±50	2720 ±100
在 10^5 Pa 时	4100 ±200	3620 ±300
抗热震性	可	可
稳定性		
还原气氛中	劣	劣
碳　中	良	劣
酸性渣中	劣	劣
碱性渣中	可	良
金属中	可	可

2.3.2 耐火材料向熔渣中的溶解

耐火材料抗熔渣的侵蚀性，主要决定于其相组成和结构特征，并和晶体的大小密切相关。

在耐火材料表面进行单纯的溶解蚀损时，溶解速度决定于耐火材料本身的成分、生成液相的数量、液相种类以及耐火材料组分对液相的饱和浓度以及液相的黏度，并随温度的上升而增加。由于溶解为主要的蚀损方式，属于较严格的物理化学过程，所以扩散对于耐火材料向熔渣中的溶解具有重要意义。

由 Fick 扩散第一定律可知，耐火材料向熔渣中的扩散速度等式为

$$\frac{\mathrm{d}n}{\mathrm{d}t} = DS\frac{\mathrm{d}n}{\mathrm{d}x} \tag{2-1}$$

式中 $\frac{\mathrm{d}n}{\mathrm{d}t}$——耐火材料在单位时间 t 内通过的扩散面积（与熔渣接触面积）S 的摩尔数。

$\frac{\mathrm{d}n}{\mathrm{d}x}$——耐火材料在熔渣中沿 x 方向的浓度梯度。

D——扩散系数；

S——熔渣所接触的耐火材料的表面积。

如果用 δ 表示扩散层的厚度,耐火材料工作衬在扩散层中从紧接其表面的溶解浓度 n_s 均匀地降低到熔渣中的浓度 n,则扩散层中的浓度梯度为式(2-2)。

$$\frac{dn}{dx} = (n_s - n)/\delta \tag{2-2}$$

$$\frac{dn}{dt} = DS(n_s - n)/\delta \tag{2-3}$$

式(2-3)说明,耐火材料的蚀损速度还决定于它的表面积 S。但这里的 S 不只应理解为直接与熔渣接触的工作衬的表面积,还包括熔渣侵入气孔和裂缝的表面积。S 与耐火材料的气孔率存在如式(2-4)的关系。

$$S = [(100 + BP_A)/100]\ S_0 \tag{2-4}$$

式中 P_A——耐火材料的气孔率;

B——与耐火材料结构有关的常数;

S_0——假定耐火材料工作衬为无气孔时的表面积。

总起来说,耐火材料的气孔率应当包括气孔大小和形状、气孔的体积和气孔种类等。

由式(2-4)可知,耐火材料的抗熔蚀性能随其气孔率的降低而提高,一般认为,气孔率小于5%能大大提高耐火材料的抗熔蚀性能。另外,化学反应惰性决定了耐火材料是否能与接触的熔渣发生溶解反应以及溶解反应的程度,而耐火材料的密度则在很大的程度上取决于这种溶解反应的动力学条件。所以,提高耐火材料的密度对减少熔渣的蚀损具有重要意义。因为密度高不仅可以减少耐火材料与熔渣发生溶解反应的总面积,而且还可以保证耐火材料工作衬的重量同侵入的熔渣相比占最大的比例。

此外,扩散系数 $D \propto \eta^{-1}$

$$\frac{dn}{dt} = \frac{AS(n_s - n)}{\delta\eta} \tag{2-5}$$

式中 η——黏度系数;

A——常数。

所以,耐火材料在熔渣中的溶解速度随熔渣黏度的降低而增加。

另外,在不同的温度下,熔渣的黏度存在如下的关系

$$\frac{\eta_1}{\eta_2} = \exp\left(\frac{E\Delta T}{T_1 T_2}\right) \tag{2-6}$$

式(2-6)说明,温度越高,耐火内衬熔损得就越快。

2.3.3 CaO 耐火材料的性质和特点

氧化钙本身是由具有一定位置和一定大小的单元晶胞构成的,属于立方晶系,结构常数为 0.48 nm。在加热过程中,氧化钙的分解压力与温度存在一定的关系。在高温下,氧化钙的分解压力是很低的,说明它的高温稳定性是相当高的,但随温度的上升却有所下降。

与其他几种耐火材料相比,氧化钙耐火材料具有如下的特点:

(1) 耐火度高。纯 CaO 材料的熔点为 2570℃,高温饱和蒸气压较其他碱性氧化物低。与制造坩埚的其他材料相比,从热力学上看其最稳定,所以在镍基合金的熔炼温度下被活性合金元素还原的量要少得多,因而在单位时间内向合金液的供氧少,不污染金属液体,能吸附金属液中的非金属夹杂物,保持金属液的洁净。根据出川通等提供的数据,各种耐火材料的生成自由能为负值的大小顺序为:

$CaO \geqslant HfO_2 > ZrO_2 > Al_2O_3 > MgO > TiO_2 > SiO_2 > Cr_2O_3$

即 CaO 最稳定。

(2) 碱度高。CaO 耐火材料比其他耐火材料的碱度都高,在冶金操作中具有明显的优越性,它对低碱度的 $CaO\text{-}SiO_2$ 渣的抗侵蚀性比白云石稳定,并能去除金属液体中的硫、磷等杂质。

(3) CaO 的分解压和蒸气压低,所以向金属液中供氧速度慢,供氧量少,可以适当地提高熔炼温度以脱氮。

(4) CaO 能与 Al_2O_3 形成液态渣,这种渣具有很强的脱硫能

力,从而也有利于脱氮。

(5) 金属液体的过滤效果好。

与其他碱性耐火材料相比,CaO 能通过化学反应去除金属液体中的细小夹杂物,因而过滤性能优异。

(6) CaO 的资源极其丰富,如石灰石、大理石、白云石等都是氧化钙的主要原料。

(7) CaO 坩埚的突出缺点是易水化。

(8) CaO 坩埚比 MgO 坩埚成本高。

2.3.4 CaO 耐火材料的应用

试图把 CaO 作为熔炼用的耐火材料最早可追溯到 19 世纪的欧洲,George 和 Snelus 在 1872 年曾经试用过 CaO 耐火材料,由于水化问题失败了。后来 Sidney 等人于 1878 年也向 CaO 耐火材料发起过挑战,也因为水化问题失败了。第一次很好的记载并取得成功的结果是在 20 世纪 50 年代,W. A. Fisher 用 CaO 坩埚进行高碳钢熔炼的平衡试验。20 世纪 50 年代后期,在美国 CaO 坩埚用于铀合金的熔炼。后来 CaO 很少作为坩埚材料使用,主要有两个原因:一是 CaO 在空气中易水化;二是熔炼过程中易与酸性氧化物成渣。

近年来,CaO 良好的脱 O、N、S 及去除杂质的能力已被越来越多的实验所证明;另一方面,防水化和耐火材料的烧结技术已使 CaO 耐火材料能够达到实用水平,所以总结 CaO 耐火材料在超纯净冶炼金属方面的应用是十分必要的。

2.3.4.1 CaO 耐火材料的精炼机制(对 Ni、Fe 基合金)

当 Al 加入到合金液中发生如下反应:

$$2[Al] + 3[O] = Al_2O_3 \qquad (2-7)$$

脱 S 反应发生在坩埚壁上,如下式:

$$2[Al] + 3CaO + 3[S] = 3CaS + Al_2O_3 \qquad (2-8)$$

以上两个反应生成的 Al_2O_3 在坩埚中或壁上的成渣反应如下:

$$nAl_2O_3 + mCaO \xlongequal{\quad} nAl_2O_3 \cdot mCaO \qquad (2-9)$$

$$nCr_2O_3 + mCaO \xlongequal{\quad} nCr_2O_3 \cdot mCaO \qquad (2-10)$$

随着上述反应的进行,脱氮反应也加速进行。氮从液态金属表面能够有效地去除,其反应如下:

$$2[N] \xlongequal{\quad} N_2(g)\uparrow \qquad (2-11)$$

除此之外,氮还可以通过形成氮化物和碳氮化物去除。

如果合金成分中含有活性金属元素(如Ti、Zr、Hf及Re等),在熔炼过程中会形成高熔点的杂质(如Ti_2O_3、Cr_2O_3等)。采用普通耐火材料熔炼这些合金时,这些高熔点的氧化物将使合金液或浇铸后的铸锭中含氧及其他杂质元素。而采用CaO耐火材料熔炼时,由于这些氧化物可以与CaO成渣去除,所以对于Ti、Cr合金,以往认为不能在普通的耐火材料中熔炼,在CaO坩埚中将成为可能。

2.3.4.2 CaO坩埚在电子学领域中所使用的先进材料中的应用

A 高密度磁记录金属及合金的CaO坩埚精炼

高密度磁记录金属及合金含有许多高挥发性元素及稀有金属,最初它们的熔炼是采用电弧熔炼及电子束重熔两种方法,但这两种方法都存在合金成分控制方面的问题。采用CaO坩埚精炼则成功地解决了上述问题。

采用CaO耐火材料精炼可以获得低气体含量、洁净和均匀的合金。所以特别适合于各种磁性薄膜喷溅合金的熔炼。用CaO坩埚精炼的Ni-Fe、Fe-Al-Si合金,与使用传统耐火材料熔炼的合金相比,其透磁比率提高2~3倍;另一个较大的优点是同一批料的波动性相当小。

B 超导金属及合金的CaO坩埚精炼

CaO坩埚用于氧化物类超导材料(含稀土或碱土金属)精炼时,可以很容易地把一些特别活泼的金属熔化在一起形成母合金,喷溅形成薄膜或棒。此外,用CaO精炼的母合金,由于氧及杂质含量较低,其超导性也较好。

C 用于高可靠性打印机打印头的特殊钢的CaO坩埚精炼

CaO坩埚精炼特殊钢具有低的气体及杂质含量，可提高产品疲劳寿命，用于制作高质量的计算机所用的弹簧和打印头。

2.3.4.3 CaO坩埚用于先进航空材料及海洋材料的精炼

A 高纯Ni基高温合金的CaO坩埚精炼

Ni基高温合金是制作航空发动机涡轮叶片、盘、舵等零件的材料，要求其具有高温强度、耐腐蚀性、塑性、可铸性、可锻性和可焊性，要求极低的O、N和S含量。因为O、N、S杂质含量即使微小的增加，也会引起蠕变及高温疲劳等性能有较大的降低。

CaO坩埚精炼Ni基高温合金时，CaO坩埚壁提供了Ni基高温合金最佳的精炼条件，大量的实验数据表明，CaO坩埚精炼不仅O、N、S含量可以降低，而且几乎没有耐火材料的污染。文献介绍，采用CaO坩埚精炼Ni基高温合金可以使其O、N、S含量均降低到30×10^{-6}以下。资料报道，使用CaO坩埚精炼Ni基高温合金，可以使其S含量均降低到10×10^{-6}以下。

B 熔铸Ti及Ti合金

Ti合金由于具有高的比强度和耐海水腐蚀特性，广泛用于航空及海洋仪器和结构件的制造，也是良好的仿生及牙科材料。用CaO坩埚熔炼Ti合金可以使其杂质含量降低到ASTM标准以下。

C Cr及Cr基耐腐蚀、耐热合金的CaO坩埚精炼

Cr是优良的耐腐蚀及耐氧化元素，其熔点近1990℃，但脆性较大，可加入Ni、Cu及Mo等合金元素形成Cr基耐腐蚀、耐热合金。和对Fe及Ni合金一样，Cr及Cr合金同样可以采用CaO坩埚进行精炼并获得良好的效果。

D CaO坩埚用于金属间化合物的精炼

金属间化合物熔点和比强度高，一直是下一代航空材料研究的热点课题。TiAl二元系有Ti_3Al、TiAl及$TiAl_3$化合物，特别是TiAl作为轻型耐热合金而备受关注。其中含有大量的活性金属如Al及Ti，其成形及加工技术正在飞速发展。CaO坩埚精炼应用于金属间化合物，降低了合金中的C和O的含量，提高了金属间化

合物的耐腐蚀性和疲劳寿命。

总之,CaO 耐火材料具有很好的热力学稳定性,在先进金属及合金的熔炼方面已显示出很大的优越性和发展潜力。尽管在某些方面(如易水化)还有一些局限性,但随着防水化及烧结技术的不断研究和发展,有理由相信 CaO 耐火材料会在新金属材料的发展中发挥越来越大的作用。

2.3.4.4 CaO 耐火材料的防水化

氧化钙的主要缺点之一是在有水和水蒸气的大气中容易水化。其水化的化学反应方程式如下:

$$CaO + H_2O = Ca(OH)_2 + (16 \times 4.18\ kJ) \quad (2-12)$$

反应在温度低于 547℃时进行,所以只要控制好使用温度,采取合适的防水化的措施,就不会发生水化问题。

另一方面,研究者们还进行了大量的工作,深入分析了它的水化机理,提出很多降低其水化率的方法,其目的是获得高致密度、低气孔率并具有抗水化性能的耐火制品。

A CaO 耐火材料的防水化机理

(1) 用耐水化物质覆盖表面;

(2) 提高体积密度;

(3) 使氧化钙结晶长大,形成较稳定的大颗粒;

(4) 增加耐水化性好的氧化物含量;

(5) 把氧化钙几乎全部变成耐水化性矿物。

B CaO 耐火材料的防水化方法

(1) 尽可能地提高氧化钙耐火制品的烧结温度,得到大的结晶粒度,降低气孔率,减少氧化钙晶体的表面面积,从而降低水化活性,用超高温煅烧或电熔石灰就可达到这样的效果。

(2) 用磷酸和磷酸盐在 CaO 颗粒的表面形成一层难溶性钙盐保护膜,或在加热状态下通入 CO_2,在 CaO 表面形成 $CaCO_3$ 保护膜,提高制品的抗水化能力。

(3) 在 CaO 制品的烧成品上浸入焦油或有机树脂薄膜,使制品在存放过程中避免和空气中的水分接触,这可以作为一种过渡性的措施。

(4) 在 CaO 中加入少量的化学添加剂,降低 CaO 的烧结温度,并在烧结的后期使烧结体内部产生部分液相,促进 CaO 晶粒的长大。与纯 CaO 相比,加入合适的添加剂后,致密度大为提高,水化活性显著降低,满足了生产的要求。常用的添加剂有 BaO、MgO、Al_2O_3、Fe_2O_3、ZnO 等,最好采用复合添加剂,加入量为 0.2% ~0.5%。添加剂少很难制得组织均匀致密的材料,效果不佳;另一方面,当添加量多时,添加剂会在加热中与氧化钙反应,生成大量的低熔点的化合物。

(5) 添加盐类,采用热压烧结工艺,生产"焊合"钙盐/氧化钙耐火材料。

(6) 将氧化钙与其他碱性熟料混合使用。

2.3.5 耐火材料对钢水质量的影响

耐火材料是一种能够抵抗高温作用的固体材料,广泛应用于冶金工业。根据其化学性质和成分的不同,耐火材料通常可分为:酸性耐火材料(石英、硅砖);半酸性耐火材料(半硅砖);中性耐火材料(铬砖、黏土砖、高铝砖);碱性耐火材料(镁砖、铬镁砖、镁铝砖、白云石砖、镁砂、白云石及镁质耐火泥)等。碱性耐火材料由于具有耐火度高、热稳定性好、抗渣性好等优良特性,目前被广泛应用于冶炼过程中。在转炉与电炉炼钢过程中,钢水对炉衬耐火材料会产生机械冲刷,与此同时构成耐火材料的组成元素溶解到钢水中并与钢水之间发生化学反应。钢水对炉衬的机械冲刷以及二者之间的化学反应,一方面会导致炉衬耐火材料的受损与侵蚀;另一方面会对钢水及钢材的质量产生影响。在钢的冶炼过程中,炉衬耐火材料与熔池中钢水的相互作用以及因此而引起的对钢水及钢材质量的影响主要有以下几个方面。

2.3.5.1 耐火材料脱落使钢水及钢材中产生非金属夹杂

在炼钢过程中,炉衬耐火砖受到侵蚀后,砖的脱碳层和反应层发生结构变化引起松弛。受熔融钢水、炉渣、炉气以及兑入铁水和加入散料、废钢时的机械冲刷,使得耐火材料脱落并卷入钢熔液中,形成非金属夹杂。钢材中的非金属夹杂物与钢材本身的性能有很大差别。从力学角度分析,非金属夹杂物的存在部位是钢材的应力集中点,对钢材的强度、刚度以及持久极限等力学性能都有很大影响。因此,非金属夹杂是影响钢材质量的严重缺陷之一。

2.3.5.2 耐火材料的构成元素与钢水中非金属元素之间相互反应产生非金属夹杂

构成耐火材料的一些元素,直接溶解到钢水中,使得熔池中的氧、碳及其他非金属元素增加。在一定条件下,钢水中非金属元素之间相互反应生成非金属夹杂物。同理也会对钢水及钢材质量造成不利影响。

2.3.5.3 耐火材料的增碳对钢水及钢材质量的影响

目前国内外广泛应用于转炉、电炉、连铸、炉外精炼以及钢包中的耐火材料,是20世纪80年代发展起来的一类较为新型的碱性耐火材料——碳复合耐火材料。碳复合耐火材料中一般含有3%~30%的碳。在炼钢过程中,碳的氧化反应是冶炼过程的重要反应。把钢水中的碳含量氧化降低到所炼钢号的规格内,是炼钢的重要任务之一。而耐火材料的脱碳会造成钢水中碳的含量增加,改变钢的组成。尤其在冶炼纯净钢、超纯净钢时,耐火材料的脱碳会对钢水及钢材质量产生较大的影响。耐火材料的脱碳机理为:当冶炼进行到一定程度后,钢与耐火材料之间存在一定的液相隔离层。反应物在耐火材料表面形成一个固相产物层,耐火材料中的组成元素穿过该层扩散到钢水中。而钢水中的一些元素和氧化物,主要是钢渣中的(FeO)穿过耐火砖的反应层到达脱碳层反应界面,二者在其相会处发生脱碳反应,因而影响钢水的成分。其化学反应式为:

$$(\mathrm{FeO}) + \mathrm{C}(固) = [\mathrm{CO}] + \mathrm{Fe}_{炉渣}$$

$$\mathrm{O}_2 + 2\mathrm{C}(固) = 2[\mathrm{CO}]_{炉气}$$

另外,转炉和电炉在冶炼过程中,要向炉内进行吹氧脱碳。氧气[O_2]使熔池中的原子铁[Fe]大量氧化成[FeO],溶解于钢水中的碳[C]与[FeO]接触发生氧化反应。碳被氧化后生成CO气泡合并长大后上浮,通过渣层排出。碳被氧化会影响钢水中氧等其他组分的含量。因而也会对钢水及钢材质量产生一些影响。然而,[CO]气泡的上浮与排出,对金属熔池有一种强烈的搅拌作用,对均匀钢水的成分与温度,改善钢水的化学反应动力条件也有一定的益处。

2.3.5.4 耐火材料的脱硫作用有利于提高钢水及钢材质量

硫在钢中多以硫化物的形式存在,对绝大多数钢而言,硫[S]是有害元素。它对钢材性能的主要影响是:使钢材产生热脆、降低钢的力学性能及焊接性能等。因此,降低和控制钢中硫的含量,对于提高钢材质量具有很大益处。实验研究表明,在高温下,耐火材料的内部有一定的液相生成。介于钢水熔液与耐火材料之间的液相层,通常为硅酸盐熔体,它的组成、结构与熔渣十分相似。因此,也具有熔渣的氧化还原、脱硫、脱磷以及吸附钢液中夹杂物的作用。

耐火材料对熔池中钢水的脱硫原理为:进入耐火材料液相隔离层中的硫离子通过液相向耐火材料内扩散,与耐火材料中的[CaO]颗粒反应,在[CaO]颗粒表面生成CaS层。其化学反应式为:(CaO)+[S]=(CaS)+[O],这表明CaO具有较强的脱硫作用。因此,含有MgO-CaO系列的耐火材料具有较强的脱硫作用。

2.3.5.5 耐火材料的脱磷作用有利于提高钢水及钢材的质量

磷在钢中多以磷化铁的形式存在,对绝大多数钢而言,磷[P]是有害元素。它对钢材性能的主要影响是:降低钢的塑性、韧性、焊接性能以及使钢材产生冷脆等。耐火材料的脱磷作用与熔渣脱磷作用相同。其基本原理是:钢水中的磷氧化生成P_2O_5。由于P_2O_5气体不稳定,须上浮到渣与钢水的液面与耐火材料液相层中提供的碱性氧化物反应生成磷酸盐溶入渣中,从而使磷从钢水中排出。其化学反应式为:

$$2[P]+5(FeO)+4(CaO)=\!=\!=(4CaO\cdot P_2O_5)+5[Fe]$$

因此,耐火材料能够脱除钢水中一定数量的磷,从而有利于提高钢水与钢材的质量。近年来,由于工业、国防以及航空航天工业的飞速发展,对优质钢材的需求愈来愈高。在冶炼纯净钢等优质钢材时就必须高度重视和深入研究耐火材料与熔池中钢水之间的反应对钢的质量所造成的影响。同时也为研发能够对钢水起到净化作用的新型耐火材料提供依据。

2.4 在 MgO 坩埚内制作 CaO 涂层

2.4.1 制作 CaO 涂层坩埚的优点

(1) 成本低;

(2) 工艺简单;

(3) 可严格控制涂层的成分。

2.4.2 CaO、熔剂及防水化剂的选择

(1) 所用原材料的相关数据见表 2-4。

表 2-4 制作坩埚涂层材料的相关数据

材料	相对分子质量	密度/g·cm^{-3}	熔点/℃	沸点/℃
CaO	56.08	3.37	2580	2850
$Ca(OH)_2$	74.10	2.343	$1H_2O$ 580	
$CaCl_2$	110.99	2.512	772	>1600
$CaCl_2 \cdot H_2O$			260	
$CaCl_2 \cdot 2H_2O$			30	
$CaCl_2 \cdot 6H_2O$			200	
Al_2O_3	101.94	3.5~3.9	2050	2250
BaO	153.36	5.72	1923	2000
Y_2O_3	225.84	4.84~5.046	2410	

(2) CaO 选用分析纯,其化学成分(质量分数,%)如下:

CaO ≥ 98.0,氯化物 0.003,硫酸盐 0.1,铁 0.015,碱金属及镁 0.5,

灼烧失重 2,硝酸盐 0.004,重金属 0.005,氨沉淀物 0.2。

乙酸不溶物 0.05。

(3) 溶剂选用乙醇和甲醇,其化学成分如下:

质量浓度 0.79 g/mL。

(4) 防水化剂选用 $CaCl_2$,其化学成分(质量分数,%)如下:

$CaCl_2 \geqslant 96$,碱度 $Ca(OH)_2$ 0.02,不溶物及氨沉淀物 0.015,硫酸盐 0.020,硝酸盐 磷酸盐 0.003,镁及碱金属 0.30,Fe 10×10^{-4},Pb 10×10^{-4},Zn 100×10^{-4},As 3×10^{-4}。

2.4.3 CaO 涂层的制作及烧结工艺

2.4.3.1 CaO 坩埚的最佳配比及制作、烘烤工艺

选用分析纯的 CaO 、Al_2O_3、$CaCl_2$ 和 C_2H_5OH,按质量比 100:0.8~1.2:0.4~0.6:53 ~ 57 混合均匀,在压力机上压实成 CaO 涂层,其参数如下:

湿混料密度:1.60~1.66 g/cm³

水化后的密度:2.6~3.0 g/cm³

涂层密度:3.0~3.2 g/cm³

孔隙度:25%~30%

涂层压制好后,放入干燥器中自然干燥 46~52 h,然后按以下工艺烘干:室温$\xrightarrow{1\ h}$100~120℃,保温 1~2 h $\xrightarrow{2\ h}$600~640℃,保温 2~3 h $\xrightarrow{2\ h}$1000~1100℃,保温 2~3 h 后,随炉冷至 140~160℃,放入干燥器中保存待用。

2.4.3.2 制成 CaO 涂层的有关参数

湿混料密度:1.64 g/cm³

水化后的密度:2.8 g/cm³

涂层孔隙度:46.85%

涂层密度:1.256 g/cm³

CaO 含水率:4.4%~4.9%

挥发(或反应)减重:8%~8.8%

Al_2O_3 含水率:1.4%

2.5 洁净钢连铸用长寿无碳耐火材料

自20世纪80年代以来，由于世界各国在国防、交通、石油及汽车等行业的发展与技术进步，对钢材性能的要求日益苛刻。实践证明，钢材的纯净度越高，其性能越高，使用寿命也越长。钢中杂质含量降到一定水平时，钢材的性能将发生质变。例如钢中碳含量从40×10^{-6}降至10×10^{-6}时，深冲钢的伸长率可增加7%；轴承钢中氧含量从30×10^{-6}降低到5×10^{-6}时，轴承寿命可提高30倍。对汽车工业而言，汽车钢板的超深冲成形性主要通过降碳和提高钢的纯净度来保证。近几年来，钢中碳含量的国际先进水平已经降到了$(10\sim20)\times10^{-6}$。近几十年来，随着冶炼技术的发展进步，钢的洁净度水平不断提高，以钢中[C]、[P]、[S]、[H]、[N]、[O]含量为例，目前工业发达国家，上述杂质总量已可控制在40×10^{-6}以下。随着社会需求的不断提高和工业技术的发展，预计未来对钢的洁净度将提出更高的要求。

高纯净钢的生产除了需要在冶炼技术上采取相应的新工艺、新技术外，还与相关耐火材料的技术与质量密切相关。从某种程度上讲，耐火材料产品质量的优劣，决定了高纯净钢生产的成败。在冶炼过程中，若耐火材料使用不当，钢水会与耐火材料反应，从而导致钢水增碳、增氧、增夹杂等不良后果。钢水的洁净度难以达到高纯净钢的要求。而若采用合适的耐火材料，不仅可以防止耐火材料对钢水的二次污染，而且还可以吸收钢水中的P、S等杂质，起到净化钢水的作用。

目前连铸用耐火材料主要还是含碳材料。碳的存在显然对高纯净钢的浇铸是不利的。因此，通过材质的改进，开发无碳或低碳连铸用耐火材质体系，以尽可能降低碳对钢水的污染，同时也可以达到提高其使用寿命的目的。

20世纪80年代前后，含碳耐火材料在钢铁冶炼炉衬中的使用取得了巨大成功。几十年来，炼钢转炉、电炉、钢包等炉衬用耐火材料，如镁碳砖、铝镁碳砖，以及连铸系统用功能耐火材料，如铝碳质、铝锆碳质水口、滑板、塞棒等含碳耐火材料在炼钢工艺过程中一直发挥着重要作用。但随着我国对各种优质钢种需求的不断增加，如汽车工业的迅速发展对低碳高强钢板需求的急剧增加，钢铁冶炼技术人员对各种耐火材料在冶金工艺过程中对钢中的增碳愈加重视起来，要求在冶炼低碳优质钢种工艺过程中尽量减少含碳耐火材料的使用对钢水降碳所带来的不利影响。为了满足钢铁冶金工艺的要求，连铸用无碳耐火材料的开发与应用受到了耐火材料科研人员的广泛重视。下面简单介绍连铸用耐火材料的国内外发展状况。

2.5.1　浸入式水口的研究进展

随着钢铁连铸工业几十年的发展历史，作为连铸三大件的重要组成部分浸入式水口经历了几代产品的更新。最初使用的是石英质水口，由于石英质水口耐侵蚀性较差，后来发展了铝碳质水口。铝碳浸入式水口的优点是在抗侵蚀、抗热震性等性能上有了很大的提高，对钢种的适应性强，几乎适用所有钢种。但缺点是由于水口中含有大量的碳和硅成分，在浇铸过程中会使钢液增碳增硅，使钢液夹杂物量增大，影响钢的质量，尤其对于连铸高品质钢影响更大。

另外，碳和硅也是铝碳浸入式水口结瘤的主要原因之一，其反应机理如下：

$$C(固) + \frac{1}{2}O_2(气) \xlongequal{} CO(气)$$

$$SiO_2(固) + CO(气) \xlongequal{} SiO(气) + CO_2(气)$$

$$SiC(固) + CO(气) \xlongequal{} SiO(气) + 2C(固)$$

$$3SiO(气) + 2Al \xlongequal{} Al_2O_3(气) + 3Si$$

水口的结瘤不但堵塞钢水从中间包流向结晶器，影响其使用寿命，同时它还影响钢水的流向，从而影响钢水的质量。为解决这一问题，不少研究工作者做了大量的工作，同时也取得了很大的进展。

目前，为防止浸入式水口对钢水的增碳及 Al_2O_3 的结瘤堵塞，国内外已研究开发的材质有：Sialon-ZrO_2，CaO-MgO-Al_2O_3，ZrO_2-ZrB_2-C，BN-AlN-C，CaO-ZrO_2-SiO_2，ZrO_2-BN-Si_3N_4，ZrO_2-CaO-C等。日本近期在开发无硅无碳的浸入式水口内衬材料上做了不少工作。Yochiro Kawabe 等开发了一种不含碳的新型抗氧化铝沉积材料，同普通材料相比，不含碳材料具有较好的抗氧化铝堵塞性与沉积性。目前，内壁复合材料主要是尖晶石材料和 Al_2O_3-SiO_2 材料。例如，MnO 系非金属夹杂物多的高氧钢，使用开发的尖晶石浸入式水口，与原来的铝碳质浸入式水口相比，熔损量减少到1/10，铸坯质量大幅度改善。实机浇铸试验证明 Al_2O_3 结瘤明显降低了，浇铸后内壁工作表面平滑，材料具有良好的抗热震性。由于该两种材料从根本上减少了水口内壁网状氧化铝的来源，因此是一种非常有前景的防氧化铝堵塞内衬材料，同时也更适用于洁净钢及超低碳钢等钢种的冶炼。

据文献介绍，日本八幡钢铁厂通过使用上述无碳浸入式水口，避免了由于水口堵塞引起的操作和质量事故，减少了由于降低吹入 Ar 气流量引起的产品缺陷，其连浇次数为 5 炉。

国内也开始了无碳浸入式水口的研究，目前，国内辽宁荣源镁质耐火厂生产出了内壁无碳的复合浸入式水口，并在宝钢、武钢等大型钢厂正常使用。

提高浸入式水口使用寿命除了避免内孔结瘤外，其渣线部位的抗侵蚀性能也是影响其寿命的一个重要因素。目前在渣线处普遍采用 ZrO_2-C 材料，与以往的 Al_2O_3-C 材料相比，抗侵蚀性得到了明显的提高。考虑 ZrO_2-C 材料的抗热震性不如 Al_2O_3-C 材料，也有在渣线部位采用三层结构，外层采用普通 ZrO_2-C 材质是为了保证在最初与钢水接触时材料有足够的抗热震性，中间层采用低碳 ZrO_2-C 材质是为了保证材料具有优良的抗侵蚀性能，内层材料为本体材料。除此之外，据报道，日本研制了耐侵蚀性强、耐剥落性好的 ZrB_2-C 质保护环，使用效果表明耐侵蚀性是 ZrO_2-C 质材料的 2 倍以上，大幅度提高了浸入式水口的使用寿命，然而由于

ZrB_2 价格昂贵，难以推广应用。随着高效连铸的发展，如何提高渣线部位的抗侵蚀性能是获得长寿浸入式水口的关键。

薄板坯连铸作为新一代的连铸技术在过去十几年得到了飞速发展。但薄板坯连铸用浸入式水口由于受到使用条件的限制，其使用寿命受到严峻的考验。随着我国钢铁工业向高效连铸方向发展，薄板坯连铸近两年在我国得到快速发展，但所用浸入式水口基本上全部依赖进口。因此，研究长寿无碳薄板坯连铸用浸入式水口无论在我国还是在世界上均是连铸耐火材料的一个重要课题。

2.5.2 长水口的研究进展

长水口对于防止钢水从大包注入中间包时的飞溅和二次氧化、避免炉渣卷入中间包内、提高铸坯质量和钢材收得率具有极为重要的作用。长水口已经由石英质发展到铝碳质以及无碳复合长水口。最近有报道采取内插浇注料或整体成形的无碳长水口，来减少碳溶出量的例子。例如，日本宫川信夫等进行了长水口内孔采用 Al_2O_3-MgO 无碳材质的试验，进行了超低碳高氧钢 90 min 的实炉试验。结果表明，RH-TD 的增碳比以往的长水口降低了 6×10^{-6}。安藤满等公开了一项专利（特开平 9-201658），长水口内孔采用 Al_2O_3-MgO 质材料以降低增碳。该发明的效果，经超低碳钢 111 min 的连铸，以往长水口的碳溶出量为 $(20\sim30)\times10^{-6}$，而含无碳内孔的长水口碳的溶出量为 13×10^{-6}，显著降低了含碳长水口对钢水的增碳量。美国查帕拉尔钢铁公司开发使用了锆英石－氧化锆和氧化铝－氧化锆质复合长水口，其寿命分别为 21 次和 16 次。

2.5.3 滑动水口、滑板及塞棒的研究进展

滑动水口和滑板由高铝质发展到现在的铝碳质、铝锆碳质、A-MA质、镁碳质和 ZrO_2 陶瓷环等多品种，以满足不同钢种和使用的要求。现在滑动水口和滑板向无碳、高寿命、高热态强度、好的抗氧化性和高抗热震性方向发展。其中无碳材质滑板的开发是今

后滑板研究的主要方向之一。文献指出，Al_2O_3-Sialon 滑板曾在中型转炉钢厂试用，使用结果堪称满意。金从进等开发的赛隆结合刚玉质无碳滑板，于 2002 年 12 月在宝钢二炼钢 60 t 中间包上进行浇铸铝镇静钢 7 次连浇的使用试验，显示出较好的使用性能，结果表明其完全可以替代铝碳锆滑板。但赛隆结合的无碳滑板，其生产成本和稳定性还有待进一步改进。

除滑板控制钢流量之外，还有塞棒。目前塞棒主要是等静压成形的整体塞棒和组装的塞棒，他们的使用寿命基本上都是在 10 h以内。整体塞棒一般为铝碳质，而组合塞棒是由高铝釉砖和铝碳塞头组装起来的。为提高使用寿命，当浇注镇静钢时，塞头用 ZrO_2-C 材料，当浇铸处理钢时，塞头用镁碳材料。目前，市场还开发使用了一种塞棒为铝碳质，塞头为锆碳质，并在塞头内安设吹气嵌入件的整体塞棒，效果也非常不错。但是塞棒的使用寿命还不能满足高寿命中间包的要求，开发使用寿命在 20 ~ 30 h 及以上的无碳塞棒是耐火材料科技工作者的研究方向之一。

2.5.4 中间包及挡渣堰材料的研究进展

中间包不仅是钢水的容器和分流器，而且还起到调整钢水流和除去非金属夹杂物、净化钢水的作用，因此选用适合的耐火材料颇为重要。为了满足中间包长寿命和浇铸洁净钢的要求，中间包工作衬由最初的定型产品蜡石砖、高铝砖、铝碳砖等，发展到现在的碱性不定形耐火材料。

在碱性涂料方面，镁钙质涂料更适合于洁净钢的生产。目前有用高密度的镁质预制件，使用寿命可达 50 h 以上。有的使用高性能的涂料，使用寿命也可达到 30 h 以上。最近又出现了一种干式中间包捣打振动料，其实际上是在材料中加固体树脂或一些无机固体结合剂，在放置模具和振动捣打施工后，经加热内模而使干式料中结合剂液化或固化，然后脱模，大火烘烤使用。它的密度等性能比目前的一般涂料高，但比预制件和高密度的涂料仍有一定差距。所以在提高中间包工作衬的使用寿命方面，高密度涂料和碱性镁质预制件可能有更大的空间。但是干式中间包捣打料容易做成镁钙质中间包衬，并且取得了非常好的结果。同时为了大幅度降低耐火材料对环境的污染，一些无机物结合的“绿色”干式捣打振动料越来越引起人们的重视。其中无碳无磷的中间包内衬就是其发展的主要方向之一。为了防止钢水卷渣而形成非金属夹杂，在中间包里设置了挡渣堰。挡渣堰材料初期使用高铝材料，为减少耐火材料对钢水的污染，现在普遍使用镁质材料。目前，为了使挡渣堰本身也有吸附钢水夹杂的作用，有向镁钙质挡渣堰发展的趋势。

2.5.5　钢包材料的研究进展

钢包在连铸生产中是不可缺少的设备，其使用寿命的长短不仅关系到耐火材料消耗的多少，而且直接影响到连铸的正常进行，所以各国都在努力研究开发各种新型耐火材料，提高钢包的使用寿命，降低耐火材料单耗。近十多年来，国外大型钢包已由使用耐火砖逐步改为使用浇注料等不定形耐火材料，相继开发使用了高铝质、铝尖晶石质、镁铝质、铝镁质、镁碳质、镁锆质、镁钙质、镁钙铝质浇注料，取得了良好效果。例如，日本钢管公司福山厂第三炼钢车间 320 t 钢包侧壁使用铝尖晶石质浇注料，使用寿命达到 276 次，耐火材料单耗降低了 41%，耐火材料费用减少了 13%。日本川崎钢铁公司水岛厂第二炼钢车间钢包侧壁和包底使用铝尖晶石质浇注料，渣线使用镁碳砖，平均使用寿命达到 300 次以上，是改进前的 1.5 倍，耐火材料费用约降低了 48%。目前有关钢包长寿命的渣线无碳材料的研究报道不多。因其使用条件苛刻，使用寿命普遍较低。国内某钢厂钢包渣线采用 Al_2O_3-MA-Cr_2O_3 浇注料，其使用寿命为 95 次，但还不能达到钢包的使用要求。所以研究无碳长寿钢包渣线材料已成为其主要发展方向。

随着连铸的发展和钢材市场的需要，国内外将会进一步研究改进连铸用耐火材料，以开发长寿命的无碳浸入式水口和长水口、长寿命和洁净效果较好的镁钙质中间包工作衬、镁钙质挡渣堰，以及长寿命的无碳滑板、滑动水口和钢包无碳渣线等耐火材料。这些问题的解决，需要耐火材料行业和钢铁行业紧密合作，共同努力才能实现。

2.6 一种 HSLA 钢的真空感应熔炼工艺

随着冶金技术和控轧控冷技术的不断发展，高强度低合金钢的成分特点也随之被赋予了新的意义。有文献将高强度低合金钢解释为：HSLA 钢具有特别研制的化学成分以赋予其较高的力学性能，在某些钢中还赋予其比普通钢明显高的抗大气腐蚀性；HSLA 钢的生产通常侧重于力学性能的要求，而不是化学成分的范围；其碳含量小于或等于0.20%，其他合金元素含量低于3%，其硫、磷等杂质的含量被控制在较宽的范围，冶金质量跟普通钢的级别相同；其力学性能比普通钢明显高或具有某些特殊性能。

通常所说的微合金钢是在软钢或其他低合金钢的化学成分中添加了微量合金元素，这些微量合金元素主要是强烈的碳化物形成元素，如铌、钒、钛、铝等。本文以工业规模生产的超低碳纯净钢，取自宝山钢铁公司生产的 DT0138D 和 DT0148D 两个钢种的化学成分为基础，参考进口板材的化学成分，研究开发了屈服强度达到 700 MPa 的微合金钢。

研究开发的 700 MPa 级微合金钢除了屈服强度要达到 700 MPa以外，还必须有很高的抗拉强度和良好的塑性、韧性、冷弯性、耐蚀性等。粒状贝氏体组织是实现高强度高韧性的有效组织。本实验以粒状贝氏体组织为目标，以细晶强化、析出强化、相变强化、固溶强化等强化方式为主，通过将合理的成分设计和相应的控轧控冷工艺相结合，以实现对高强度高韧性的追求。

本文在成分设计过程中参考了大量国内外相关文献。进口 700 MPa 级微合金钢板材和两种工业用钢的化学成分分别见表2－5和表2－6。

表 2-5 进口 700 MPa 级微合金钢的化学成分(质量分数)(%)

C	Si	S	P	Mn	Ni	Cr	Mo
0.053	0.08	0.001	0.006	1.9	0.054	0.043	0.016
Cu	V	Ti	Nb	O	N	Alt	Als
0.010	0.010	0.125	0.060	0.0020	0.0056	0.029	0.027

表 2-6 工业用钢的化学成分(质量分数) (%)

钢种	C	Si	Mn	P	S	Al
DT0138D	0.0016	0.011	0.14	0.010	0.0045	0.037
DT0148D	0.0018	0.011	0.15	0.010	0.0067	0.039

由表 2-5 和表 2-6 的对比可以看出,两种工业用钢的硫含量比进口板材的含硫量要高得多,所以首先要进行脱硫处理。在实验室 ZGXL0.01-40-4 型真空感应炉上进行脱硫实验,加入的脱硫剂为 CaO、Al_2O_3、CaF_2、Al 粉、Al 块、Na_2CO_3 等。

脱硫后的低碳钢加入微合金元素,在实验室 ZGXL0.01-40-4型真空感应炉上进行熔炼微合金钢试验。熔炼后得到的微合金钢成分见表 2-7。

表 2-7 实验室熔炼微合金钢的化学成分(质量分数) (%)

试样	V	C	Si	Mn	P	S	Ti	Al	O	N	B	Nb
1	0.039	0.0330	0.077	1.34	0.010	0.003	0.078	<0.01	0.0029	0.0008	0.00073	0.062
2	0.071	0.0040	0.065	0.50	0.009	0.003	0.075	<0.01	0.0047	0.0023	0.00070	0.058
3	0.089	0.0350	0.072	1.61	0.011	0.003	0.081	<0.01	0.0018	0.0014	0.00075	0.064
4	0.120	0.0340	0.080	1.25	0.012	0.003	0.080	<0.01	0.0035	0.0018	0.00072	0.061

2.7 镍基高温合金真空感应熔炼工艺的研究

真空感应熔炼是高温合金生产的重要工艺。特别是对于含活泼元素较多的合金,必须采用真空感应熔炼。真空感应熔炼可以精确控制合金的化学成分和降低气体及夹杂含量,使有色杂质元素铅、锌、锑等得到挥发,还可以消除二次氧化,提高合金的纯洁度。真空感应熔炼过程中,影响合金熔炼效果的因素除真空度、漏气率外,熔炼工艺也是十分重要的。熔炼过程中除了要使杂质元素的脱除能充分进行之外,还要防止坩埚耐火材料与金属液体的反应。本节主要研究镍基高温合金的真空感应熔炼工艺。

2.7.1 熔炼设备

熔炼设备采用 VIM-50/25 真空感应熔铸炉,主要包括炉体、变频机组和真空系统三部分,其结构如图 2－1 所示。

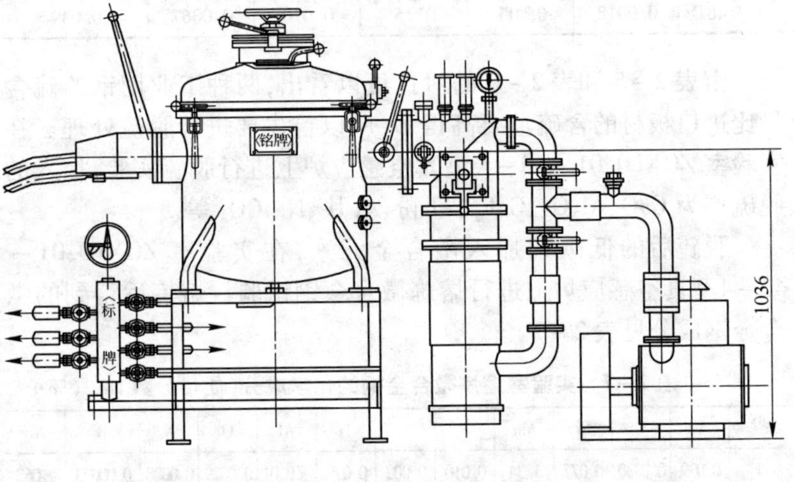

图 2－1 VIM-50/25 真空感应熔铸炉结构示意图

炉体部分的炉壳是水冷双重壁直立的圆筒,炉壳的右侧是抽气口,测温的热电偶装在炉壳的上面,用来补充炉料的加料器和观察窗也在炉体的上面,感应器及坩埚位于炉壳的内部,感应器用两个连接螺母固定在电极上。

变频机组包括三相交流电动机及启动器、中频发电机、激磁机、补偿电炉功率因数的电容器组以及电源控制柜和开关屏等。

真空系统是直接连接在炉身抽气口上的一个真空机组。机组内包括捕集器、各种控制阀门、机械泵、罗茨泵以及油增压泵等。

2.7.1.1 炉子真空度及漏气率的测定

大量的熔炼实践证明,真空感应炉的真空度及漏气率对高温合金的熔炼效果具有十分重要的影响。图 2－2 为加 Al、Ti 后中断抽真空的时间与熔池增氮（［N］表示增加的氮含量）的关系。熔炼设备为 50 kg 的真空感应炉,合金为 Ni-10Cr,温度为 1500～1550℃,充氩气的压力为 2.67×10^3 Pa。炉子的漏气率为 154.6 Pa·L/s。从图 2－2 中可以看到,停抽真空 10 min 将导致熔池增氮 2.4×10^{-6},这相当于漏入空气中的氮有 8% 溶于液态镍基合金中。

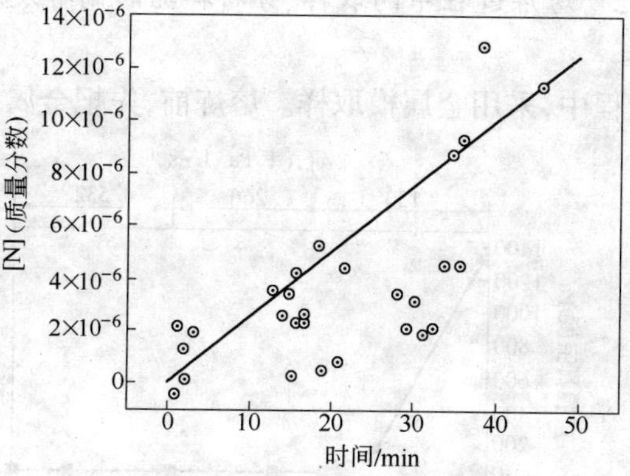

图 2－2　加入活性元素中断抽真空时间与增氮的关系

在连续抽真空冶炼时,如果漏气率变化不大而不至于使炉体动态的真空度降低,则对熔池的氮含量没有明显影响。图 2－3 是漏气率对 Ni-10Cr 熔体氮含量的影响,这时真空系统的抽气能力远远大于炉体的漏气率。

炉子内部的真空度可以通过真空表随时测得。而真空系统要达到一点也不漏气,几乎是不可能的。只要把炉子的漏气率降低到允许的范围内,就能保证熔炼所需要的真空度。

炉子漏气率的检测采用静态升压法。

测量炉子的漏气率时,首先要把炉子内部压强抽至炉子的极限压强，然后关闭阀门，使炉子和真空系统隔开，记录炉内压强随时间的变化情况，根据记录所测得的真空感应炉内部压强随时间的变化曲线如图 2-4 所示。炉子漏气率的计算公式为：

$$Q = V\times(\Delta P/\Delta T) \qquad (2-13)$$

由测量数值可以计算出炉子的漏气率 Q = 14 Pa·L/s。

根据冶金物理化学，为减少金属液吸气，通常冶炼中维持的动态真空度应该为 1~0.1 Pa，漏气率应小于 10~40 Pa·L/s。对于氧和氮的允许含量及其溶解度决定了应该达到的真空度要求。

2.7.1.2 熔炼过程中的取样、分析样品的制备及熔炼温度的测量

熔炼过程中，采用金属模取样。熔炼前，先把金属模按顺序摆

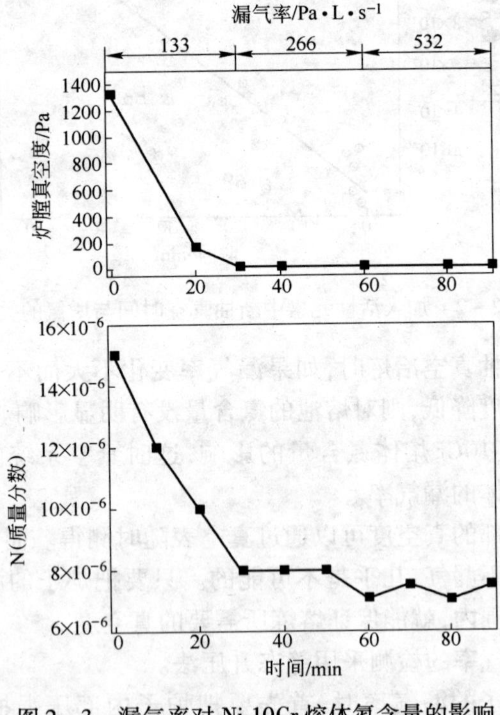

图 2-3 漏气率对 Ni-10Cr 熔体氮含量的影响

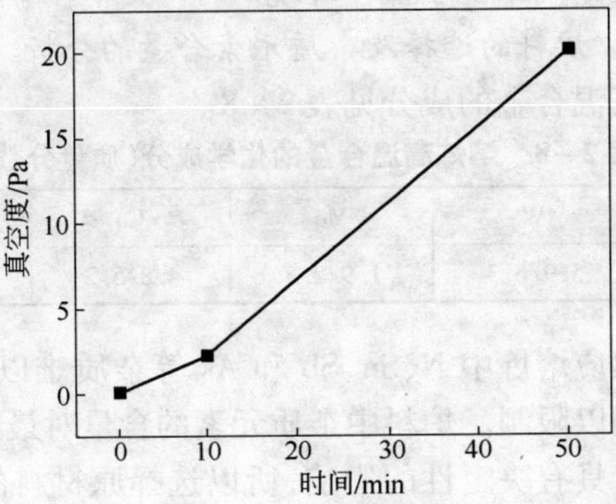

图 2-4　炉子内部的真空度随时间的变化情况

放在可转动的浇铸平台上，熔炼过程中，每隔一定的时间，将合金液体注入金属模中，所取的试样的尺寸为 ϕ15 mm×80 mm。然后将其加工成 ϕ4 mm×4 mm 的圆棒和细的切屑，经丙酮超声波清洗后，分别用来进行气体分析和化学成分分析。气体分析所用的仪器是美国 LECO 公司生产的 TC-436 氧氮测定仪。在低氧、氮量程（$(0.1\sim500)\times10^{-6}$）范围内，精确度为 $\pm1\times10^{-6}$，灵敏度为 0.1×10^{-6}。定硫用 ICP-AES 碳硫分析仪。当硫的含量大于 10×10^{-6} 时，其定硫的精度为 ±20%；当硫的含量小于 10×10^{-6} 时，定硫的精度为 ±30%。

用 W-Re 浸入式热电偶测定熔炼温度。

2.7.2　高温合金中杂质的来源、炉料的选择及处理

2.7.2.1　杂质的来源

高温合金中的杂质来源于以下几个方面：

（1）熔炼前即存在于炉料中。

（2）冶炼过程中坩埚耐火材料污染。

（3）环境气体的污染。

（4）正常的精炼技术难以去除的杂质元素。

(5) 服役期间来源于操作环境。

2.7.2.2 炉料的选择及杂质元素含量的分析

所熔炼高温合金的成分见表2-8。

表2-8 熔炼高温合金的化学成分(质量分数) (%)

Cr	W	Mo	Co	Ni
5.8/6.2	5.9/6.3	1.9/2.3	4.8/5.2	余

在真空感应熔炼中N、Sn、Sb和As等杂质难以去除,应该在原料中严格加以限制。炉料中杂质元素的含量对最终母合金中的杂质元素含量具有决定性的影响,所以选择原材料的原则是在成本允许的前提下,尽可能选用高纯度的原料。

为了准确有效地将母合金中的氧、氮、硫含量去除至小于10×10^{-6},本实验中所选用的原材料中的杂质元素的含量均已进行了分析,其分析结果见表2-9。

表2-9 原料中杂质元素的含量分析

原料	杂质元素含量(质量分数)/%			
	C	N	O	S
Ni	20	2.6	80	5
Cr	30	36	130	120
Mo	50	15	380	8
W	17	10	12	8
Co	31	2	140	39

根据表2-8和表2-9的数据,可以计算出炉料中的碳、氮、氧及硫的含量,见表2-10。

表2-10 炉料中的碳、氮、氧及硫的含量(质量分数)

元素	C	N	O	S
含量	137×10^{-6}	6×10^{-6}	239×10^{-6}	16×10^{-6}

2.7.2.3 炉料的预处理及装料

真空感应熔炼的实践表明,在加料以前对炉料进行预处理是十分必要的。加料前炉料要经过喷砂、酸洗或碱洗以洁净表面。炉料必须干燥,装料前要进行适当的烘烤。通常只能一次加料,因此为获得精确的合金成分,必须对炉料进行精确的计算与称量。炉料的大小及搭配,应使在装料时紧密接触,而在熔化时又不发生“架桥”现象。

装料前,要将坩埚内壁清理干净,否则合金中的夹杂物会增加很多。装料量应按一次铸满铸锭为宜。装料次序原则上为熔点高的、难挥发或蒸发的原料,如镍、钨、钴、钼、铬等先加。活性元素可作为添加料安放在加料器内,在熔化过程中加入。

为了加速炉料的熔化,大块料通常放在坩埚壁的附近,而在坩埚的中央放小块的料。大块料间应适当充填小块的料,炉料应下紧上松,炉料不要高过感应器。

对于本实验所熔炼的镍基高温合金,装料的次序(由坩埚的底部至上部)为:

$$C \rightarrow \frac{3}{4}Ni \rightarrow Co \rightarrow Cr \rightarrow Mo、W \rightarrow \frac{1}{4}Ni$$

2.7.3 坩埚使用前的预处理

由于氧化钙坩埚易水化,即使放到真空罐或加入防水化剂的干燥箱中,也不可避免地会有少量的水化。所以在使用前,要对坩埚进行预处理,即加热处理。具体的处理工艺如图 2-5 所示。

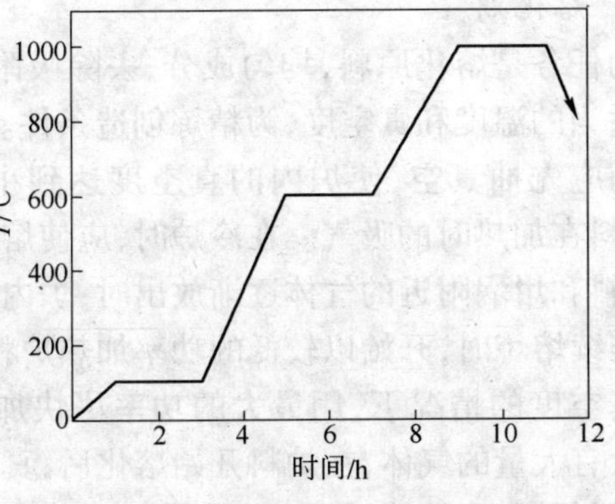

图 2-5 氧化钙坩埚的预处理工艺

2.7.4 熔炼工艺中各阶段的确定

在熔炼铝、钛等活泼金属元素含量较高的镍基高温合金时，其冶炼工艺的制定，应以脱氮为主，但不能忽略脱氧和脱硫。根据这一原则，把整个的熔炼过程分为熔化期、精炼前期、精炼后期、高温脱氮期、调整成分期和浇注期。熔炼过程中的功率随时间的变化如图 2－6 所示。

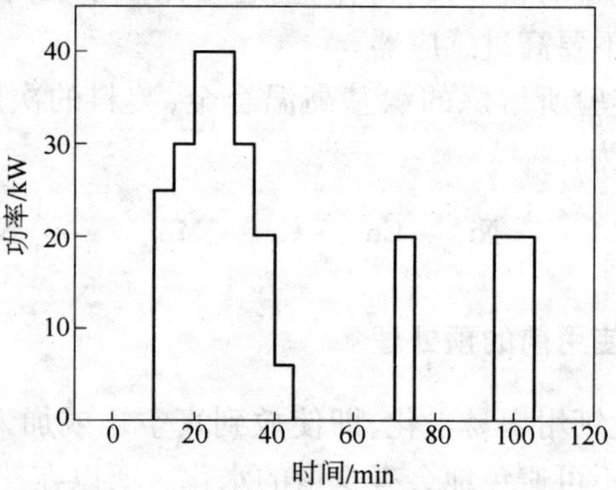

图 2－6　熔炼过程中功率与时间的关系

2.7.4.1　熔化期

熔化期的任务是熔化原料，均匀成分，去除吸附的气体，并使合金液体有适当的温度和真空度，为精炼创造条件。

在熔化前应先抽真空，使炉内的真空度达到小于 1 Pa 的水平，以减少炉料在加热时的吸气。在冷炉时，应使熔化功率逐渐增加，以保证炉料和坩埚附近的气体逐渐放出时，炉内仍有足够高的真空度。在连续熔炼时，开始以较低的功率加热炉料至发红，然后保证在一定真空度的情况下，用最大的功率尽快加热熔化炉料。由于炉料中含有大量的气体，在炉料开始熔化后，真空度往往大幅度下降，但时间很短，在熔清后真空度又能迅速提高。化清后继续用高的功率，使合金液体达到要求的温度，然后降低功率，转入精炼前期。

2.7.4.2 精炼前期

精炼前期的任务是利用高温和高真空条件，进一步利用碳氧反应脱氧、脱氮和脱易挥发的低熔点杂质。

精炼前期的脱氧主要是通过碳氧反应进行的。采用碳氧反应脱氧，炉料必须充分地熔化和溶解。在精炼前期，碳氧反应是很强烈的。此时碳氧的浓度高，反应速度很快，会由于一氧化碳的大量放出出现沸腾现象。为了防止碳氧反应过于猛烈而使合金液体飞溅，应暂时降低真空度一段时间，待反应平稳后，再提高真空度并保持一段时间，便于氧和氮的排除。

脱氧所用的碳为光谱碎电极。

精炼前期考虑的影响因素为真空度、精炼温度和精炼时间。真空度的提高，对熔池内的反应、气体和杂质的去除都是有利的，因此应当尽可能将真空度保持在较高的水平。真空度低时，挥发现象一般很少，液面杂质也难以去除；真空度提高后，挥发大大增加，真空度越高挥发越大。试验过程中真空度保持在小于 1 Pa，精炼温度分别选择 1500℃ 和 1600℃，对比两个精炼温度的精炼效果。精炼前期中每隔一定的时间取样后，分析碳、氮、氧及硫的含量。

2.7.4.3 精炼后期

精炼后期的任务主要是加 Al 脱氧与脱硫，并少量脱氮。

精炼前期冷冻处理后，以大功率破开氧化膜，随后降低温度，精炼后期的温度不能过高，成分要均匀，使精炼过程中形成的非金属夹杂能充分上浮和保持高真空。

精炼后期所考虑的影响因素是精炼温度、精炼时间和脱氧剂的加入量。精炼温度选择 1500℃，每隔一定的时间取样后，分析碳、氮、氧及硫的含量。

2.7.4.4 高温脱氮期

熔化期、精炼前期和精炼后期都可进行一定程度的脱氮，如果想把氮的含量进一步降低，则要采用高温脱氮。通过前几个阶段把氧和硫含量分别脱至小于 10×10^{-6}后,然后进行高温脱氮。

高温脱氮期考虑的影响因素为真空度、精炼温度和精炼时间。真空度保持在 0.1 Pa 以下,脱氮温度分别选择 1650℃和 1700℃,每隔一定的时间取样后,分析氮含量的变化。

高温脱氮精炼后仍然要停电冷冻。

2.7.4.5 调整成分期

调整成分期的温度不要过高,成分要均匀,以保证合金化过程中形成的非金属夹杂能充分上浮和保持高的真空度。冷冻处理结束后,以大的功率破开氧化膜,随后降低功率,控制合金液体的温度在 1500℃左右。然后分批加入 Al、Ti,每批加入量小于 2%。温度较低是为了便于控制铝和钛的成分,同时不致由于部分铝和钛的加入脱氧放出的热量使合金液体过热。加入铝和钛后保持一定的时间,使它们能充分熔化,随后加大功率,强烈搅拌一定时间,使铝和钛含量均匀,接着停电静置合适的时间,降低温度并使合金元素带入的夹杂物和反应产物有足够的时间上浮,以利去除。

2.7.4.6 浇注期

浇注是合金熔炼的最后一道程序,为获得高质量的母合金锭,浇注前要以大的功率搅拌熔融金属一定的时间,之后倾动坩埚,借助于电磁搅拌把浮在合金液表面的杂质推向坩埚壁。选择合适的较低的浇铸温度以保证母合金锭表面光洁及内部无缩孔。

参考文献

[1] 戴永年,赵忠.真空冶金[M].北京:机械工业出版社,1988.

[2] 戴永年,杨斌.有色金属材料的真空冶金[M].北京:冶金工业出版社,1996.

[3] 殷瑞钰.钢的质量现代进展[M].北京:冶金工业出版社,1995.

[4] 戴荣道.真空技术[M].北京:电子工业出版社,1986.

[5] 傅杰.特种熔炼与冶金质量控制[M].北京:冶金工业出版社,1996.

[6] 罗思.真空技术[M].北京:机械工业出版社,1989.

[7] Winkler O, Bakish R. 真空冶金学[M].康显澄 译.上海:上海科学技术出版社,1982.

[8] 牛建平,杨克努,管恒荣,胡壮麒.真空冶金的现状及其应用前景[J].真空,

2002,6:7.
[9] 王诚训，栾永杰，李洪深．炉外精炼用耐火材料[M]．北京:冶金工业出版社，1996.
[10] 王维邦．耐火材料工艺学[M]．北京:冶金工业出版社，2003.
[11] 牛建平，孙晓峰，金涛，等．熔炼高温合金用耐火材料的进展[J]．耐火材料，2001. 35 (4):290.
[12] 洪彦若．非氧化物复合耐火材料[M]．北京:冶金工业出版社，2003.
[13] 李楠．耐火材料与钢铁反应及其对钢质量的影响[M]．北京:冶金工业出版社，2005.
[14] 特列维亚茨基，等．高级耐火氧化物材料[M]．北京:冶金工业出版社，1956.
[15] 契斯捷尔．炼钢用耐火材料[M]．北京:冶金工业出版社，1958.
[16] 马梅金．耐火制品[M]．北京:冶金工业出版社，1960.
[17] 刘新田，等．抗水化的氧化钙耐火团块[C]．陕西省硅酸盐学会第二届年会，1988.
[18] 刘大任．特种冶金用新型耐火材料[M]．沈阳:东北大学出版社，2001.
[19] 蒋明学，李勇．陈肇友耐火材料论文选．北京:冶金工业出版社，1998.
[20] 吴仲棠，代修彦，桂中楼，等．DD3 单晶合金的真空感应熔炼[J]．材料工程，1995，6:65
[21] Sims C T, Stoloff N S, Hagel W C. 高温合金[M]．赵杰，朱世杰，李晓刚，王富刚 译．大连:大连理工大学出版社，1992.
[22] 出川通，音谷登平．用 CaO 耐火材料精炼镍基超合金[J]．鉄と鋼，1987，14：1691
[23] 孙长杰，刑纪萍．CaO 坩埚在高纯净化合金研究中的应用[J]．金属学报，1998，34(7):731 ~ 734.
[24] 徐志超，马培立．高温合金中的微量元素作用及其控制[M]．北京:冶金工业出版社，1987.
[25] 陈荣章，王罗宝，李建华．铸造高温合金发展的回顾与展望[J]．航空材料学报，2000，20(1):55.
[26] 邵象华，知水，赵仁川，曲培迅．间歇式真空感应炉中坩埚供氧的一个来源[J]．金属学报，1965，8(3):392.
[27] 刘中柱，蔡开科．纯净钢生产技术[J]．钢铁，2000，35(2):64.
[28] 知水，王平，侯树庭．特殊钢炉外精炼[M]．北京:原子能出版社，1996.
[29] 戴维，舒莉．铁合金冶金工程[M]．北京:冶金工业出版社，1999.
[30] 殷瑞钰．钢的质量现代进展[M]．北京:冶金工业出版社，1995.
[31] 刘彦海．石灰质耐火材料的生产与应用[J]．耐火材料，1998，32(3):149 ~ 150.

[32] 魏耀武. 钢水与耐火材料之间的作用及对钢质量的影响[D]. 武汉:武汉科技大学,2002.

[33] 殷克勤. 提高铸造高温合金及其精铸件纯度的途径[J]. 材料工程, 1999, 7: 47.

[34] 李会利,李楠,魏耀武. 耐火材料对 IF 钢总氧含量及夹杂的影响[J]. 耐火材料,2003.

[35] 曲英. 炼钢学原理[M]. 北京:冶金工业出版社,1980,66.

[36] 张文杰,李楠. 碳复合耐火材料[M]. 北京:科学出版社,1990.

[37] 李楠,魏耀武. 氧化镁浇注料中纯铝酸钙水泥含量与钢液总氧含量的关系[J]. 耐火材料,2002,249.

[38] 山口明良. 实用热力学及其在高温陶瓷中的应用. 张文杰译. 武汉:武汉工业大学出版社,1993.

[39] 苏宪明. 铝铁滑板的研制[J]. 耐火材料,1983,17(2):5.

[40] 田守信,陈肇友. 添加物对 Al_2O_3-C 制品性能的影响[J]. 耐火材料,1998,22(4):14.

[41] 张荣生. 钢铁生产中的脱硫[M]. 北京:冶金工业出版社,1986.

[42] F. 奥特斯. 钢冶金学[M]. 倪瑞明等译. 北京:冶金工业出版社,1997.

[43] 张鉴. 炉外精炼的理论与实践[M]. 北京:冶金工业出版社,1999.

[44] 张鉴,王潮,佟富生. 魏寿昆教授八十寿辰文集[C]. 北京:冶金工业出版社, 1989.

[45] 资询社. 洁净钢连铸用长寿无碳耐火材料的发展动态[J]. 商品资讯行情通讯,2009(4).

3 杂质元素去除过程热力学

3.1 熔体中的气体与杂质

3.1.1 气体和夹杂的来源

(1) 在熔炼过程中,合金液直接与炉气接触,炉气中既含有氮气,又含有氧气和水蒸气,它们或者以原子态溶解在合金熔体中,或者与合金熔体发生反应生成化合物进入熔体中,例如:

$$2Al + \frac{3}{2}O_2 = Al_2O_3$$

$$2Al + \frac{3}{2}N_2 = Al_2N_3$$

$$Ti + O_2 = TiO_2$$

$$2Al + 3H_2O = Al_2O_3 + 3H_2$$

(2) 炉料的锈蚀或油污、水分等会使合金熔体中的气体和夹杂含量增加,例如,炉料中的油脂与铝液接触会产生如下反应:

$$\frac{4}{3}Al + C_mH_n = \frac{m}{3}Al_4C_3 + \frac{n}{2}H_2$$

(3) 合金熔体与坩埚之间的反应,是合金液吸气和形成夹杂的另一途径。

3.1.2 气体溶解度的表示方法

在一定的条件下,金属吸收气体的饱和浓度即为气体在金属中的溶解度。下面是三种主要气体溶解度的表示方法和相互换算关系。

(1) 质量百分数。质量百分数表示 100 g 金属或合金中所溶解的气体克数。

(2) 质量百万分数(part per million)。由于气体在金属及合金中的溶解度很小,故又常以溶解气体达质量的百万分之一时的含量作为溶解度。

(3) 标准体积。在100 g金属或合金中溶解气体的标准体积(cm^3),所谓的标准体积即是在标准状态(0℃,101.325 kPa)下的体积。

气体的各种溶解度单位可以相互换算。如假定气体均为理想气体,则按理想气体状态方程式

$$pV = nRT = \frac{m}{M}RT \tag{3-1}$$

可得

$$m = \frac{pVM}{RT} \tag{3-2}$$

式中 m——气体的质量;

M——气体的摩尔质量,g/mol;

p——气体的压力;

R——摩尔气体常数;

T——气体热力学温度,K。

故由式(3-2)可将气体的标准体积换算为相应的质量,以便进行溶解度的单位换算。

3.1.3 气体溶解热力学分析

3.1.3.1 基本热力学关系

从热力学第一定律和第二定律出发,对于真空熔炼过程的反应可以导出两个简单而重要的基本关系。因为在真空熔炼过程中,使用的压力通常很低。焓与压力的关系可以忽略不计。所以这两个关系是简单的。另一个理由是气相一般遵守理想气体定律。

$$pV = nRT \tag{3-3}$$

从热力学三个最重要的状态函数组成的下列关系式出发

$$G = H - TS \tag{3-4}$$

式中,G 为吉布斯自由能,J/mol;H 为焓(在真空熔炼过程中等于

热容),J/mol;S 为摩尔熵,J/(K · mol);T 为热力学温度,K。

对于反应或转变的各个初始物质和最终产物,可得出发生反应或转变的方程式

$$\Delta G = \Delta H - T\Delta S \tag{3-5}$$

对于放热反应,即反应放出热量时,ΔH 为负值。ΔG 也常用 ΔF 表示。自由能减少得越多,反应的驱动力就越大。这是熔炼过程中最重要的两个关系式中的第一个,另一个是由式(3-5)推导出的在给定温度下用平衡常数 K 来表示的自由能

$$\Delta G^\ominus = -RT\ln K \tag{3-6}$$

式中,K 为平衡常数;$\Delta G^\ominus$ 为标准吉布斯自由能,J/mol。

3.1.3.2　气体溶解热力学模型

熔炼过程合金熔体中含有间隙元素是不可避免的,但合金熔体中间隙元素溶解度与熔化室内的温度、平衡分压有直接的关系。气氛中的间隙元素(N_2、O_2、H_2)及水蒸气(H_2O)首先吸附在合金熔体表面上并分解为原子,然后间隙元素再以原子的形式扩散到合金熔体中。式(3-7)为间隙元素在合金熔体中存在的热力学平衡式,平衡常数 K 由式(3-6)求出。平衡常数 K 与间隙元素的溶解自由能存在着如式(3-8)所示的关系。

$$O_2 = 2[O]_{合金} \tag{3-7}$$

$$\Delta G^\ominus_{合金} = -RT\ln K_p \tag{3-8}$$

上面式(3-7)中的 $[O]_{合金}$ 为间隙元素在合金熔体中的平衡溶解度;$\Delta G^\ominus_{合金}$ 为标准状态达到平衡时,间隙元素在钛合金熔体中溶解自由能的变化。但 $\Delta G^\ominus_{合金}$ 的数值未见文献报道,但通过下面的方法可以间接地计算出来

$$\frac{1}{2}O_2 = [O]_{纯金属} \tag{3-9}$$

$$\Delta G^\ominus_1/T_1 - \Delta G^\ominus_2/T_2 = \Delta H_1(1/T_1 - 1/T_2) \tag{3-10}$$

$$\Delta G^\ominus_2 = T_2[\Delta G^\ominus_1/T_1 - \Delta H(1/T_1 - 1/T_2)] \tag{3-11}$$

式(3-10)为间隙元素在纯金属(如钛、铝、钒等)中溶解的热力学平衡式。用 $\Delta G^\ominus$、ΔH 表示达到平衡时,间隙元素在纯金属中溶解

自由能的变化和焓变。根据式(3－11)可求出不同温度时,间隙元素在纯金属中溶解自由能的变化$\Delta G^{\ominus}$,如式(3－12)所示。再根据热力学与统计物理的知识,对任意合金可得到下面的关系式

$$\Delta G^{\ominus}_{合金} = a_i \Delta G^{\ominus}_i + a_j \Delta G^{\ominus}_j + \cdots + a_k \Delta G^{\ominus}_k \qquad (3-12)$$

式中,a_i,a_j,…,a_k 为合金中 i,j,…,k 组元等的活度。这样,就可以求出间隙元素溶解到合金熔体中,在标准状态下达到平衡时溶解自由能的变化。在非标准条件时,间隙元素在合金熔体中的溶解自由能的变化$\Delta G^{\ominus}_{合金}$可由式(3－13)计算,则可得到热力学平衡状态时温度、间隙元素的分压与熔体中间隙元素溶解度之间的关系,即式(3－14)

$$\Delta G_{合金} = \Delta G^{\ominus}_{合金} + RT\ln[\mathrm{O}]^2 p_{\mathrm{O_2}} \qquad (3-13)$$

$$[\mathrm{O}] = p_{\mathrm{O_2}} \exp(-\Delta G^{\ominus}_{合金} RT) \qquad (3-14)$$

复合气体(如 CO、CO_2、H_2O、NH_3、SO_2、H_2S)均不能直接溶解在金属液中。它们首先要分解成原子,才能为金属所吸收。复合气体在金属中的溶解与单质气体的区别主要在于溶解组元彼此相关,即

$$\mathrm{X}_m\mathrm{Y}_n(\mathrm{g}) = m[\mathrm{X}] + n[\mathrm{Y}]$$

$$[\mathrm{X}]_m + [\mathrm{Y}]_n = Kp_{(\mathrm{X}_m\mathrm{Y}_n)} \qquad (3-15)$$

式中,K 为平衡常数;$p_{(\mathrm{X}_m\mathrm{Y}_n)}$为平衡时 $\mathrm{X}_m\mathrm{Y}_n(\mathrm{g})$气体的分压,Pa。

由上式可知,$p_{(\mathrm{X}_m\mathrm{Y}_n)}$一定时,[X]增加,[Y]则减少。

在一定的温度下,氢在钢液中的饱和浓度随 $p_{\mathrm{H_2O}}$ 的增大而增大,随氧含量的增加而减少。钢液从潮湿的空气中吸氢,表现出明显的脱氧作用。当金属液含氧较低时,水蒸气是吸氢的主要途径。

3.1.3.3　影响气体溶解度的因素

影响气体在金属熔体中的溶解度的因素主要有:金属熔体和气体的性质、合金的化学成分、温度以及气体在熔体液面上的平衡分压。

A　金属和气体的性质

金属的吸气能力是由金属与气体的亲和力决定的。气体与金

属的亲和力不同,气体在金属中的溶解度也不同。在一定的温度和压力下,金属和气体的亲和力越大,气体在金属中的溶解度也就越大。例如在熔点温度,无论是固态或是液态,氢在铁、镁、钛、锆、铌中的溶解度都比在铝和铜中的高。蒸气压高的金属,由于具有蒸发去吸附作用,所以会显著降低气体在金属熔体中的溶解度。

B 气体在熔体表面上的平衡分压

在一定温度下,气体在合金熔体中的溶解度与该气体在熔体液面上的平衡分压的平方根成正比。

C 温度

在气体分压一定时,气体在合金熔体中的溶解度与温度的关系如下

$$C = K\exp\frac{-E}{2RT} \tag{3-16}$$

式中,K 为常数;E 为溶解热,J/mol。

由上式可知,温度对溶解度的影响取决于溶解热。当气体在合金熔体中的溶解过程是吸热反应,即溶解热为正值时,则气体溶解度随温度的升高而增大。但氢在钛、锆、钒以及氮在铝、钛等金属中的溶解反应为放热反应,即溶解热为负值,则溶解度随温度的升高而降低。

D 合金元素

在实际的多元系合金熔体中,气体的溶解度除受温度和气体分压的影响外,还在一定程度上受合金成分的影响。合金成分对溶解度的影响在于它们与气体元素的相互作用,使气体的活度系数发生变化。凡增加气体活度的合金元素,都减少该气体在合金中的溶解度。若某些元素能与气体化合生成稳定的化合物,却又不溶于该金属,形成化合物的这部分金属原子则失去吸气能力,气体的溶解度降低;若某些元素能与气体化合,生成的化合物又溶于金属液中,则使气体溶解度增加。

3.1.3.4 气体对铸件质量的影响

铸件中的气体对其质量有重要影响。通常气体在铸件中有三

种存在形态，即气孔、固溶态和形成化合物。气孔是铸件中最常见的一种缺陷。它不但减少铸件的有效断面面积，而且还产生应力集中，成为零件断裂的裂纹源，显著降低铸件的强度和塑性。尤其是形状不规则的气孔不仅增加缺口敏感性使金属强度下降，而且还降低铸件的疲劳强度。弥散性气孔使铸件组织疏松，降低铸件的气密性。以固溶体形式存在的气体，也会降低铸件的韧性。例如，溶解在钢和铜合金中的氢，在一定条件下从固溶体中析出，其析出压力使晶粒间形成须状裂纹，使合金变脆，即所谓的“氢脆”。液态金属中溶解的气体对其铸造性能也有不良的影响。铸件凝固时，气体析出的反压力阻止金属液补缩，使铸件产生晶间缩松。含有气体的合金液其流动性明显下降。试验表明，含氢 0.8 cm^3/100 g 的铸铁液，其流动性为 52 cm；当含氢 41 cm^3/100 g 时，则降为 39 cm。当然气体元素也有有利的一面，例如，为了提高钢的高温及耐磨等性能已研制出了大量的含氮钢种；金属的表面氮化处理在工业中也得到了普遍应用；对功能材料的开发，氢元素的利用具有不可估量的前途。

3.2 氧化夹杂形成热力学

合金在熔炼过程中总是要与炉气和坩埚以及其他熔剂、熔渣等接触，而炉气和坩埚以及其他熔剂、熔渣等都含有氧气或含氧化合物，如炉气中的氧气和水蒸气以及一氧化碳气体等。这些氧气和水蒸气以及一氧化碳气体等能否与合金熔体发生反应形成氧化夹杂，形成什么类型的氧化夹杂以及最多能够形成多少氧化夹杂，都是由金属与氧的亲和力决定的，并与合金成分和温度以及压力等条件有关。金属的氧化趋势可以用氧化物生成的自由焓变化 ΔG 来表示。下面分为标准和非标准两种条件下金属氧化的热力学进行简单介绍。

3.2.1 标准条件下金属氧化的热力学

金属在标准条件下（1 个大气压，凝聚相不形成溶液）与 1 mol

氧作用生成金属氧化物的自由焓变量称为氧化物标准生成自由焓变量 $\Delta G^{\ominus}$。例如，

$$\frac{2m}{n}\mathrm{Me} + \mathrm{O}_2 = \frac{2}{n}\mathrm{Me}_m\mathrm{O}_n \tag{3-17}$$

$$\Delta G^{\ominus} = -RT\ln K_\mathrm{p} = -RT\frac{a_{\mathrm{Me}_m\mathrm{O}_n}}{a_{\mathrm{Me}} \cdot p_{\mathrm{O}_2}} \tag{3-18}$$

如果假定氧化物和金属的活度为1，那么有

$$\Delta G^{\ominus} = RT\ln p_{\mathrm{O}_2} \tag{3-19}$$

$\Delta G^{\ominus}$不但可以用来判断标准条件下金属氧化的趋势，而且可以判断标准条件下不同氧化物形成的可能性和稳定性。通常在合金熔体中不同元素氧化的趋势取决于 $\Delta G^{\ominus}$的大小。某一金属氧化物的 $\Delta G^{\ominus}$越负，则该金属与氧的亲和力越大，氧化反应的趋势也越大，氧化物就越稳定。

3.2.2 非标准条件下金属氧化的热力学

合金熔化过程中，许多氧化还原反应是在非标准条件下进行的，即实际合金熔体中，反应物和生成物的活度均不为1，气相也不是1个大气压，所以不能按上述标准状态处理。只有精确计算实际反应的 $\Delta G^{\ominus}$，才能判断实际条件下氧化还原反应的方向和限度。当炉气中氧的实际分压为 p'_{O_2}，反应的自由焓变量为 $\Delta G = \Delta G^{\ominus} + RT\ln Q_\mathrm{p} = RT\ln p'_{\mathrm{O}_2} - RT\ln p_{\mathrm{O}_2} = RT\ln\frac{p'_{\mathrm{O}_2}}{p_{\mathrm{O}_2}}$，只有当 $p_{\mathrm{O}_2} > p'_{\mathrm{O}_2}$时，$\Delta G$ 才小于0，反应才能自发正向进行。大气中氧的分压为 2127825 Pa (0.21 atm)，而在熔化温度下，大多数金属氧化物的分解压都很小，例如1000℃时 Cu_2O 的 p_{O_2}为 101325×10^{-2} Pa(10^{-7} atm)；750℃ 时 Al_2O_3 的 p_{O_2}为 101325×10^{-41} Pa(10^{-46} atm)。因此，在大气中熔化合金时氧化反应是不可避免的。

3.2.3 影响氧化夹杂形成的因素

3.2.3.1 金属的性质

金属与氧的亲和力越大，形成氧化夹杂的可能性越大；金属与

氧反应形成的表面氧化物膜越致密，生成的氧化夹杂物越少。例如，镁和锂等金属与氧反应形成的表面氧化物膜不致密，因此可能产生大量的氧化夹杂物。而铝和铍等金属虽然与氧的亲和力大，但可在熔体表面生成致密的氧化物膜，阻止氧化的进一步进行。虽然有些表面金属氧化物膜致密，但是强度较低，其线[膨]胀系数与金属相差又较多，在加热或冷却时会断裂而脱落，如 CuO。还有一些氧化物呈液态或是可溶性的，如 Cu_2O、NiO 和 FeO 等，有些氧化物是易于挥发的，如 Sb_2O_3、Mo_2O_3 等，这些氧化物没有保护作用。

3.2.3.2　合金元素的作用

合金熔体中氧化反应程度不但与基体金属的性质有关，而且与加入的合金元素性质密切相关。与氧亲和力较大的元素往往优先氧化或与基体金属同时氧化。在这种条件下，合金元素氧化物和基体金属氧化物的性质共同控制着整个合金的氧化过程。能形成致密氧化物的合金元素能使基体金属的氧化膜更为致密，从而减少氧化物的形成。例如高镁铝合金熔体中，镁首先氧化形成疏松的氧化膜，导致氧化的加剧，但是加入少量铍元素后，可使氧化膜致密，从而减轻氧化。如果合金元素与氧的亲和力和基体金属与氧的亲和力相近，且不会明显改变合金表面氧化膜结构的合金元素，一般不会促进氧化，本身也不会明显氧化，如铝合金熔体中的 Fe、Ni、Si 和 Mn 及铜合金熔体中的 Fe、Ni、Pb 等。合金熔体中与氧的亲和力较小且含量少的元素将受到保护，甚至还会由于基体金属和其他元素的氧化而使其相对含量有所增加。

3.2.3.3　熔体温度的影响

通常熔体温度越高，氧化进行得越快。因为温度升高时扩散系数增大，氧化膜强度降低，加之氧化膜与合金熔体线[膨]胀系数的差异，因而氧化膜容易破裂。有时会由于氧化膜本身的溶解和液化或挥发而使其失去保护作用。

3.2.3.4　炉气的性质

炉气的性质取决于该炉气平衡体系中氧的分压与金属氧化物

在该条件下分解压的相对大小，即炉气的性质要由炉气与金属之间的相互作用性质而定。因此，同一组成的炉气，对一些金属来说是还原性的，而对另一些金属则可能是氧化性的。炉气中总是含有 O_2、H_2O、CO_2、CO、H_2 和 N_2 等气体，如果金属与氧的亲和力大于 C、H 与 O 的亲和力，则含有 H_2O、CO_2、CO 的炉气就会使金属氧化，该炉气是氧化性的，否则就是还原性的或中性的。在这些氧化性炉气中，氧化是难以避免的。炉气的氧化性越强，其氧化程度一般也就越大。

3.2.3.5 其他影响因素

熔炼时间越长，氧化将越严重。熔体表面的扰动可能破坏表面氧化膜，导致氧化加剧。当然，上边只是对合金熔体表面氧化情况作一简单介绍，实际情况要复杂得多。例如，氧化反应还要发生在合金熔体与坩埚之间以及合金熔体的内部。合金熔体与坩埚之间的反应要视合金熔体和坩埚的种类以及温度等条件而定。

3.3 合金熔体的净化

合金在熔化过程中极易吸气和发生化学反应形成夹杂，这将大大降低合金的力学性能。因此，必须对合金熔体进行净化处理，以去除熔体中的气体、非金属夹杂物和其他有害元素，提高冶金质量。除气方法可以分为三大类，即非化学反应除气、化学反应除气和混合除气。

3.3.1 非化学反应除气热力学

西华特定律给出了气体在熔体中的浓度与溶体表面上气体分压之间的关系。如果以氢为例，可写为：

$$[H] = K_{H_2}\sqrt{p_{H_2}} \qquad K = A/T + B$$

式中，A、B 为常数，与合金的成分有关。根据该定律可以分析除气的可能性和极限。氢在熔体中的溶解反应可写为 $H_2 = 2[H]$，那么，在一定温度和压力下达到平衡时有 $\Delta G^{\circ} = -RT\ln \dfrac{[H]^2}{p_{H_2}}$。若熔体中氢含量一定,而氢气的实际分压为$p'_{H_2}$,这时平衡就要遭到破坏,自由能变化为$\Delta G=\Delta G^\ominus+RT\ln\frac{[H]^2}{p'_{H_2}}=-RT\ln\frac{[H]^2}{p_{H_2}}+RT\ln\frac{[H]^2}{p'_{H_2}}=RT\ln\frac{p_{H_2}}{p'_{H_2}}$,当$p_{H_2}>p'_{H_2}$时,$\Delta G>0$,反应式将向左进行,即溶解在熔体中的氢将自动排出进入气体空间;当$p_{H_2}<p'_{H_2}$时,$\Delta G<0$,反应将向右进行,即气体空间中的氢将自动向熔体中溶解。因此,将合金熔体置于氢分压很小的真空中或通入惰性气体,就有除气的驱动力,氢分压越小,驱动力就越大。在工业生产中,通常将N_2和Ar等惰性气体吹入熔体中,一开始由于气泡内部完全没有氢气,即$p'_{H_2}=0$,因此,气泡周围的熔体中溶解的氢原子向气泡内扩散,然后随气泡一起上浮逸出熔体进入气体空间。

实际操作中,气泡上浮速度较快,未达到平衡状态时便已逸出,因此,所需惰性气体量常大于平衡计算值。

3.3.2 有化学反应的除气热力学

加入元素与气体原子之间的反应式可写为

$$a\mathrm{M}+b[\mathrm{H}]=\!=\!=\mathrm{M}_a\mathrm{H}_b \tag{3-20}$$

该反应能否进行取决于自由能(ΔG)的变化。即

$\Delta G<0$　　反应自发进行

$\Delta G=0$　　平衡状态

$\Delta G>0$　　进行逆反应

也就是说自由能的变化负值越大,反应的推动力越大。

3.4 钢铁生产中脱硫热力学

熔融钢铁中的硫是以元素形式存在的。脱硫反应为一还原反应,即熔融钢铁中的元素S(以[S]表示)获取电子变为S^{2-}进入到渣或者耐火材料的液相中,即

$$[\mathrm{S}]+2e^-=\!=\!=\mathrm{S}^{2-} \tag{3-21}$$

因此,首先要有电子提供源,最常见的电子提供源为O^{2-}:

$$[S] + (O^{2-}) \!=\!\!=\!\!= (S^{2-}) + [O] \tag{3-22}$$

O^{2-}由渣中的氧化物提供：

$$z[S] + M_xO_y = (M_xS_z) + y[O] \tag{3-23}$$

在此反应中生成了硫化物，硫化物愈稳定，则脱硫效果愈好。而硫化物的稳定性与其吉布斯自由能有关。

$$\Delta G = -RT\ln p_S = \Delta H - T\Delta S \tag{3-24}$$

式中 p_S——硫的蒸气压；

$\Delta H, \Delta S$——分别为焓与熵的变化；

T——绝对温度。

在所有的硫化物当中，以 CaS 与 CeS 的稳定性最好。综合上述分析可知，能对熔融钢铁起很好脱硫作用的物质必须满足两个条件：(1)有较强的给出电子的能力，对 S 起还原作用；(2)生成的硫化物稳定性好。

由反应式 $[S] + (O^{2-}) = (S^{2-}) + [O]$可以得到：

$$K_{S^{2-}} = \frac{a_{S^{2-}} \cdot a_{[O]}}{a_{[S]} \cdot a_{(O^{2-})}} = \frac{x_{S^{2-}} \cdot \gamma_{S^{2-}} \cdot [\%O]}{f_S[\%S]a_{O^{2-}}} \tag{3-25}$$

式中，$a_{S^{2-}}$，$a_{O^{2-}}$分别为渣中 S^{2-} 和 O^{2-} 的活度；a_S，a_O 分别为熔融钢铁中 S 和 O 的活度，熔融金属中氧的标准态是氧的浓度(质量分数)为 1% 时的活度，故 $a_O = [\%O]$；f_S 为以质量分数表示的熔融钢铁中 S 的活度系数；$\gamma_{S^{2-}}$为熔渣中 S^{2-} 的活度系数；$x_{S^{2-}}$为渣中 S^{2-} 的浓度；$[\%S]$，$[\%O]$分别表示熔融钢铁中 S 和 O 的浓度。

3.4.1 钢铁生产中的脱硫原理

$$L_S = \frac{(\%S)}{[\%S]} = K' \frac{a_{O^{2-}} \cdot f_S}{[\%O] \cdot \gamma_{S^{2-}}} \tag{3-26}$$

式中 K'——包含了渣中硫的摩尔分数转换为质量分数(%)在内的反应平衡常数。

3.4.2 耐火材料氧化物与硫的反应及脱硫机理

碱性耐火材料主要组分为 MgO、CaO，加上原料中的杂质及引入的结合剂、添加剂等其他氧化物,碱性耐火材料在使用条件下产生的液相大都落入 $MgO-CaO-Al_2O_3-SiO_2-Fe_2O_3$ 系中。但起主要脱硫作用的仍是 CaO 与 MgO,因此了解液相中各氧化物的脱硫能力是很有意义的。

3.4.2.1 碱性耐火材料中 MgO 与 CaO 脱硫作用的比较

在 $CaO-MgO-FeO-Fe_2O_3-SiO_2$ 渣系中可能进行的脱硫反应有如下几种,在该体系中渣与铁水间硫的分配系数计算如下:

(1) $(CaO)+[S]═══(CaS)+[O]$:

$$K_{CaS}=\frac{N_{CaS}\cdot N_{[O]}}{N_{CaO}\cdot N_{[S]}}=\frac{(\%S)_{CaS}\cdot[\%O]}{8N_{CaO}\cdot[\%S]\cdot\sum n}$$

硫分配系数:

$$L_{CaS}=\frac{(\%S)_{CaS}}{[\%S]}=\frac{8K_{CaS}N_{CaO}\sum n}{[\%O]} \tag{3-27}$$

(2) $[S]+(MgO)═══(MgS)+[O]$:

同理,$K_{MgS}=\dfrac{(\%S)_{MgS}\cdot[\%O]}{16x_2[\%S]}=\dfrac{(\%S)_{MgS}\cdot[\%O]}{8N_{MgO}\cdot[\%S]\cdot\sum n}$

硫分配系数:

$$L_{MgS}=\frac{(\%S)_{MgS}}{[\%S]}=\frac{8K_{MgS}\cdot N_{MgO}\cdot\sum n}{[\%O]}$$

(3) $(FeO)+[S]═══(FeS)+[O]$:

$$K_{FeS}=\frac{(\%S)_{FeS}[\%O]}{16x_3[\%S]}=\frac{(\%S)_{FeS}[\%O]}{8N_{FeO}\cdot[\%S]\cdot\sum n}$$

硫分配系数:

$$L_{FeS}=\frac{(\%S)_{FeS}}{[\%S]}=\frac{8K_{FeS}N_{FeO}\cdot\sum n}{[\%O]} \tag{3-28}$$

式中,N_{CaO},N_{MgO},N_{FeO},$N_{[O]}$,$N_{[S]}$ 分别为相应下标组分的摩尔分数。

$$N_{CaO}=\frac{2x_1}{\sum n},N_{MgO}=\frac{2x_2}{\sum n},N_{FeO}=\frac{2x_3}{\sum n}$$

式中,x_1,x_2,x_3 分别为 CaO、MgO 与 FeO 中相应阳离子的当量摩尔分数。

渣与铁水之间硫的分配系数应为三者之和。

$$L_S = \frac{(\%S)_{CaS} + (\%S)_{MgS} + (\%S)_{FeS}}{[\%S]}$$

$$= \frac{8 \cdot \sum n \cdot (K_{CaS}N_{CaO} + K_{MgS}N_{MgO} + K_{FeS}N_{FeO})}{[\%O]} \quad (3-29)$$

经过大量实验数据的回归分析得到：

$$K_{CaS} = 0.076814$$

$$K_{FeS} = 0.03808$$

$$K_{MgS} = 10\left(\frac{-199752 + 31.527T}{4.1868}\right)^{4.575}$$

对比上述 3 个 K 值可以发现：K_{MgS} 比 K_{CaS} 及 K_{FeS} 要小得多，即在渣中 MgO 对渣－铁中硫的分配比例的贡献要比其他两个氧化物小，即其脱硫能力较弱。渣中碱性氧化物脱硫能力的强弱顺序为：

$$Na_2O > BaO > CaO > FeO > MnO > MgO$$

这一顺序与它们光学碱度的顺序相同。

在耐火材料液相中存在的碱性氧化物主要为：MgO、CaO 与 FeO。在与钢水接触后，钢水中的 Mn 可能进入液相中，而大量存在的氧化物仍为 MgO 与 CaO，CaO 的脱硫能力比 MgO 大得多。因而在下面讨论中，我们着重讨论 CaO 的作用。但必须指出的是，当熔融钢铁中铝含量较高时，Mg 仍有较大的脱硫作用。

3.4.2.2　熔融钢铁中铝含量及铝合金添加对脱硫作用的影响

由于铁水中的 Al 对 MgO-CaO 耐火材料的脱硫有很大作用，因而有必要研究熔融钢铁中 Al 的含量以及铝合金的加入对脱硫的影响。资料介绍了铁水中原始氧含量与原始硫含量都为 0.03%（质量分数）及 Al 添加量在 0.07% ~2.0%（质量分数）的条件下，铁水在 CaO 坩埚中脱硫处理后的残硫率与时间的关系。

3.4.3　熔融钢铁组成对耐火材料脱硫作用的影响

资料介绍，随着铁水中 Al 含量的提高，处理后铁水中的硫含量下降，脱硫率提高。这是因为随铁水中 Al 含量的提高，脱硫反应速度加快。

在铁水中加入 Al-B、Al-Ba、Al-Si 与 Al-Zr 等合金时，与添加 Al 相比，添加 Al-Si 合金降低了 CaO 坩埚的脱硫效果。添加 Al-Ba 及 Al-Zr 合金与添加 Al 的脱硫效果基本相同，添加 Al-B 合金提高了脱硫效果，但仍低于 Al 与 B 以单质形式分开加入时的效果。但是当 B 单独添加时，脱硫效果并不理想。

3.5 镍基高温合金真空感应熔炼脱氧

3.5.1 碳脱氧

碳在真空中具有很强的脱氧能力，脱氧产物为一氧化碳气体，不会遗留在金属液中。一氧化碳的脱氧极限浓度为 10×10^{-6} 左右。因此冶炼过程中，在碳脱氧未完全进行之前，不能加入铝、钛等强的亲氧元素，否则降低了碳的脱氧速率和加重生成夹杂的倾向。铝为镍基高温合金的基本强化元素，而且具有很强的脱氧能力，因此本节着重研究了碳与铝的脱氧作用。选用氧化钙坩埚，是因为与氧化镁和氧化铝坩埚相比，它具有更高的化学稳定性，可以减少由于耐火材料与合金液中活性元素的反应而进入合金液中氧，使氧含量达到较低的水平。

文献介绍了在熔炼 GH901 合金时其真空度及电力制度的变化情况，分别如图 3－1 和图 3－2 所示。从图 3－1 可以看到，熔化期的任务是使炉料熔化、去除气体及有害的杂质并使合金液具有适当的温度。缓慢熔化对减缓熔化期的沸腾、消除喷溅及提高脱气效果有利，大量的实验表明，从炉料初熔到全熔这段时间脱气效率最高。

从图 3－2 可以看到，在碳脱氧的同时，坩埚耐火材料也在进行着供氧的反应，温度越高，时间越长，坩埚供氧越多。反之，温度越高，时间越长，碳含量降低越多，因此控制碳的含量也是十分重要的。图 3－3 是在本实验熔炼的镍基高温合金中发现的 Al_2O_3 夹杂。

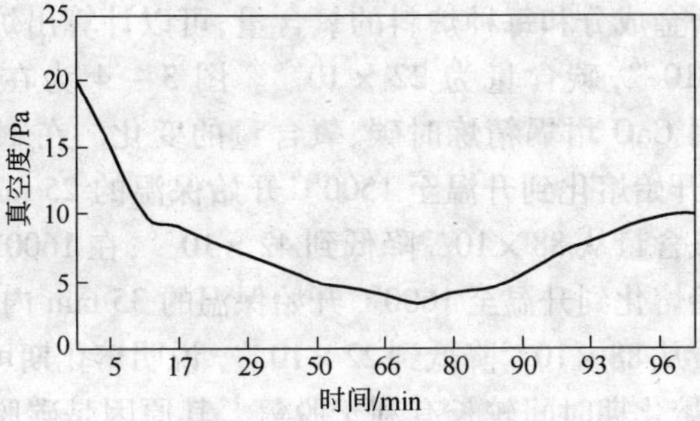

图 3-1 熔炼过程中真空度的变化

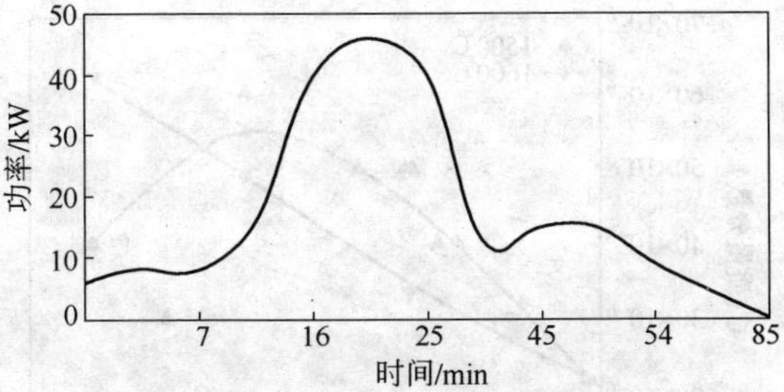

图 3-2 熔炼过程中电力制度的变化

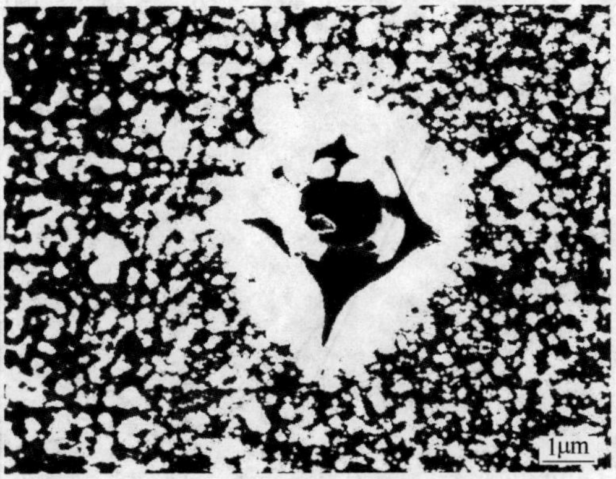

图 3-3 镍基高温合金中的 Al_2O_3 夹杂

根据合金成分和每种炉料的氧含量，可以计算出炉料中氧含量为 88×10^{-6}，碳含量为 22×10^{-6}。图 3－4 为在 1500℃ 和 1600℃ 采用 CaO 坩埚精炼时碳、氧含量的变化。在 1500℃ 熔炼时，从炉料开始熔化到升温至 1500℃ 开始保温的 25 min 内，合金液体中的氧含量从 88×10^{-6} 降低到 42×10^{-6}；在 1600℃ 熔炼时，从炉料开始熔化到升温至 1600℃ 开始保温的 35 min 内，合金液体中的氧含量从 88×10^{-6} 降低到 22×10^{-6}，说明熔化期可以脱除大部分的氧，熔化期时间较长有利于脱氧。其原因是碳脱氧主要起作用是在熔清阶段。碳加在炉料的下部，当化料开始在炉底形成

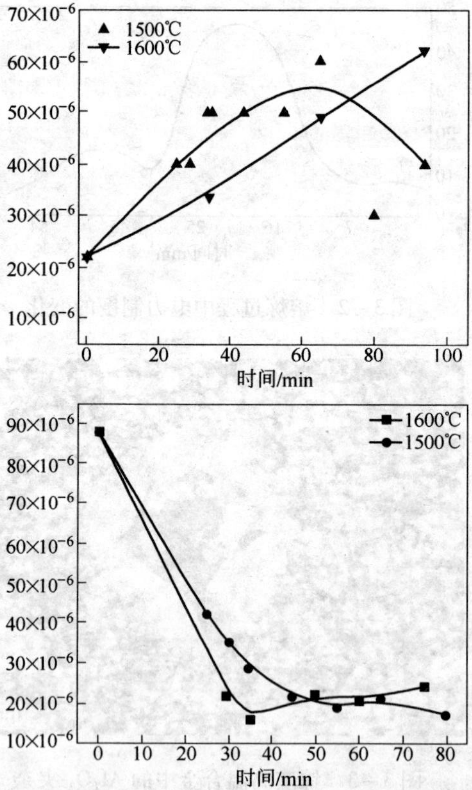

图 3－4 1500℃ 和 1600℃ 精炼时碳和氧的变化情况

熔池,这时熔池浅、碳含量高、比表面积大,而且炉料吸附气体大量放出有利于 CO 气泡的形成,碳氧反应进行得较快,在炉料熔清时,碳可以将合金料中的氧脱出达 40% ~80%,残留氧含量为$(10\sim20)\times10^{-6}$。1500℃保温精炼时,氧含量随精炼时间的增加继续降低,当降低到 0.002% 左右的时候,继续增加精炼时间,氧含量不再继续下降,说明碳脱氧的反应和耐火材料的供氧反应达到平衡。在 1600℃保温精炼时,熔化期后其氧含量随精炼时间的增加,基本不发生变化,说明碳脱氧的反应在熔化期内基本达到介稳平衡状态。

从图 3 -4 还可以看出,在 1500℃比在 1600℃熔炼的合金碳及氧含量均较低。熔炼过程中合金液的碳含量略有增高。图 3 -4 表明,加入 0.02% 碳后,熔化期脱除的氧比未加碳时明显增高;当合金液中的碳含量降低至$(40\sim60)\times10^{-6}$时,脱氧能力大大下降,熔清后氧含量有异常增高现象。图 3 -5 为 1500℃加 0.02% 碳精炼时碳和氧的变化情况,图 3 -6 为不同真空度下碳和氧的平衡值和实验值。

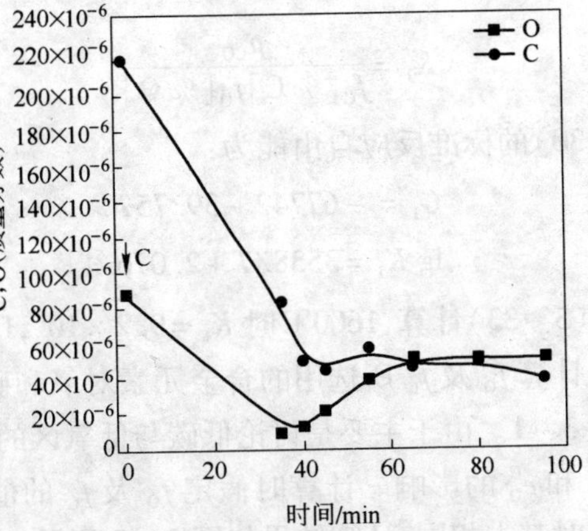

图 3 -5 1500℃加 0.02% 碳精炼时碳和氧的变化情况

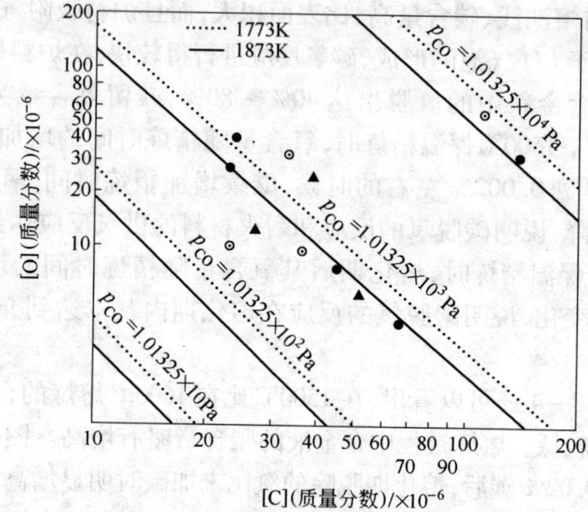

图 3-6 不同真空度下碳和氧的平衡值和实验值

镍合金液中的碳氧反应可以表示为：

$$[C]_{Ni} + [O]_{Ni} \xlongequal{\quad} CO\uparrow \tag{3-30}$$

反应(3-30)的平衡常数为：

$$K_1 = \frac{p_{CO}}{f_C[\%C]f_O[\%O]} \tag{3-31}$$

式(3-30)的标准反应自由能为：

$$G_1^{\ominus} = -67742 - 39.75T \tag{3-32}$$

$$\lg K_1 = 3538/T + 2.076 \tag{3-33}$$

根据式(3-33)计算，1600℃时 $K_1 = 9.2\times10^3$，1500℃时 $K_1 = 1.18\times10^4$。计算 f_O 及 f_C 所选用的合金元素对氧和碳的相互作用系数 e_i^j 见表 3-1。由于主要是讨论低碳与低氧区的碳氧反应，因此忽略了 e_C^O 和 e_O^C 的影响。计算时假定 f_O 及 f_C 的值在 1500℃时与在 1600℃时基本相同，计算结果如图 3-7 所示，在图中也列出了实验的碳、氧含量数据。

表 3-1 合金元素在1600℃的相互作用系数 e_i^j 与 γ_i^j [18~22]

i	j	e_i^j	γ_i^j	$\gamma_i^{i,j}$
O	W	-0.004		
	Mo	-0.024		
	Cr	-0.231	0.009	
	Al	-1.06	0.27	
	Co	-0.004		
	C	-21.6	111.8	
C①	W	-0.0056		
	Mo	-0.0038		
	Cr	-0.024		
	Al	0.043		
	Co	0.0076		
	O	-0.34		
Al	Al	0.0076		
	O	-1.79②		
Ca	O	-3060	8.47×10^5	6.76×10^5

① 铁合金液的数据。

② 根据 e_O^{Al} 的数据计算出 e_{Al}^O 的值。

从图 3-6 可以看出，所有实验的结果数据均位于 p_{CO} 为 1.01325×10^3 到 1.01325×10^2 Pa 附近，而实际冶炼的真空度已经达到0.1 Pa 附近，碳氧反应远未达到平衡，p_{CO} 的实际值比计算值高3个数量级以上，造成这种情况的原因是由于坩埚供氧及反应动力学条件的限制。文献介绍，采用电子束炉真空冶炼超纯净铁素体不锈钢时，使用水冷铜坩埚，排除了坩埚供氧的因素，碳、氧反应仍远未达到相应的 p_{CO} 平衡值，也高了2~3个数量级，其主要原因是碳在气、液界面液相侧的扩散成为碳、氧反应速率的限制环节。图 3-5 中出现熔清后碳含量下降而氧含量上升的异常现象，是由于冶炼前停炉时间较长，CaO 坩埚吸水较多，在冶炼过程中水汽不断放出导致熔池增氧。在图 3-4 上出现熔炼初期微量的增碳，可能是在氧化钙坩埚制作过程中形成的少量碳化物中的碳进入金属液中造成的。

3.5.2 铝脱氧

在5 kg合金料中加入0.02%碳，熔清后在1500℃精炼过程中加铝一次或两次，每次约0.5%，其精炼过程中[O]、[C]、[Al]含量的变化如图3－7和图3－8所示。从图3－8看出，加铝后镍合金液中氧含量迅速下降，在10～20 min内可脱氧至(5～6)×10^{-6}。在这期间，铝含量下降约0.04%～0.05%，碳含量下降约(25～90)×10^{-6}。

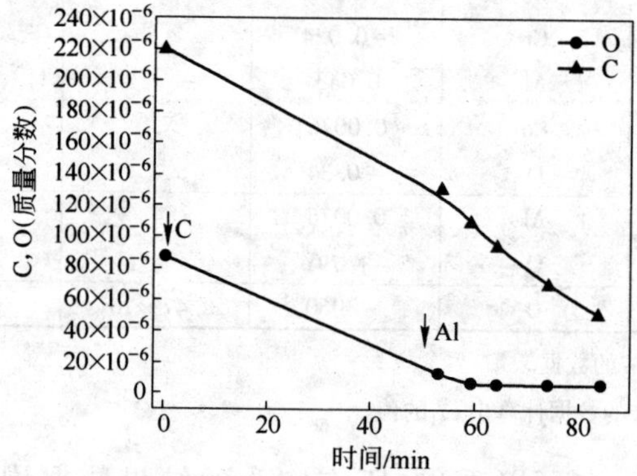

图3－7　1500℃加0.02%碳和0.5%铝时碳含量和氧含量的变化情况

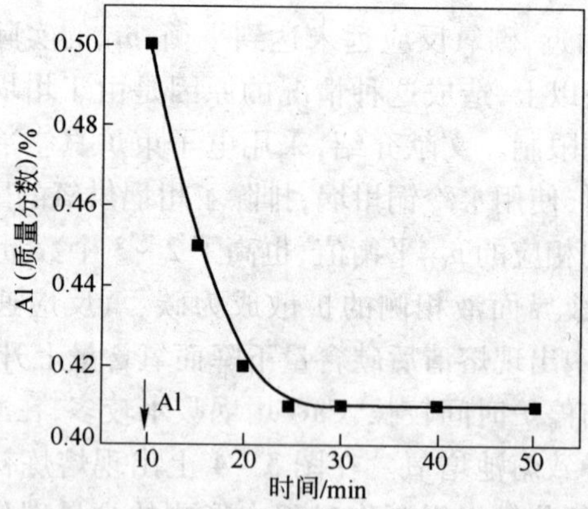

图3－8　1500℃加0.5%铝时铝含量的变化情况

镍合金液中铝的脱氧反应可表示为：

$$2[Al]_{Ni}+3[O]_{Ni}==Al_2O_3 \tag{3-34}$$

根据资料，反应(3-34)的标准自由能变化为

$$\Delta G_5^\ominus=-1158310+364.58T \tag{3-35}$$

$$\lg K_5=60496/T-19.04 \tag{3-36}$$

由式(3-36)计算出1600℃时，$K_5=1.815\times10^{13}$；1500℃时，$K_5=1.202\times10^{15}$。

反应(3-34)的平衡常数与反应组元的活度关系为：

$$K_5=\frac{a_{Al_2O_3}}{a_{Al}^2a_O^3}=\frac{a_{Al_2O_3}}{f_{Al}^2[Al]^2f_O^3[O]^3} \tag{3-37}$$

因此

$$[O]=\left(\frac{a_{Al_2O_3}}{K_4f_{Al}^2[Al]^2f_O^3}\right)^{1/3} \tag{3-38}$$

$a_{Al_2O_3}$的值可以有两种选择，一种是取合金液中形成的固态Al_2O_3为标准态，这时可以取$a_{Al_2O_3}=1$；另一种是根据脱氧形成的Al_2O_3在坩埚壁上与CaO形成饱和的$3CaO\cdot Al_2O_3$渣，这时取$a_{Al_2O_3}=0.0095$。通过对CaO坩埚壁使用前后的XRD分析，证明了在镍基高温合金液中加Al脱氧时，在CaO坩埚壁形成了低熔点的$3CaO\cdot Al_2O_3$渣(图3-9)。分别采用这两种Al_2O_3的活度值进行计算。由于氧含量低，忽略了e_O^O带来的影响。对于1500℃时的f_O及f_C则取1600℃的相应值进行近似计算。计算出含铝分别为0.5%、1.0%和2.0%镍合金液的平衡氧含量见表3-2和表3-3。表3-2是取$a_{Al_2O_3}=1$的计算值，表3-3是取$a_{Al_2O_3}=0.0095$的计算值。

表3-2 不同温度和铝含量时合金液的平衡氧含量

T/℃	[Al](质量分数)/%		
	0.5	1.0	2.0
1500	0.0003	0.0007	0.0007
1600	0.0024	0.0030	0.0046

注：取$a_{Al_2O_3}=1$。

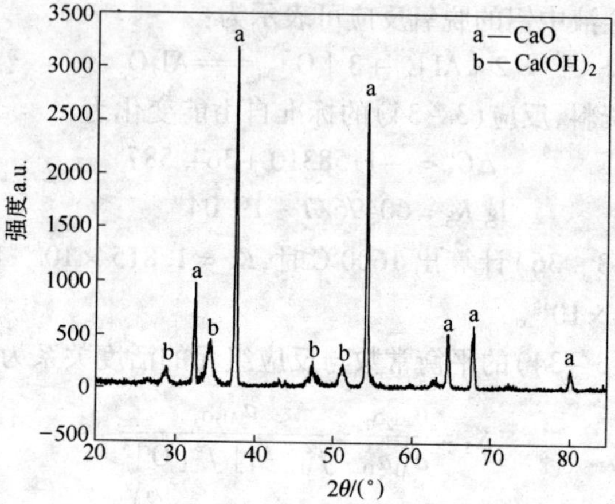

a

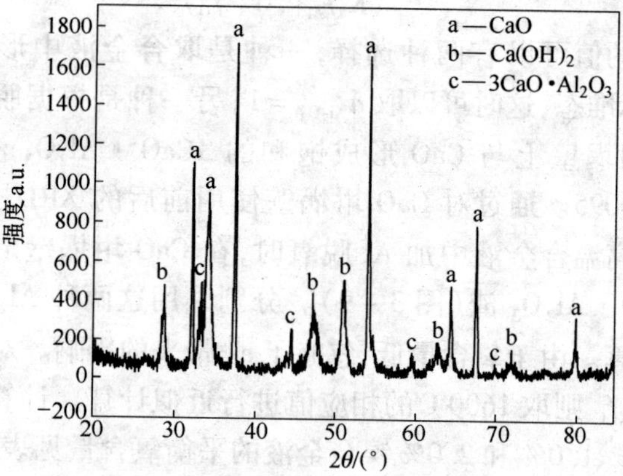

b

图 3-9　CaO 粉末的 X 射线衍射分析

a—使用前；*b*—使用后

实验结果与计算值进行比较示出，铝实际脱氧值接近于 $a_{Al_2O_3}$ = 0.0095 的计算值；而采用 $a_{Al_2O_3}=1$ 的计算结果则明显偏高。由于测定氧是采用真空熔化碳还原法，所以测定出的氧包括固溶氧与未排出的 Al_2O_3 夹杂中的氧，因此实际脱氧后的固溶氧低于 5×10^{-6}。采用过滤技术可以使氧含量进一步降低。

表3-3 不同温度和铝含量时合金液的平衡含氧量

T/℃	[Al](质量分数)/%		
	0.5	1.0	2.0
1500	0.0001	0.0002	0.0002
1600	0.0005	0.0006	0.0006

注:取 $a_{Al_2O_3}=0.0095$。

3.5.3 耐火材料与合金元素之间的反应

3.5.3.1 Ni-Al-Ca-O 的平衡

Al 与 CaO 坩埚壁的反应可表示为:

$$3CaO+2[Al]_{Ni}=\!=\!=Al_2O_3+3[Ca]_{Ni} \tag{3-39}$$

式(3-39)平衡常数为 $$K_{10}=\frac{a_{Al_2O_3}a_{Ca}^3}{a_{CaO}^3a_{Al}^2}=\frac{a_{Al_2O_3}f_{Ca}^3[Ca]^3}{a_{CaO}^3f_{Al}^2[Al]^2} \tag{3-40}$$

CaO 分解反应为 $$CaO=\!=\!=[Ca]_{Ni}+[O]_{Ni} \tag{3-41}$$

式(3-41)的反应自由能 $\Delta G_{12}^\ominus$ 为

$$\Delta G_{12}^\ominus=560560-144.31T \tag{3-42}$$

从 3×式(3-41)+式(3-34)得

$$\Delta G_{10}^\ominus=523370-68.35T \tag{3-43}$$

$$\lg K_{10}=-27334/T+3.570 \tag{3-44}$$

根据式(3-44)可以计算,1600℃时,$K_{10}=9.469\times10^{-12}$;1500℃时,$K_{10}=1.423\times10^{-12}$。由于 Al 与 CaO 坩埚壁反应形成饱和的 $3CaO\cdot Al_2O_3$ 渣,根据资料 $a_{CaO}=1$,$a_{Al_2O_3}=0.0095$。对于 f_{Ca} 与 f_{Al} 的计算,利用表3-1中有关相互作用系数值,而且认为1500℃时与1600℃时变化不大。将有关数据代入式(3-44)中分别计算合金液中含0.5% Al、1.0% Al 和2.0% Al 时与合金液中含 1×10^{-6}、5×10^{-6}、10×10^{-6} 氧时,在1500℃与1600℃时合金液中的平衡钙含量。计算结果分别列于表3-4和表3-5。氧含量主

要影响钙的活度系数f_{Ca}。

表3-4 Al与CaO反应在1500℃的平衡钙含量

[Al](质量分数)/%	[O](质量分数)/%		
	0.0001	0.0005	0.0010
0.5	0.0006	0.0018	0.0022
1.0	0.0010	0.0022	0.0023
2.0	0.0016	0.0027	0.0026

表3-5 合金液与CaO反应在1600℃的平衡钙含量

[Al](质量分数)/%	[O](质量分数)/%		
	0.0001	0.0005	0.0010
0.5	0.0011	0.0023	0.0026
1.0	0.0017	0.0028	0.0027
2.0	0.0027	0.0033	0.0031

据文献报道,采用CaO坩埚熔炼含3%~5%Al的镍基高温合金,在1550℃、真空度为0.1 Pa下精炼后,合金中Ca含量只有$(7\sim12)\times10^{-6}$,与本实验条件相类似。从表3-5和表3-6数据看出,Al与CaO坩埚壁反应生成的钙含量较高,将会不断蒸发排除,使反应得以继续进行。只有当合金液中氧含量降低时才会使反应变慢,使Ca含量接近于平衡值。Al与CaO反应生成的Al_2O_3随即与CaO反应生成了含$3CaO\cdot Al_2O_3$的低熔点渣,这不会导致熔池增氧但却会引起Al含量的降低。从图3-8数据可以看出,与坩埚壁反应消耗的Al约为脱除合金液中氧消耗的Al的20~50倍。由于在坩埚壁形成CaO饱和的$3CaO\cdot Al_2O_3$渣使Al_2O_3的活度降低,有利于深度脱氧。脱氧产物Al_2O_3易为坩埚壁上的$3CaO\cdot Al_2O_3$渣吸收,这是采用CaO坩埚脱氧的独特之处。

3.5.3.2 Ni-Al-C-O 平衡

真空下 C 对 Al_2O_3 的反应可表示如下

$$Al_2O_3 + 3[C]_{Ni} = 2[Al]_{Ni} + 3CO\uparrow \tag{3-45}$$

$$\Delta G^{\ominus}_{16} = 955076 - 483.84T$$

$$\lg K_{16} = -49881/T + 25.27 \tag{3-46}$$

从式(3-46)可以计算,1600℃时,$K_{16} = 4.349\times10^{-2}$;1500℃时,$K_{16} = 1.369\times10^{-3}$。

$$K_{16} = \frac{p_{CO}^3 a_{Al}^2}{a_C^3 a_{Al_2O_3}} \tag{3-47}$$

因为在精炼期合金液含氧只有$(10\sim30)\times10^{-6}$,加 Al 形成的 Al_2O_3 主要吸附而溶于坩埚表层的 $3CaO\cdot Al_2O_3$ 渣中,碳最可能与渣中的 Al_2O_3 反应,因此选用 $a_{Al_2O_3} = 0.0095$。将相关数据代入式(3-47),计算出 1500℃与 1600℃时不同碳含量与铝含量形成 CO 的分压 p_{CO},见表 3-6 和表 3-7。

表 3-6 1500℃含铝的合金液中碳与 Al_2O_3 反应生成的 CO 分压值 p_{CO} (Pa)

[Al](质量分数)/%	[C](质量分数)/%				
	0.001	0.002	0.004	0.01	0.02
0.5	2.4	4.9	9.9	24	49
1.0	1.4	2.9	5.9	14	29
2.0	0.82	1.6	3.3	8.2	16

表 3-7 1600℃含铝的合金液中碳与 Al_2O_3 反应生成的 CO 分压 p_{CO} (Pa)

[Al](质量分数)/%	[C](质量分数)/%				
	0.001	0.002	0.004	0.01	0.02
0.5	7.8	15.6	31.3	78	156
1.0	46	9.3	18.6	46	93
2.0	26	5.2	10.4	26	52

计算结果指出，随着合金中铝含量的增高，碳与 Al_2O_3 反应的 p_{CO}降低；当合金中含碳增高时，p_{CO}增大；1600℃比1500℃时的 p_{CO} 值大约大3倍，即高温下有利于碳与 Al_2O_3 的反应。冶炼时真空度约为0.1 Pa，[C]与 Al_2O_3 反应生成的CO不断排除，反应会连续进行。但由于合金液中[Al]比[C]高约100倍以上，因此[Al]与CaO反应比[C]与 Al_2O_3 反应快得多，所以精炼过程中铝含量仍不断下降。

3.5.3.3 Ni-Ca-C-O平衡

[C]与CaO坩埚的反应可表示如下：

$$[C]_{Ni} + CaO \longrightarrow [Ca]_{Ni} + CO\uparrow \tag{3-48}$$

$$\Delta G^{\ominus}_{20} = 492818 - 184.06T \tag{3-49}$$

$$\lg K_{20} = -25739/T + 9.61 \tag{3-50}$$

根据式(3-50)可以计算，当1600℃时，$K_{20} = 7.377\times10^{-5}$；1500℃时，$K_{20} = 1.238\times10^{-5}$。

$$K_{20} = \frac{a_{Ca}p_{CO}}{a_{CaO}a_C} \tag{3-51}$$

$$p_{CO} = \frac{K_{20}a_C a_{CaO}}{a_{Ca}} \tag{3-52}$$

对于CaO坩埚与CaO饱和的3CaO · Al_2O_3 渣，$a_{CaO}=1$。

$$p_{CO} = K_{20}\frac{a_C}{a_{Ca}} = K_{20}\frac{f_C[C]}{f_{Ca}[Ca]} \tag{3-53}$$

将有关 K_{20} 和 f_{Ca}、f_C 的数据代入式(3-53)，即可算出不同[C]与[Ca]浓度时 p_{CO} 压力值（见表3-8和表3-9）。计算1500℃平衡压力时，假定 f_{Ca}、f_C 与1600℃时的值相近，在计算 f_{Ca} 时假定合金中氧含量为 5×10^{-6}。

表3-8和表3-9中的 p_{CO}值远大于冶炼时的真空度，因此合金液中的[C]能与坩埚壁CaO反应生成CO而排除，反应不断进行。但这种反应只引起[C]降低，[O]却不降低。

综上所述，在精炼期加铝后，[C]与 Al_2O_3 和CaO的反应仍能继续进行，这种反应导致[C]不断下降，却不能脱除合金中的氧，利用这种反应可去除合金液中多余的碳。

表 3-8 1500℃时合金液中不同的[C]与[Ca]浓度时[C]与 CaO 反应生成的 CO 分压 p_{CO} (Pa)

[Ca](质量分数)	[C](质量分数)				
	10×10^{-6}	20×10^{-6}	40×10^{-6}	100×10^{-6}	200×10^{-6}
5×10^{-6}	2.44	4.88	9.76	24.41	48.82
10×10^{-6}	0.83	1.65	3.30	8.25	16.50
20×10^{-6}	0.19	0.38	0.76	1.90	3.80

表 3-9 1600℃时合金液中不同的[C]与[Ca]浓度时[C]与 CaO 反应生成的 CO 分压 p_{CO} (Pa)

[Ca](质量分数)	[C](质量分数)				
	10×10^{-6}	20×10^{-6}	40×10^{-6}	100×10^{-6}	200×10^{-6}
5×10^{-6}	14.5	2.90	58.00	145	290
10×10^{-6}	4.92	9.84	19.68	49.2	98.4
20×10^{-6}	1.13	2.26	4.52	11.3	22.6

3.6 镍基高温合金的真空感应熔炼脱氮

早在 20 世纪 60 年代,Simkovich 等人就研究了镍基合金的组成,真空度及温度对脱氮的影响。R. D. Pehlke 等人的研究表明,氮的去除速率与合金中的氧和硫的浓度有关。因为氧和硫都是表面活性元素,它们倾向于偏聚在气体/金属液体的界面处,这就限制了氮的脱出速率,因此脱氮速率随脱氧和脱硫效果的变好而变好。另外,脱氮速率还随一氧化碳的沸腾作用而增加,所以向熔体中通入氩气也有利于脱氮。然而氮会与合金中的铝、钛等发生反应,因此脱氮是很困难的。显然,控制合金中的氮含量必须控制好原料中的氮含量。由于氮化物的密度小,氮在定向凝固工艺中,可以部分地以浮渣的形式排除,可见氮对定向凝固试样的影响较普通铸造小。

有关镍基高温合金真空下脱氮的研究不多,而且主要是研究氮含量较高区域的脱氮行为。本文着重研究低氮区(氮含量低于 5×10^{-6})镍基高温合金在真空下的脱氮行为及影响因素,从而为炼制出超纯净镍基高温合金提供重要的数据。

3.6.1 熔化期的脱氮

很多的实验结果表明,熔化期对于脱氮是十分重要的。由于镍基高温合金含有较多与氮亲和力较强的元素,如 Cr、Al、Ti 等,必然会影响脱氮。Cr 显著地增高氮在镍基高温合金液中的溶解度,增加脱氮的难度。熔清时的氮含量取决于熔化期时间的长短。表 3－10 列出了熔化期时间分别为 25 min 和 35 min 时的脱氮情况,可见适当长时间的熔化期有利于脱氮。

表 3－10 不同熔化期时间对脱氮的影响

熔化期时间/min	氮的脱除率/%
25	6
35	25

3.6.2 精炼期的脱氮

图 3－10 为在 1500℃和 1600℃熔炼镍基高温合金时氮含量

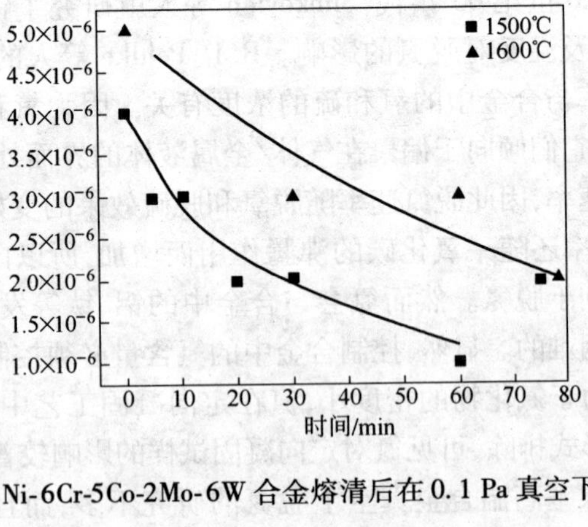

图 3－10 Ni-6Cr-5Co-2Mo-6W 合金熔清后在 0.1 Pa 真空下的脱氮

的变化情况。可见，熔清（时间为0 min）后，随精炼时间的增加，氮含量逐渐降低。在1500℃时，经过60 min的精炼，氮含量从4×10^{-6}降低到1×10^{-6}。在1600℃时，经过80 min的精炼，氮含量从5×10^{-6}降低到2×10^{-6}。图3－11为1500℃加Al对Ni-6Cr-5Co-2Mo-6W合金液脱氮的影响。

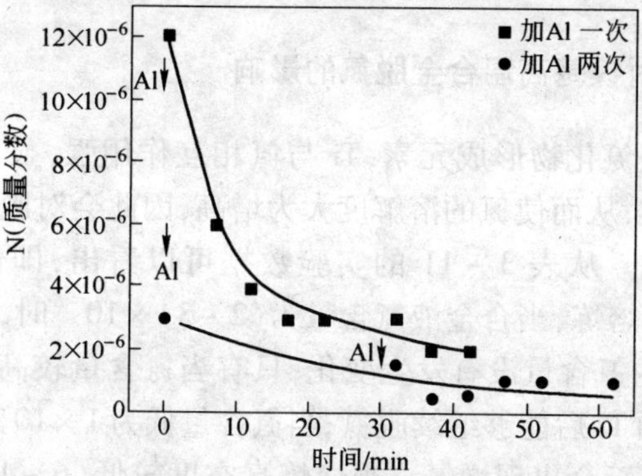

图3－11　1500℃加Al对Ni-6Cr-5Co-2Mo-6W合金液脱氮的影响

3.6.3　铝对镍基高温合金脱氮的影响

铝对脱氮的影响可以分为两个方面看。从热力学看，铝降低镍合金液中氮的活度系数，使氮的溶解度增高，对脱氮不利。在高真空冶炼（0.13～1.33 Pa）时，这种影响很小，可以忽略。从脱氮动力学看，在CaO坩埚熔炼过程中加铝可以显著地降低合金液中的硫含量；由于铝的强脱氧能力也使合金液中氧含量大为降低；硫与氧均为表面活性元素，它们的降低将促进脱氮速率增高。如果硫及氧的含量都很低，这种影响也很小。

比较图3－10与图3－11的实验结果可以看出，加铝对脱氮影响并不明显，只是脱氮速率稍快，加入1%铝仍可将氮脱至1×10^{-6}或更低。

从图3－11可见,加铝促进脱氮。一次加入0.5%的铝,经42 min精炼后使氮的含量从12×10^{-6}降低到2×10^{-6}。两次加铝(每次分别加0.5%),经62 min精炼后,使氮的含量从3×10^{-6}降低到1×10^{-6}甚至更低。试验中还进行了每次加铝达2%的脱氮试验,两次共加铝达4%,其脱氮结果与两次加铝、每次加入0.5%铝的脱氮情况基本相同。

3.6.4 钛对镍基高温合金脱氮的影响

Ti为强氮化物形成元素,Ti与氮相互作用强,显著地降低氮的活度系数,从而使氮的溶解度大为增高,因此会对脱氮产生明显的不利影响。从表3－11的实验数据可以看出,即使在高真空(0.1 Pa)下熔炼,当合金液氮含量为$(2\sim3)\times10^{-6}$时,加入1% Ti后10 min内氮含量没有发生变化;只有当氮含量较高时(例如10×10^{-6}),加Ti后能够继续脱氮;当氮含量低为1×10^{-6}时,在加Ti 10 min后甚至会出现增氮。当熔炼真空度较低(6～19 Pa)时,即使加Ti前合金液氮含量为2×10^{-6},加入1% Ti后,合金液氮含量仍然增高。从表3－11的计算结果可以看出,加入1% Ti后,当真空度从6 Pa变化到19 Pa时,合金液的氮溶解度从2×10^{-6}增至

表3－11 1500℃时Ni-6Cr-5Co-2Mo-6W合金液加入1%Ti对脱氮的影响

炉次	真空度/Pa	$[N]_0$	$[N]$	$[N]-[N]_0$
1	0.1	1×10^{-6}	3×10^{-6}	2×10^{-6}
2	0.1	10×10^{-6}	7×10^{-6}	-3×10^{-6}
3	0.1	2×10^{-6}	2×10^{-6}①	0
4	0.1×10^{-6}	2×10^{-6}	2×10^{-6}	0
5	0.1×10^{-6}	2×10^{-6}	2×10^{-6}	0
6	$(6\sim19)\times10^{-6}$	2×10^{-6}	3×10^{-6}	1×10^{-6}

注:$[N]_0$是加钛前液态金属中的氮含量。

$[N]$是加钛10 min后的氮含量。

① 加钛6 min后的氮含量。

3.6×10^{-6}。而氮含量为 10×10^{-6} 时，明显高于加1% Ti后镍合金液氮的溶解度因而继续脱氮，这些都与实验结果相一致。当氮含量为 $(2\sim3)\times10^{-6}$ 时，加1% Ti后10 min内未观察到氮含量的变化，这是由于海绵Ti氮含量较高，加Ti引起合金液氮含量增高 $(2\sim3)\times10^{-6}$，而低氮区脱氮慢，因此10 min内未观察到氮含量的变化。至于氮含量为 1×10^{-6}，加Ti后引起氮含量的增高，则可能是由于加Ti增高氮的溶解度与增高氮含量双重作用的结果。由于计算时引用的是铁液中的Ti对氮的相互作用系数数据值，会有一些偏差，因此只有精确测定了镍合金液中Ti对氮的相互作用系数后，才能较确切地讨论加Ti对氮含量的影响。但现有计算结果与实验数据值还是比较一致的，在实验中添加1%的Ti以后，氮仍然能脱至 2×10^{-6} 左右。

3.6.5 氮在镍基高温合金溶液中溶解度的计算

大量研究工作指出，氮在镍基合金液中的溶解度与 N_2 分压的关系服从Sievert's定律，因此可以较方便地计算出低压下Ni合金液中氮的溶解度。但由于缺乏镍合金液中合金元素与氮相互作用系数的数据，除了Cr与Co外，其余元素则选用铁液中的数据进行近似的估算，计算结果只可用于进行定性讨论。合金元素对氮的相互作用系数见表3－12。在超纯净冶炼中，[O]、[N]、[S]杂质含量很低，故略去 e_N^N、e_N^O、e_N^S 所带来的影响。

表3－12 合金元素对氮的相互作用系数（1600℃）

元 素	$e_{N(Ni)}^j$	$e_{N(Fe)}^j$	e_N^{jj}
Cr	−0.101		0.0021
Co	−0.012①		
Al		−0.028	
Mo		−0.011	
W		−0.002	
Ti		−0.53	

① 表示计算值。

不同 N_2 分压下 Ni 合金液中氮的溶解度服从 Sievert's 定律，其表达式为

$$[N] = K\frac{\sqrt{p_{N_2}}}{f_N} \qquad (3-54)$$

式中，p_{N_2} 为 N_2 的分压，Pa；f_N 为 Ni 合金液中氮的活度系数；K 为纯 Ni 液在 1.01×10^5 PaN_2 分压下的溶解度（质量分数，%）。

根据 Wada 等的数据，在 1600℃时，$K=0.00131\%$，再根据表 3－1 中的合金元素相互作用系数可计算出 1600℃时 Ni-6Cr-5Co-2Mo-6W 高温合金的 $f_N=0.218$。将 K 与 f_N 值代入式（3－54）中计算出不同 N_2 分压下镍合金液中氮的溶解度，结果列于表 3－13。同理也可以计算出不同 Al、Ti 加入量对氮的溶解度的影响，其结果也一并汇总于表 3－13 中。

表 3－13　加 Al 与 Ti 对氮在 Ni-6Cr-5Co-2Mo-6W 合金液中溶解度计算值的影响（1600℃）

p_{N_2}/Pa	[N]的质量分数				
	母合金	母合金 +0.5% Al	母合金 +1% Al	母合金 +4% Al	母合金 +4% Al +1% Ti
1.01×10^5	60×10^{-4}	62×10^{-4}	64×10^{-4}	78×10^{-4}	264×10^{-4}
19	0.82×10^{-4}	0.84×10^{-4}	0.87×10^{-4}	1.06×10^{-4}	3.58×10^{-4}
6	0.46×10^{-4}	0.48×10^{-4}	0.49×10^{-4}	0.60×10^{-4}	2.03×10^{-4}
1.33	0.22×10^{-4}	0.23×10^{-4}	0.23×10^{-4}	0.28×10^{-4}	0.96×10^{-4}
0.13	0.07×10^{-4}	0.07×10^{-4}	0.07×10^{-4}	0.08×10^{-4}	0.30×10^{-4}

表 3－13 是 1600℃时 Ni 合金液中的氮的溶解度。但实验主要是在 1500℃，相差 100℃。根据 Wada 与 Pehlke 等类似镍基合金的实验数据，在 1500℃ 氮的溶解度比在 1600℃略有增高，约增高 7%～15%。因此，可以用表 3－13 的数据近似地讨论本研究的实验结果。计算结果表明，对 Ni-6Cr-5Co-2Mo-6W 合金液，在

通常真空冶炼条件下(0.13～1.33 Pa),在1500～1600℃均有可能脱氮至1×10^{-6},这与图3－9的实验数据大致相符。

3.6.6 真空度对脱氮的影响

由于氮在镍基合金中的溶解度服从Sievert's定律,故提高熔炼时的真空度是促进脱氮的有效措施。特别是当含有强氮化物形成元素(如Ti等)时,效果更为明显。例如表3－11中的第6炉次,在6～19 Pa低真空下冶炼加Ti后最终只能脱氮至4×10^{-6}。而在0.1 Pa高真空下冶炼,则加Ti后也能脱至2×10^{-6},当不含Ti时可能脱至1×10^{-6}或更低。从表3－13氮溶解度的计算结果,可以看出提高冶炼真空度对降低氮溶解度的明显作用。氮的溶解度,为在冶炼条件下,在与真空度相对应的N_2分压下,合金液中在该温度时的平衡氮含量,即脱氮有可能达到的氮含量最终值。脱氮至接近其氮溶解度值的程度则主要决定于脱氮的动力学条件。

3.7 镍基高温合金的真空感应熔炼脱硫

3.7.1 CaO坩埚对镍基高温合金脱硫的影响

本实验所熔炼镍基高温合金的成分见表3－14,表3－15和表3－16分别为氧化钙坩埚的成分和各金属原料中的硫含量。

表3－14 镍基高温合金的成分(质量分数) (%)

Cr	Mo	W	Co	Ni
6	2	6	5	余

表3－15 氧化钙坩埚的成分(质量分数) (%)

CaO	SiO_2	MgO	Al_2O_3	S
98.6～99	0.08～0.12	0.40～0.65	0.08～0.15	0.005～0.008

表 3－16　原料中各金属的硫含量（质量分数）

Ni	Cr	Mo	W	Co
5×10^{-6}	120×10^{-6}	8×10^{-6}	8×10^{-6}	39×10^{-6}

根据表 3－14 和表 3－16，可以计算出合金原料中总的硫含量为 14×10^{-6}。图 3－12 是采用新的氧化钙坩埚熔炼镍基高温合金时硫含量的变化情况。可以看到，随熔炼时间的增加，硫含量也不断增加，说明氧化钙坩埚中的硫进入到金属液体中。所以，如果使用新的氧化钙坩埚，在正式熔炼前洗炉是必要的。

图 3－12 是采用洗炉后氧化钙坩埚熔炼镍基高温合金液体中硫含量的变化情况。可以看到，当合金料熔清时，合金液中的硫含量增至 35×10^{-6}。在 1500℃、0.1 Pa 真空中经 75 min 熔炼，合金液中硫含量基本不变，这表明只用 CaO 坩埚真空冶炼镍基高温合金并不脱硫。当氧化钙坩埚中的硫含量高于合金料中的硫含量时，还会导致合金液体增硫。

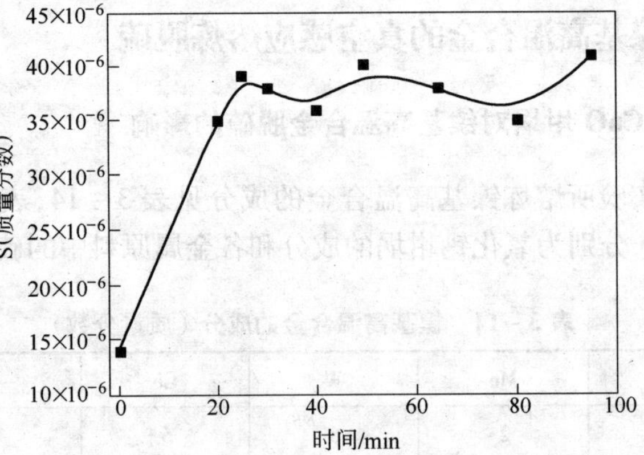

图 3－12　1500℃采用氧化钙坩埚精炼时硫含量的变化

3.7.2　在 CaO 坩埚中加铝对脱硫的影响

在真空感应熔炼过程中，靠气相脱硫是很困难的。如果采用造渣脱硫的方法,则会大大影响真空脱气与脱除低熔点杂质的效果。而在真空感应熔炼过程中采用氧化钙坩埚,则可以在氧化钙坩埚壁上利用冶金反应脱硫,从而保持清洁的液面以脱气,所以这是很好的熔炼方法。

已经证明,氧化钙坩埚熔炼超纯净钢是很好的净化方法,其主要措施是在金属液体中加入铝。资料介绍的铁液脱硫效果见图 3-13。可以看到,使用氧化钙坩埚,在 1600℃、经 10 min 熔炼脱硫很少,不到 10%;而在加入 0.5% Al 后,脱硫达到 95% 以上。通过对冶炼前后坩埚壁的成分分析,对于低碳铁液,坩埚壁含 $3CaO \cdot Al_2O_3$ 多,也有 $12CaO \cdot 7Al_2O_3$,在使用过后的坩埚壁还发现有 CaS。使用前坩埚壁含有 50×10^{-6} 的铝和 170×10^{-6} 的硫,而使用后含有 2.6% ~2.8% 的铝和 1.5% ~1.9% 的硫,这就证明了在氧化钙坩埚中加铝后形成了 $nCaO \cdot mAl_2O_3$ 渣的主导作用。

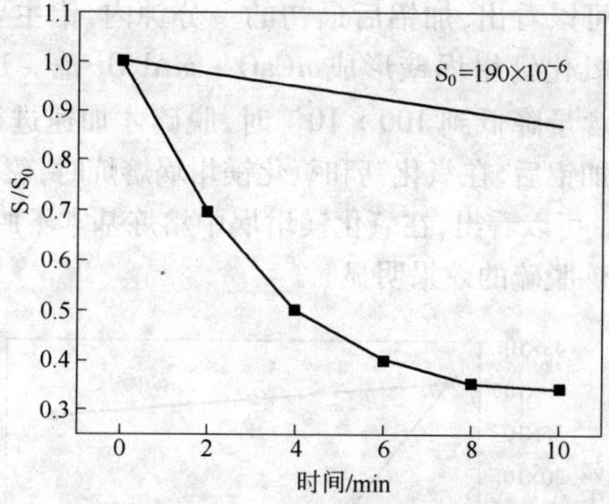

图 3-13 在氧化钙坩埚中熔炼的铁液中加铝的脱硫效果

另外氧对脱硫也有很大的影响。氧和硫都为表面活性元素,当金属液体氧含量较高时,则在液态金属的表层氧占据了较多的位置,从而影响脱硫的速率。

T. Ototani 等的实验结果见图 3-14,显示了无碳铁液与 Fe-30Ni 和 Fe-30Cr 合金液体中加入 0.2% 铝后氧和硫的变化情况。

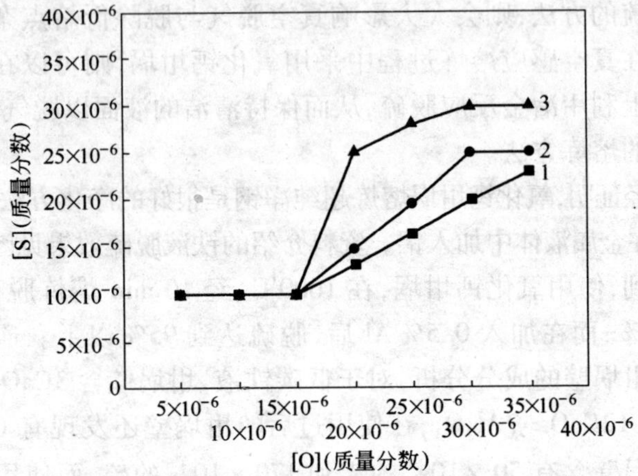

图 3-14　铁合金液中加 0.2% Al 后脱氧和脱硫之间的关系

1—无碳铁液；2—Fe-30Ni 合金液体；3—Fe-30Cr 合金液体

从图 3-14 可以看出，加铝后最初的一分钟内，铝主要脱氧形成 Al_2O_3，再与氧化钙坩埚壁形成 $n CaO \cdot m Al_2O_3$ 渣。这时脱硫较慢。当氧的含量降低到 100×10^{-6} 时，脱硫才加速进行。至于镍基高温合金加铝后，在氧化钙和氧化镁坩埚熔炼时，硫含量的变化见图 3-15。可以看出，在氧化镁坩埚中熔炼基本不脱硫，在氧化钙坩埚中熔炼脱硫的效果明显。

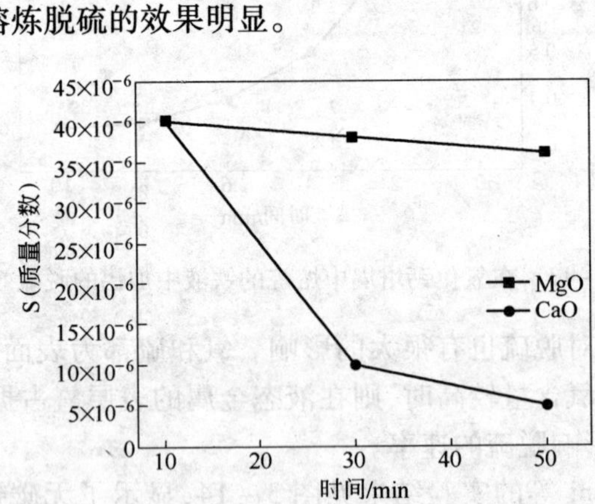

图 3-15　用氧化钙和氧化镁坩埚熔炼时脱硫的对比

在本实验所熔炼的镍基高温合金中加入 0.5% Al 的脱硫结果见图 3-16，可以看出，加 Al 脱硫明显。加 Al 10~20 min 后，合金的硫含量从 30×10^{-6}降低至$(2\sim4)\times10^{-6}$，其后基本保持不变。图 3-17 为一次加 Al 后合金中铝含量的变化，加 Al 后前 10 min 降低明显，从 0.5% 降低到 0.42%，到 15 min 降低到 0.41%，其后基本保持不变。脱硫稍落后于 Al 的降低。图 3-18 为两次共加 1% Al 时的脱硫情况。两次共加 1% Al 与一次加 0.5% Al 时的效果相差不多。

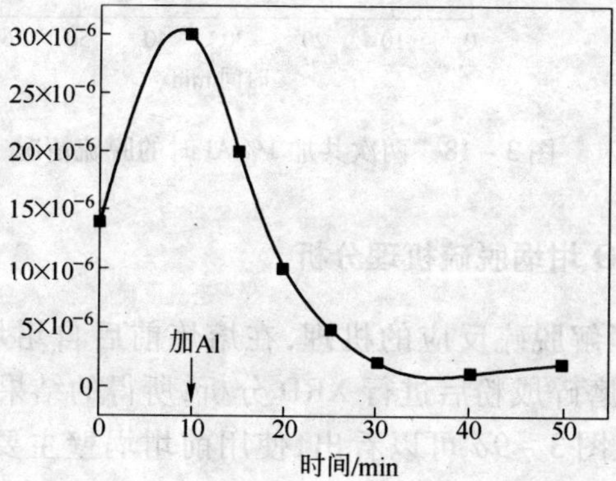

图 3-16 一次加 0.5% Al 时的脱硫情况

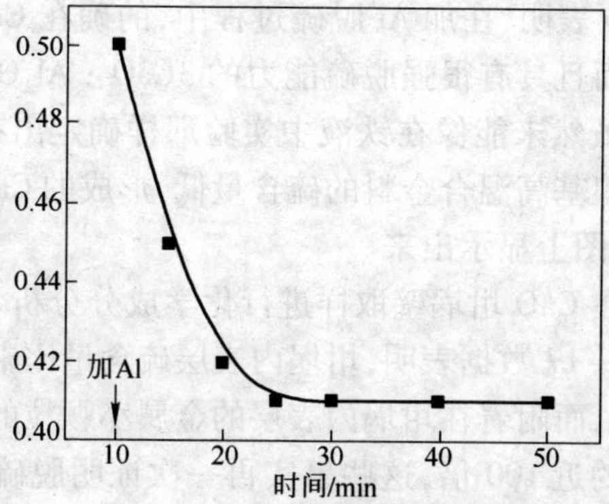

图 3-17 一次加 0.5% Al 铝时铝含量的变化情况

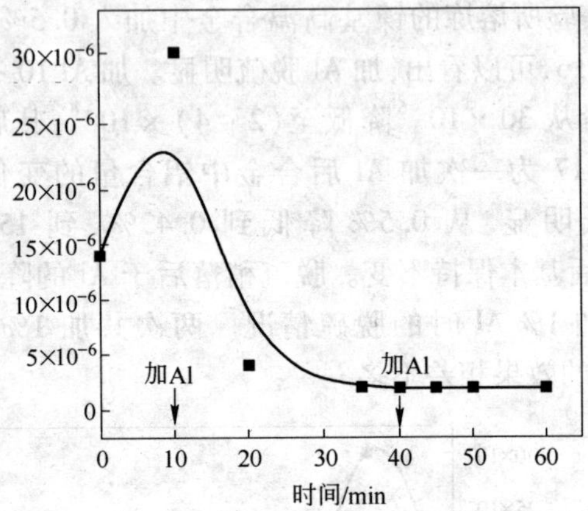

图 3－18　两次共加 1% Al 时的脱硫情况

3.7.3　CaO 坩埚脱硫机理分析

为了了解脱硫反应的机理，在熔炼前后自坩埚壁内表层取小块样，经磨碎成粉后进行 XRD 分析，所得的结果如前面图 3－9 所示。从图 3－9*a* 可以看出，使用前坩埚壁主要是 CaO，还有少量的 $Ca(OH)_2$，这是在制粉过程中 CaO 吸收空气中的水分形成的。

图 3－9*b* 表明，在加 Al 脱硫过程中，的确在 CaO 坩埚内壁形成了易熔的而且具有很强脱硫能力的 $3CaO \cdot Al_2O_3$ 渣，对脱硫起主要作用。虽然未能像在铁液中实验那样确定出有 CaS 存在，这可能是由于镍基高温合金料的硫含量低，形成的 CaS 量少，不足以在 XRD 衍射图上显示出来。

冶炼后在 CaO 坩埚壁取样进行化学成分分析，所得结果见表 3－17。表 3－17 数据表明，坩埚内表层硫含量比未反应内层升高了 13～19 倍，而附着在坩埚内表层的金属小颗粒的硫含量比合金液硫含量高约近 100 倍，这些事实再一次证明脱硫反应主要发生于合金液与坩埚内壁的界面上。

表 3-17　CaO 坩埚壁的硫含量

样品号	取样位置	[S](质量分数)/%
1	距坩埚内壁 3~6 mm(熔炼后)	0.078~0.095
2	坩埚壁上的合金颗粒(熔炼后)	0.033~0.035
3	距坩埚内壁 0~1 mm(熔炼后)	0.067~0.076
4	CaO 粉末(使用前)(熔炼前)	0.005

3.7.4　氧化钙坩埚脱硫反应的热力学计算与讨论

在 CaO 坩埚内表面与 Ni 基高温合金液接触界面上由于加 Al 而进行的脱硫反应可以表示为

$$3CaO + 2[Al]_{Ni} + 3[S]_{Ni} = 3CaS + Al_2O_3 \qquad (3-55)$$

为了计算反应式(3-55)的平衡常数 K_1,引用的有关反应的标准自由能变化的数据见表 3-18。根据表中数据,计算出下列各式的反应标准自由能 $\Delta G^{\ominus}$在 1500℃时的平衡常数 K 值。

$$[Ca]_{Ni} + [O]_{Ni} = CaO \qquad (3-56)$$

表 3-18　各有关反应的标准自由能 $\Delta G^{\ominus}$

反　应	温度范围/K	$\Delta G^{\ominus}$/J·mol^{-1}
$2Al_{(l)} + \frac{3}{2}O_{2(g)} = Al_2O_{3(s)}$	932~2345	$-1680716 + 321.79T$
$Ca_{(l)} + \frac{1}{2}O_{2(g)} = CaO_{(s)}$	1123~1756	$-639524 + 107.86T$
$Ca_{(l)} + \frac{1}{2}S_{2(g)} = CaS_{(s)}$	893~1484	$-548104 + 103.85T$
$\frac{1}{2}S_2 = [S]_{Ni}$	1773~1848	$-118583 + 15.15T$
$\frac{1}{2}O_2 = [O]_{Ni}$		$-70930 - 1.404T$
$Ca_{(l)} = [Ca]_{Ni}$		$-8033 - 35.02T$
$Al_{(l)} = [Al]_{Ni}$		$-154808 - 19.288T$

注:1. (g)、(l)、(s)分别表示气、液和固态。

2. [ ]$_{Ni}$表示在镍合金液体中的浓度。

3. $\Delta G^{\ominus}$值的单位是 J/mol。

$$\Delta G_2^\ominus = -560560 + 144.06T \tag{3-57}$$

1500℃时，$\lg K_2 = 8.98, K_2 = 9.55 \times 10^8$。

$$[Ca]_{Ni} + [S]_{Ni} = CaS \tag{3-58}$$

$$\Delta G_4^\ominus = -421488 + 123.72T \tag{3-59}$$

1500℃时，$\lg K_4 = 5.95, K_4 = 9.00 \times 10^5$。

$$2[Al]_{Ni} + 3[O]_{Ni} = Al_2O_3 \tag{3-60}$$

$$\Delta G_6^\ominus = -1158310 + 364.58T \tag{3-61}$$

1500℃时，$\log K_6 = 15.08, K_6 = 1.21 \times 10^{15}$。

从式（3-55）中可以得到

$$\Delta G^\ominus = -741094 + 302.88T$$

1500℃时，$\lg K_1 = 6.015, K_1 = 1.036 \times 10^6$。

从式(3-55)可以看出 $$K_1 = \frac{a_{CaS}^3 a_{Al_2O_3}}{a_{CaO}^3 a_{Al}^2 a_S^3} \tag{3-62}$$

Ni 基合金液中平衡时的硫含量[%S]为

$$[\%S]_{Ni}^3 = \frac{a_{Al_2O_3} a_{CaS}^3}{K_1 a_{CaO}^3 f_S^3 f_{Al}^2 [Al]^2} \tag{3-63}$$

$$[\%S] = 9.91 \times 10^{-3} \frac{a_{Al_2O_3}^{1/3} a_{CaS}}{a_{CaO} f_S f_{Al}^{2/3} [Al]^{2/3}} \tag{3-64}$$

由于反应式(3-55)中生成的 Al_2O_3 随即与坩埚壁上的 CaO 反应生成 $3CaO \cdot Al_2O_3$ 渣，而 CaS 也进入渣中，因此将 $CaO\text{-}Al_2O_3$ 渣中的 a_{CaO}、$a_{Al_2O_3}$ 与 a_{CaS} 值代入式(3-55)中。

选用 Cho 等对 Ni 液在 CaO 坩埚中与 $CaO\text{-}Al_2O_3$ 渣脱氧平衡实验所得数据 $a_{CaO} = 0.99$、$a_{Al_2O_3} = 0.0095$ 代入式(3-64)中得：

$$[\%S] = 2.12 \times 10^{-3} \frac{a_{CaS}}{f_S f_{Al}^{2/3} [Al]^{2/3}} \tag{3-65}$$

由于 Ni 合金液中硫与 Al 的活度相互作用系数的数据不全，对活度系数 f_S 与 f_{Al} 只能根据已有数据进行大致估算。所选用的 e_i^j 值见表 3-19。对 a_{CaS} 的计算引用了 Inoue 等测定的 $CaO\text{-}Al_2O_3$ 渣在 CaO 坩埚中铁液脱硫时得到的渣中 CaS 的活度系数 $\gamma_{CaS} = 23$ 进行估算。将有关数据代入式(3－65)中,计算了 $3CaO \cdot Al_2O_3$ 渣中不同硫含量［%S］与镍合金液不同铝含量［%Al］时,镍合金液中的平衡硫含量,计算结果列于表3－19中,可以进行定性讨论。

表3－19 镍合金液中的活度相互作用系数 e_i^j 值

e_S^j	e_S^S	e_S^{Cr}	e_S^{Mo}	e_S^{Al}
Ni合金液	－0.035	0.030	0.053	0.133
e_{Al}^j	e_{Al}^{Al}	e_{Al}^{O}	e_{Al}^{N}	e_{Al}^{S} ①
Ni合金液	0.08	－1.79	－0.004	0.113

① e_{Al}^S 是根据 e_S^{Al} 计算得来的。

表3－20是估算出的Ni合金液与 $3CaO \cdot Al_2O_3$ 渣反应平衡时合金液中的硫含量,从表3－20中数据可以看出,加Al明显促进脱硫,渣中硫含量增高将严重影响脱硫达到的程度。根据我们的实验数据,加0.5%Al可脱硫到(2～4)$\times10^{-6}$,延长精炼时间并不能进一步脱硫。从坩埚壁使用后的硫含量高达0.095%可推知渣中硫含量将远大于此数;另一方面,假定加入的0.5%Al有0.1%与CaO坩埚壁起反应,所形成的 $3CaO \cdot Al_2O_3$ 渣只有约0.5%;如果熔清后镍基合金所脱出的 30×10^{-6} 硫全部进入渣中,将使渣中的硫含量增至0.6%。由于硫进入渣中为液－液反应,而硫脱出渣进入坩埚壁为固－液反应,反应速率要低得多,因此随着脱硫的进行,渣中硫含量迅速增高,很可能达到0.2%以上,这时脱硫速率将大为降低,逐渐达到介稳状态。热力学计算结果与实验结果基本相符,脱硫程度主要决定于CaS从渣与金属液面上脱除的速率。要进一步降低合金液中的硫含量,应采取措施以提高脱除渣中的硫含量。

表3－20 估算出的Ni合金液与 $3CaO \cdot Al_2O_3$ 渣反应平衡时合金液中的硫含量

[Al](质量分数)/%	(S)质量分数/%			
	0.005	0.095	0.20	1.00
0.25	0.06	1.15	2.42	12.11
0.50	0.03	0.65	1.37	6.83
1.00	0.02	0.33	0.69	3.49

注:(S)是 $3CaO \cdot Al_2O_3$ 渣中的硫含量。[Al]是镍基合金液体中的铝含量。

参考文献

[1] 郭景杰，傅恒志. 合金熔体及其处理[M]. 北京：机械工业出版社，2005.

[2] 张承甫，等. 液态金属的净化与变质[M]. 上海：上海科学技术出版社，1989.

[3] 魏寿昆. 冶金过程热力学[M]. 上海：上海科学技术出版社，1980.

[4] 殷瑞钰. 冶金流程工程学[M]. 北京：冶金工业出版社，2005.

[5] 乌帕达耶 G S，杜布 R K. 冶金热力学与动力学的应用计算[M]. 北京：冶金工业出版社，1981.

[6] 张鉴. 冶金熔体的计算热力学[M]. 北京：冶金工业出版社，1998.

[7] 戴维，舒莉. 铁合金冶金工程[M]. 北京：冶金工业出版社，1999.

[8] 王常珍. 固体电解质和化学传感器[M]. 北京：冶金工业出版社，2000.

[9] 李正邦. 电渣冶金原理及应用[M]. 北京：冶金工业出版社，1996.

[10] 王海川. 冶金热力学数据测定与计算方法[M]. 北京：冶金工业出版社，2005.

[11] 刘奎，张炳大，张顺南，张晋德. 硫、氧对 M17F 高温合金组织和高温持久性能的影响[J]. 金属学报，1995，3（增刊）：373.

[12] 汤浅悟郎，迟田雅宣，片桐英雄. 超纯熔化材料生产工艺[J]. 电气制钢，1983，54(1)：3.

[13] 李文超. 冶金与材料物理化学[M]. 北京：冶金工业出版社，2001.

[14] 殷凤仕，管恒荣，孙晓峰，等. 铸态镍基高温合金 M963 的液态结构和熔体处理[J]. 金属学报，2005，41(11)：1190.

[15] 李守军，罗威豹，张红斌. GH132 合金在冶炼过程中氮、氧变化规律[J]. 金属学报，1995，3（增刊）：167.

[16] 张天相. P、S、B 和 Si 对 GH169 合金组织与性能的影响[D]. 沈阳：中国科学院金属研究所，1992.

[17] Niu J P，Yang K N，Jin T，et al. Investigation into deoxidation during vacuum induction melting refining nickel base superalloy using CaO crucible[J]. Mater. Sci. Technol.. 2003，19(4)：435.

[18] Niu J P，Yang K N，Jin T，et al. Denitrogenation during VIM refining Ni-base superalloy using CaO crucible[J]. Mater. Sci. Technol.，2002，18(6)：1041.

[19] Niu Jianping，Sun Xiaofeng，Yang Kenu，et al. Denitrogenationand desulphurization during VIM refining Ni-base superalloy[J]. Trans. Nonferrous Met. Soc. China，2002，12(1)：11.

[20] Niu Jianping，Sun Xiaofeng，Jin Tao，et al. Desulphurization during VIM refining Ni-base superalloy[J]. J. Mater. Sci. Technol.，2003. 19(1)：69.

[21] 吴长春. 冶金热力学[M]. 北京：机械工业出版社，1993.

[22] 唐有祺.结晶化学[M].北京:人民教育出版社,1957,116.

[23] 黄希祜.钢铁冶金原理[M].北京:冶金工业出版社,1997.

[24] 张鉴.炉外精炼的理论与实践[M].北京:冶金工业出版社,1999.

[25] 陈家祥.炼钢常用图表数据手册[M].北京:冶金工业出版社,1984.

[26] 王常珍.冶金物理化学研究方法[M].北京:冶金工业出版社,1994.

[27] 李培杰.铝硅合金熔体的物性及结构遗传[D].哈尔滨:哈尔滨工业大学,1994.

[28] 李庆春.铸件形成理论基础[M].哈尔滨:哈尔滨工业大学出版社,1980.

[29] 毛裕文.冶金熔体[M].北京:冶金工业出版社,1994.

[30] 安阁英.铸件形成理论[M].北京:机械工业出版社,1990.

[31] 陶东平.液态合金和熔融炉渣的性质[M].昆明:云南科技出版社,1997.

[32] 李辉.液态金属微观结构演化及其遗传性研究[D].济南:山东工业大学,1999.

[33] 田学雷.有关金属液-固态结构相关性若干问题的研究[D].济南:山东工业大学,1999.

[34] 边秀房,王伟民,李辉,等.金属熔体结构[M].上海:上海交通大学出版社,2003.

[35] 傅恒志.铸钢与铸造高温合金及其熔炼[M].西安:西北工业大学出版社,1983.

4 杂质元素去除过程动力学

4.1 气体溶解及脱氧过程动力学

4.1.1 气体溶解过程

吸气过程是气体在合金熔体中的溶解过程,可分为四个阶段:

(1) 气体分子碰撞到合金熔体表面;

(2) 在合金熔体表面上气体分子离解为原子,以气体原子状态吸附在合金熔体表面上;

(3) 气体原子从吸附状态变为溶解状态;

(4) 气体原子扩散进入合金熔体内部。吸气过程是析出的反过程。

4.1.2 脱氧过程动力学

脱氧反应可以分为以下几个步骤:

(1) 脱氧剂加热熔化、溶解到钢液中;

(2) 脱氧元素[M]和钢液中的[O]反应生成脱氧产物,有时脱氧产物在钢/渣界面与渣中(O)反应生成;

(3) 脱氧产物上浮至渣中。

上述三个步骤对于脱氧过程来讲是交叉进行,并不能截然分开,但如果具体到一个脱氧元素质点,则存在三个步骤。

首先,固体脱氧剂加入到钢液中发生吸热熔化,熔化时间与脱氧剂熔化吸热量和钢液的供热量有关,和脱氧元素的扩散有关,扩散系数大,溶解速度快,出钢过程中钢液的搅动,能加速脱氧元素的溶解。

其次,在沉淀脱氧过程中,脱氧元素和钢液中氧反应生成脱氧产物,是一个在钢液中产生新相的过程,脱氧产物的生成在实际生产中并未遇到困难,因为钢液中有夹杂物、未熔脱氧剂以及包衬耐火材料等现成表面，而且脱氧剂能在局部达到饱和。

最后，就是脱氧产物的聚合、长大和上浮。在炼钢温度下，脱氧产物为液态，这是聚合长大的最基本条件。影响脱氧产物的聚合、长大和上浮速度的因素有：脱氧产物颗粒大小、钢液黏度、钢液和脱氧产物的密度差、钢液与脱氧产物之间的表面张力等。

陈斌等在热力学计算的基础上指出镁的脱氧能力比铝强很多，即便是钢液中 $w(\mathrm{Mg})$ 只有百万分之几也能将 $w(\mathrm{O})$ 降低到 1.0×10^{-6} 的水平。他通过动力学计算指出了提高镁脱氧效果的方法，如降低钢水温度、增加气体搅拌等。

长期以来，铝作为炼钢中最常见的脱氧剂，其脱氧能力和细化晶粒的作用已被人们所共识。但铝脱氧产生大量细小、难熔的 Al_2O_3 夹杂，不易上浮排出，在浇铸时易引起水口结瘤，造成钢液连续浇铸中断，过多的 Al_2O_3 也使耐热钢的蠕变脆性、高温强度降低，同时也使轴承钢、钢轨钢等疲劳性能恶化。像铝一样，在炼钢温度下镁也溶于钢水，镁与氧和硫都有很强的亲和力，作为脱氧和脱硫产物的氧化镁和硫化镁熔点都很高，而且在高温下硫化镁比一般的硫化锰更为稳定，所以镁符合作为炼钢用精炼剂的基本条件。但是由于在冶金温度下镁的蒸气压很高，加入到钢水中很困难，所以长时间没有引起大家的关注。随着现代喷吹技术和加入包芯线技术的发展，向钢液中加入镁已经不是技术难题，这为镁在炼钢中的应用开辟了很好的前景。

镁进入钢水参加脱氧反应分为三个步骤：

首先是镁在钢液中的溶解。镁在钢液中溶解的多少直接决定了镁脱氧的效果，长期以来镁在炼钢中不被人们所重视就是因为镁在钢液中的溶解太少，收得率太低造成的。镁颗粒进入钢液后被加热、熔化、汽化形成气泡，在钢液中气－液界面的面积决定了镁与氧反应的快慢。

气－液界面面积与钢液温度和加入的镁颗粒具有很大的关系，计算如下（计算所用镁量为 1 kg，假设这 1 kg 的金属镁由 n 个完全相同的镁粒所组成）：

设 d 为加入的一个金属镁粒的直径，V_1 为加入的一个金属镁粒的体积，D 为一个镁粒汽化后形成镁气泡的直径，V_2 为一个镁粒汽化后形成镁气泡的体积，T 为钢液的温度。

每一个镁粒的质量为：

$$W_1 = \rho V_1 = \frac{4}{3}\pi(d/2)^3\rho = \frac{\pi}{6}d^3\rho \qquad (4-1)$$

若镁汽化后产生的压力为 1 个标准大气压即 $p = 101325$ Pa，根据理想气体方程可计算出镁汽化后的体积，则 1 kg 金属镁粒汽化后的总表面积为：

$$A = \pi D^2 \cdot \frac{1000}{W_1} = \frac{6000D^2}{\rho d^3} = 0.0114T^{2/3}d^{-1} \qquad (4-2)$$

由式(4－2)可作出 1 kg 镁颗粒在不同温度下汽化产生的气液界面面积 A 和 1 kg 镁颗粒的颗粒直径 d 的变化关系，如图 4－1 所示。

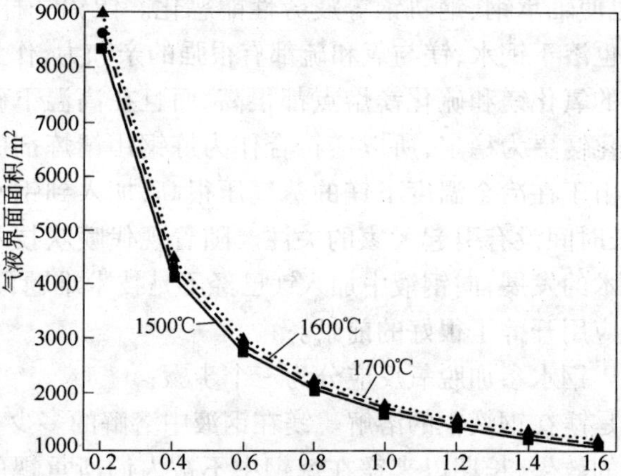

图 4－1 温度不同时气液界面面积随镁颗粒直径的变化情况

由图 4－1 可以看出，温度对气泡表面积的影响较小，而当颗粒直径由 1.6 mm 减小到 0.2 mm 时，在 1600℃下，界面面积由 1083 m^2增加到 8661 m^2，增加了将近 8 倍。就反应动力学而言，反应速率也增加了 8 倍。可以得出，在同一反应深度下，加入的镁颗粒越小越有利于溶解。此外,可加大反应深度以增大镁蒸气压,延长反应时间。

镁进入钢水参加脱氧反应的第二步就是镁与氧的化学反应。在金属与镁蒸气泡界面,镁蒸气与钢水中的氧反应生成固态氧化镁,或者溶解于钢水中的镁与氧反应生成固态氧化镁。由 Irons 等人的研究知道,当溶解镁的含量相对氧来说较高时,脱氧速度由氧来控制,随着镁含量的降低,脱氧速度是降低的,最后是固态氧化镁上浮进入渣中。如果固体氧化镁来不及上浮滞留在钢水中,就会形成氧化镁夹杂。可以通过一些方法加速夹杂的上浮,比如当起始氧含量相同时,用气体进行搅拌,氧的最终含量就会降低。其原因是气体搅拌能加速钢水中氧化镁的扩散,以及加速残留在钢水中的 MgO 颗粒上浮进入渣中。

总之,降低钢水温度,扩大镁汽化上浮气泡的总表面面积,减少原始加入镁颗粒的颗粒直径,把镁尽可能加到熔池深处,并使镁气泡分散在整个熔池内,加强熔池的气体搅拌,都有利于镁的脱氧。

王华的研究指出,由于氮在大多数情况下对钢的质量起有害作用,当氮含量超过 0.01% 时,在连铸坯中容易产生气孔,另外氮还易与 Ti、V 等生成脆性氮化物。当钢板焊接时,降低母材中的氮含量是提高钢焊接性能的唯一办法,所以在炼钢的过程中要尽可能地把氮控制在一个较低的水平。

傅杰等比较系统地研究了钢液的脱氮动力学,指出真空处理是有效的脱氮方法,特别是在超低氮钢生产中,真空处理将是主要的脱氮手段。他们计算出,当钢液采用真空处理时,在真空度为 67 Pa,温度为 1600℃ 的条件下,钢液中氮的平衡值约为 10×10^{-6}。但实际生产中氮含量难以达到这种水平,原因之一是由于脱氮所能达到的程度与钢液中氧、硫等表面活性元素的含量有密切关系。当钢液中氧、硫含量较高时,真空处理下的脱氮能力受到很大的限制;另一个原因是实际生产中真空度很难达到 67 Pa 的水平,国内某钢厂在进行 RH 真空处理时的真空度在 2000 ~ 115 Pa 左右。我国新一代微合金超纯净钢将主要以转炉流程生产,而 RH(或

RH－PB）及LF＋VD将是最主要的炉外精炼设备。

为了对比真空条件下，有碳氧反应和无碳氧反应两种情况的脱氮动力学，安排了两组试验。试验1（图4－2*a*）主要做了无碳氧反应情况下真空度对高氮钢液脱氮动力学的影响。试验在50 kg真空感应炉上进行，每炉用工业纯铁10 kg。铁料在5360 Pa真空度下熔炼，熔清加铝取样后，将真空度提高到试验值，再每隔10 min取样分析成分。真空度分别为67 Pa、1340 Pa、2680 Pa、5360 Pa。试验2（图4－2*b*）做了真空碳氧反应条件下低氮钢液的脱氮。考虑到生产条件下，RH处理过程中系统内真空度为2000～115 Pa，处理前$[N]_0=40\times10^{-6}$左右。试验使用了转炉生产的工业纯铁，在2000 Pa、110 Pa、67 Pa真空度下，研究了在有碳氧反应时，真空度对低氮钢液脱氮的影响。每炉用22 kg纯铁在2000 Pa真空度条件下熔化，以保证真空脱氮开始时的$[N]_0$相近。当原料熔化后，将真空度提高到试验值。在钢液不用Al脱氧的情况下取前几个试样，加铝脱氧后取最后一个试样。为了加强真空下碳氧反应脱氮，提高真空处理前（模拟RH开始时）钢液的碳含量，试验中将纯铁的碳含量从0.02%增到0.07%，做了67 Pa真空度下不同碳含量时真空脱氮的对比试验。

从图4－2可见，随着真空度的提高，钢液脱氮速率加快。当没有碳氧反应，真空度为2680 Pa时，在60 min内钢液氮含量由90×10^{-6}降低到70×10^{-6}；当钢液中存在碳氧反应时，2000 Pa真空度下钢液的氮含量可由58×10^{-6}降低为28×10^{-6}。由图4－2*b*可见，钢液脱氮前期，脱氮量很小，后期脱氮速度大大提高，最终钢中氮含量低于真空度为2000 Pa时的平衡值。分析其原因，可能是由于加铝脱氧后，生成了大量细小的Al_2O_3固态颗粒，这些颗粒可能会成为CO气泡及氮气泡的形核核心，而新生的CO气泡和氮气泡内的压力是小于真空度为2000 Pa时的氮分压的，所以加速了脱氮反应过程。对67 Pa及110 Pa来说，由于钢中氮含量已较低，用Al脱氧对脱氮速度没有明显影响。在67 Pa下，当初始氮含量为48×10^{-6}时，在30 min内钢液氮含量达到20×10^{-6}的水平。

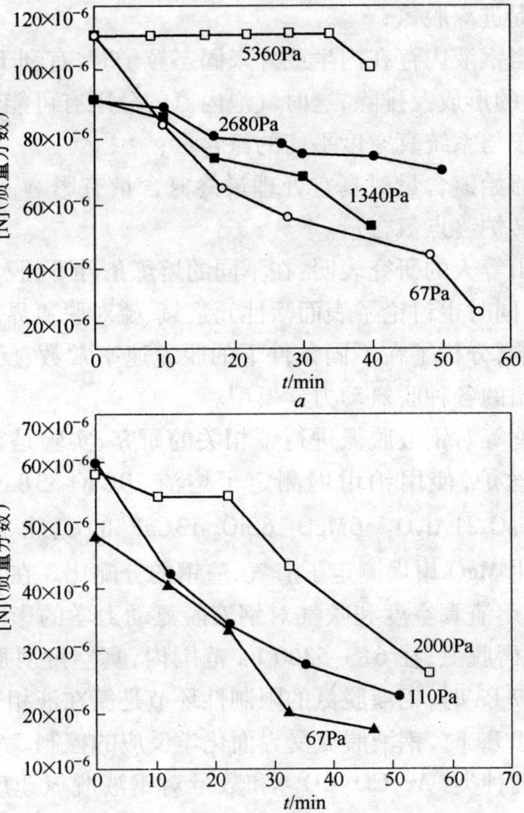

图 4-2　真空度对钢液脱氮的影响

a—高氮钢液;*b*—低氮钢液

该实验得到的总结论为:

(1) 炉外精炼条件下,真空度对钢液脱氮具有决定性的影响。目前国内一些工厂在 RH 处理过程中,不能将钢液中氮含量降到很低的主要原因是系统的真空度不高,提高脱氮效率的主要措施应是保证系统真空度,适当增加氩气流量;

(2) 真空度对脱氮机理有影响,真空度为 67 ~ 110 Pa 时脱氮为一级反应,2000 Pa 时为二级反应,1340 Pa 时为混合控制;

(3) 即使在[C] <0.1% 的条件下,碳氧反应亦可以提高脱氮

速度常数促进深脱氮；

(4) 当钢液内存在内生或外来固态粒子时，有利于钢液中 CO 及 N_2 气泡的形成及排除，这时气泡内氮的分压有可能使钢液中的氮含量低于与系统真空度平衡的氮含量；

(5) 原始氮含量对真空处理最终氮含量有影响，为此必须尽可能降低转炉终点氮含量。

孙铭山等人的研究表明：在不同的熔炼条件下，脱氮的机理是有差别的，同时也讨论了表面活性元素氧、硫对脱氮界面化学反应速率的影响，分析了在不同条件下的脱氮速率常数、反应级数，并阐述了提出的各种脱氮动力学模型。

唱鹤鸣等对钢液脱氮进行了相关的研究，实验是在大气条件下采用钼丝炉，使用铂坩埚测定了熔渣 $10CaO\text{-}33BaO\text{-}49Al_2O_3\text{-}8TiO_2$、$54CaO\text{-}21Al_2O_3\text{-}6MgO\text{-}6SiO_2\text{-}13CaF$ 的氮含量（$10^{-6} \sim 10^{-5}$）；使用 MgO 坩埚测定了渣气、渣钢的分配比。在真空感应炉内，研究了熔渣真空度和吹气对钢液脱氮动力学的影响。结果表明：熔渣阻碍脱氮；在 67 ~ 5360 Pa 范围内，真空度对脱氮动力学有影响。67 Pa 时，钢液脱氮的限制性环节是氮在液相边界层中的扩散。2680 Pa 时，钢液脱氮受界面化学反应的控制。实验条件下吹入气体的种类（Ar、CO、CO_2）和数量对钢液脱氮速度基本无影响，气泡脱氮率小于 3%。根据实验结果，对 VD 过程脱氮及不同熔炼过程脱碳脱氮机理进行了讨论，提出了一种新的脱碳过程脱氮机理，即在碳氧反应区域内部超高温条件下，氮可能由于参与化学反应生成气泡脱除，或因液 - 气界面结构变化而得以从钢液中去掉，这一点有待进一步的理论与实验验证。

4.2 钢铁材料脱硫动力学

4.2.1 钢液的脱硫

钢液的脱硫主要是通过两种途径来实现的，即熔渣脱硫和汽化脱硫。

渣钢间的脱硫反应，根据熔渣的分子理论，碱性氧化渣与金属间的脱硫反应为：

$$[S]+(CaO)=\!=\!=(CaS)+[O] \quad \Delta G^{\circ}=98474-22.82T \quad J/mol$$

$$[S]+(MnO)=\!=\!=(MnS)+[O] \quad \Delta G^{\circ}=133224-33.49T \quad J/mol$$

$$[S]+(MgO)=\!=\!=(MgS)+[O] \quad \Delta G^{\circ}=191462-32.70T \quad J/mol$$

事实上硫在金属液体中存在三种形式，即[FeS]、[S]和S^{2-}。FeS既溶于钢液，也熔于熔渣。熔渣间的脱硫反应可以认为是这样进行的：钢液中硫先扩散至熔渣中即[FeS]→(FeS)，进入熔渣中的(FeS)与游离的CaO(或MnO)结合形成稳定的CaS或MnS。

根据熔渣的离子理论，脱硫反应可以表示为：

$$[S]+(O^{2-})=\!=\!=(S^{2-})+[O]$$

在酸性渣中几乎没有O^{2-}，因此酸性渣脱硫作用很小，而碱性渣不同，具有较强的脱硫能力。

硫容C_S表达了炉渣容硫的能力，如果将硫的分配比定义为：取样分析炉渣中和钢液中的硫含量可以求出L_S，应用氧浓度电池可以直接测定，根据钢液成分和相互作用系数可以算出，从而可以定量确定C_S。

影响钢渣间脱硫反应的因素主要有熔池温度、炉渣成分和钢液成分。

(1) 熔池(炼钢)的温度。钢渣间的脱硫反应属于吸热反应，吸热反应热在108.2~128 kJ/mol之间，因此，高温有利于脱硫反应进行，温度的重要影响主要体现在高温能促进石灰溶解和提高钢渣的流动性。

(2) 炉渣成分(碱度)的影响。炉渣碱度高，游离CaO多，有利于脱硫，但过高的碱度，常出现炉渣黏度增加，反而降低脱硫效果。

(3) 炉渣中(FeO)的影响。从热力学角度可以看出，(FeO)高不利于脱硫，当炉渣碱度高，流动性差，炉渣中有一定的(FeO)时，可助熔化渣。

(4) 金属液成分的影响。金属液中的[C]、[Si]能增加硫的活度系数,降低氧的活度,有利于脱硫。

总之,脱硫的有利条件为:高温、高碱度、低(FeO),好的流动性。

从上述脱硫的讨论中可知,脱硫的基本过程是熔融钢铁中的S从渣中获得电子进入渣中,同时熔融钢铁中给予电子的元素也进入到渣中。能向S提供电子的元素很多,包括Fe、Si、Al、C以及渣中的O^{2-}。O^{2-}向S提供电子后由渣中进入熔融的钢铁中。因此,在熔融钢铁脱硫过程中除硫迁移外,其他元素也随之迁移,过程比较复杂。脱硫速度受许多因素的影响。但是,许多实验证明:在熔融钢铁中硫含量及其他元素含量低的情况下,对于碱性、中性及CaO-SiO_2-Al_2O_3-MgO渣系而言,控制脱硫速度的环节是硫向渣中的扩散。

在其他因素相同的条件下,渣与熔融金属接触面积对脱硫速度有正面影响。而在钢包等容器中,钢水与耐火材料的接触面积大于钢水与渣之间的接触面积。耐火材料的脱硫作用不可忽视。

在炼钢过程中,脱硫反应是渣、钢界面反应,提高脱硫速率的措施是:

(1) 反应界面A越大,脱硫速率就越快。熔池沸腾程度、钢渣间的乳化状况、喷吹搅拌的程度等均对渣、钢界面的大小产生影响。

(2) 炉渣黏度低、熔池活跃、钢液和炉渣的硫含量差值大,脱硫速度快;

炉渣碱度、炉渣氧化性和熔池温度等操作工艺条件均对L_S产生影响,一切旨在提高L_S的措施均可促进脱硫反应。

4.3 影响氧化夹杂形成的因素及氧化夹杂形成动力学

4.3.1 影响氧化夹杂形成的因素

4.3.1.1 金属的性质

金属与氧的亲和力越大,形成氧化夹杂的可能性越大;金属与氧反应形成的表面氧化物膜越致密,生成的氧化夹杂物越少。例如,镁和锂等金属与氧反应形成的表面氧化物膜不致密,因此,将可能产生大量氧化夹杂物。而铝和铍等金属虽然与氧的亲和力大,但可在熔体表面生成致密的氧化膜,阻止氧化进一步进行。虽然有些表面金属氧化膜致密,但是强度较低,其膨胀系数与金属相差又较多,在加热或冷却时会断裂而脱落,如 CuO。还有一些氧化物呈液态或是可溶性的,如 CuO、NiO 和 FeO 等,有些氧化物是易于挥发的,如 Sb_2O_3、Mo_2O_3 等,这些氧化物无保护作用。

4.3.1.2 合金元素的作用

合金熔体中氧化反应程度不但与基体金属性质有关,而且与加入的合金元素性质密切相关。与氧亲和力较大的元素往往优先氧化或与基体金属同时氧化。在这种条件下,合金元素氧化物和基体金属氧化物的性质共同控制着整个合金的氧化过程。能形成致密氧化物的合金元素能使基体金属的氧化膜更加致密,可减少氧化物的形成。如高镁铝合金熔体中,镁首先氧化形成疏松的氧化膜,导致氧化的加剧,但是加入少量铍元素后,可使氧化膜致密,而减轻氧化。如果合金元素与氧的亲和力和基体金属与氧的亲和力相近,且不明显改变合金表面氧化膜结构的合金元素,一般不会促进氧化,本身也不会明显氧化,如铝合金熔体中的 Fe、Ni、Si 和 Mn 以及铜合金熔体中的 Fe、Ni、Pb 等。合金熔体中与氧亲和力较小且含量少的元素将受到保护,甚至还会由于基体金属和其他元素的氧化而相对含量有所增加。

4.3.1.3 熔体温度的影响

通常熔体温度越高,氧化进行得越快。因为温度升高时扩散系数增大,氧化膜强度降低,加之氧化膜与合金熔体的膨胀系数的差异,因而氧化膜易破裂。有时因为氧化膜本身的溶解和液化或挥发而使其失去保护作用。

4.3.1.4 炉气的性质

炉气的性质取决于该炉气平衡体系中氧的分压与金属氧化物在该条件下分解压的相对大小,即炉气的性质要由炉气与金属之间的相互作用性质而定。因此,同一组成的炉气,对一些金属来说是还原性的,而对另一些金属则可能是氧化性的。炉气中总是含有 O_2、H_2O、CO_2、CO、H_2 和 N_2 等气体,如果金属与氧的亲和力大于 C、H 与 O 的亲和力,则含有 H_2O、CO_2、CO 的炉气就会使金属氧化,该炉气是氧化性的,否则就是还原性的或中性的。在这些氧化性炉气中,氧化是难以避免的。炉气的氧化性越强,一般其氧化程度也越大。

4.3.1.5 其他影响因素

熔炼时间越长,氧化将越严重。熔体表面的扰动可能破坏表面氧化膜,导致氧化加剧。当然,上述也只是对合金熔体表面氧化情况作一简单介绍,实际情况要复杂得多。例如,氧化反应还要发生在合金熔体与坩埚之间以及合金熔体内部。合金熔体与坩埚之间的反应要视合金熔体和坩埚的种类以及温度等条件才能确定。

4.3.2 氧化夹杂形成动力学

熔化过程中合金熔体氧化是一个复杂的多相反应,它既包括炉气与熔体之间的反应,又包括陶瓷坩埚与熔体之间的反应等。在此只简单介绍炉气与熔体之间的反应动力学。该氧化过程首先在熔体表面进行。氧分子首先碰撞到熔体表面,并吸附在合金熔体表面上,然后与合金熔体发生反应形成一薄层氧化膜。此后整个氧化过程由以下几个主要环节组成:

(1) 氧由气相通过边界层向氧与氧化膜界面扩散。气相中氧主要是依靠对流传质而不是浓度差扩散,成分比较均匀。在氧与氧化膜界面附近的界面层处,氧主要依靠浓度差扩散。

(2) 氧通过固体氧化膜向氧化膜 - 合金熔体界面扩散。

(3) 在合金熔体与氧化膜界面上,氧与合金熔体发生反应形成氧化物,使氧化物层不断增厚。

合金熔体的氧化是一个连续的过程。但是三个环节的速度相差很大,最慢的环节将成为限制性环节。在合金熔炼过程中,气流速度较快,常常高于形成边界层的临界速度,因而,外扩散一般不是限制性环节。内扩散和化学反应两个环节中哪一个是限制性环节通常取决于氧化膜的性质。而氧化膜的主要性质是其致密度，即 Pilling Bed Worth 比为 a，a 为氧化物的分子体积 $V_{氧化物}$与形成该氧化物的金属原子体积 $V_{金属}$之比。室温下一些氧化物的 a 值可查手册，其他温度下的 a 值只要知道它们各自的线[膨]胀系数就可以进行换算。

4.4 有化学反应的除气动力学及混合除气动力学

4.4.1 有化学反应时的除气动力学

有化学反应时的除气动力学过程应该包括三个阶段：

(1) 除气剂的溶解和与气体原子相互扩散接触；

(2) 除气剂与气体原子发生反应形成含气体原子的化合物；

(3) 含气体原子的化合物(气态或固态)长大和排除(上浮或下沉)。含气体原子的化合物如果是气态可以用前面的公式进行分析，含气体原子的化合物如果是固态可以用Stokes公式进行描述。

4.4.2 混合除气动力学

混合除气是指除气过程既包括化学除气，又包括非化学除气，如 $ZnCl_2$ 和 C_2Cl_6 的除气过程等，其动力学过程包括：

(1) 除气剂的溶解和与气体原子相互扩散接触阶段；

(2) 除气剂与气体原子发生反应形成含气体原子的气态化合物；

(3) 气态化合物长大和上浮阶段；

(4) 气态化合物的逸出阶段。

其中气态化合物长大和上浮阶段可以用前面的公式进行分析。

4.5 镍基高温合金真空感应熔炼脱氮机理研究

4.5.1 超纯净真空感应熔炼工艺

超纯净镍基高温合金的氮含量小于 5×10^{-4}(质量分数,%)，其超纯净真空感应熔炼工艺如下。

4.5.1.1 合金成分设计

合金成分设计是本研究的基础工作,确定合适的合金成分,对镍基高温合金的研究具有十分重要的意义。在前期大量研究工作的基础上,参考国内外镍基高温合金成分,本研究确定的镍基高温合金的成分见表4-1。

表4-1 镍基高温合金成分(质量分数) (%)

Cr	Co	W	Mo	Al	Ti	Ta	P
5.5~6.5	4.5~5.5	5.8~6.2	1.0~2.0	6.0~7.0	1.5~2.5	4.5~5.2	0.001

4.5.1.2 原材料中几种微量杂质元素含量的分析

为了掌握原料中各杂质元素的含量,首先对各种纯金属原料中的碳、氮、氧及硫含量进行了分析,分析结果见表4-2。根据表4-2计算出的炉料中的几种杂质元素的含量见表4-3。

表4-2 炉料中各种纯金属的C、N、O、S含量(质量分数)

炉料金属	C	N	O	S	备 注
Ni	20×10^{-6}	2.6×10^{-6}	80×10^{-6}	5×10^{-6}	
W	17×10^{-6}	10×10^{-6}	12×10^{-6}	8×10^{-6}	
Ta	190×10^{-6}	50×10^{-6}	2130×10^{-6}	8×10^{-6}	
Ti	170×10^{-6}	21×10^{-6}	380×10^{-6}	8×10^{-6}	海绵钛
Co	31×10^{-6}	2×10^{-6}	140×10^{-6}	39×10^{-6}	
Cr	30×10^{-6}	36×10^{-6}	130×10^{-6}	120×10^{-6}	电解铬
Mo	50×10^{-6}	150×10^{-6}	380×10^{-6}	8×10^{-6}	
Al	50×10^{-6}	4×10^{-6}	54×10^{-6}	8×10^{-6}	

4.5.1.3 选定影响因素,确定熔炼阶段,制订合金熔炼工艺计划

A 选定影响因素

所选定的影响因素为:

耐火材料种类；

合金元素；

真空度；

熔炼温度；

精炼时间。

根据表4－2计算出的炉料中C、N、O、S的含量见表4－3。

表4－3　炉料中C、N、O、S的含量（质量分数）

元　素	C	N	O	S
含　量	140×10^{-6}	12×10^{-6}	240×10^{-6}	20×10^{-6}

B　制订合金熔炼工艺计划

具体合金熔炼计划见表4－4。

表4－4　熔炼炉次排定表

炉次	熔炼目的	熔炼工艺及取样计划	备　注
1	洗　炉	用高Cr不锈钢炉料，提高功率至熔清保温10 min，冷冻、冲膜，提高功率至溶液为1700℃，保温20 min后浇注	
2	分析碳、氧、氮及硫含量变化情况	抽真空至1 Pa时，逐渐提高功率至熔清，测温、取一样后再升温至1500℃，并使真空度为≤0.1 Pa。第10 min、15 min、20 min、25 min、30 min各取一样	
3	分析碳、氧、氮及硫含量变化情况	抽真空至1 Pa时，逐渐提高功率至熔清，测温、取一样后再升温至1600℃，并使真空度小于0.1 Pa。第10 min、15 min、20 min、25 min、30 min各取一样	
4	分析碳、氧、氮及硫含量变化情况	前边工艺同上，抽真空至1 Pa时，逐渐提高功率至熔清，测温、取一样后再升温至1600℃，另外加入0.1%C，并使真空度小于0.1 Pa。第10 min、15 min、20 min、25 min、30 min各取一样	

续表 4-4

炉次	熔炼目的	熔炼工艺及取样计划	备注
5	分析碳、氧、氮及硫含量变化情况	加铝 0.5%，温度为 1550℃，第 10 min、15 min、20 min、25 min、30 min 取样	试验加铝温度
6	分析碳、氧、氮及硫含量变化情况	加铝 0.5%，温度为 1600℃，第 10 min、15 min、20 min、25 min、30 min 取样	试验加铝温度
7	分析碳、氧、氮及硫含量变化情况	加铝 0.8%，温度根据第四、五炉定，第 10 min、20 min、30 min 取样，升高温度至 1650℃ 后第 10 min、20 min、30 min 取样	
8	分析碳、氧、氮及硫含量变化情况	加铝 1.0%，温度、取样时间同上。升高温度至 1700℃后第 10 min、20 min、30 min 取样	
9	分析碳、氧、氮及硫含量变化情况	分批加入 < 2% 的铝和钛，第 10 min、15 min、20 min、25 min、30 min 取样，分析 O、N、S 含量（同时取一不加过滤网的样，以分析过滤网的作用）。再升高温度至 1700℃保温，第 10 min、20 min、30 min 取样	
10	分析碳、氧、氮及硫含量变化情况	在炉料中加入 0.001% P，抽真空至 1 Pa 时，逐渐提高功率至熔清，测温、取一样后再升温至 1500℃，并使真空度 ≤0.1 Pa，第 5 min、10 min、15 min、20 min、25 min、30 min 取样	
11	分析碳、氧、氮及硫含量变化情况	抽真空至 1 Pa 时，逐渐提高功率至熔清，测温、取一样后再升温至 1500℃，并使真空度≤0.1 Pa。炉料另外加入 0.1% C，加铝 0.5%，第 5 min、10 min、15 min、20 min、25 min、30 min 取样	
12	分析 N 含量变化情况	单独熔炼 Ni-2Ti 合金，第 5 min、10 min、15 min、20 min、25 min、30 min 取样	
13	分析 N 含量变化情况	单独熔炼 Ni-4Ti 合金，第 5 min、10 min、15 min、20 min、25 min、30 min 取样	

a 炉料熔炼前处理

炉料熔炼前处理包括去掉表面黏附的杂质、超声波清洗。

b 取样

采用金属模。

c 实验结果及分析

对所取试样切削加工或线切割加工后，打磨、抛光及超声波清洗后，分别做对应的气体及成分含量分析，得到的结果见表4-5~表4-8。

表4-5 第一次熔炼元素分析结果汇总表（质量分数）

炉次	编号	分析元素					备注
		O	N	S	Si	C	
1	0	42×10^{-6}	5×10^{-6}	140×10^{-6}	100×10^{-6}	10×10^{-6}	0号、2号分析两次
	2	68×10^{-6}	3×10^{-6}	380×10^{-6}	200×10^{-6}		
	4	72×10^{-6}	3×10^{-6}	540×10^{-6}	200×10^{-6}		
	6	69×10^{-6}	2×10^{-6}	540×10^{-6}	100×10^{-6}		
2	0	36×10^{-6}	3×10^{-6}	58×10^{-6}	100×10^{-6}		加Al后5 min
	2	37×10^{-6}	3×10^{-6}	33×10^{-6}	200×10^{-6}		
	3	40×10^{-6}	3×10^{-6}	70×10^{-6}	100×10^{-6}		
	4	38×10^{-6}	2×10^{-6}	32×10^{-6}	400×10^{-6}	0.33% Al	
	5	26×10^{-6}	2×10^{-6}	23×10^{-6}	600×10^{-6}		
	6	30×10^{-6}	3×10^{-6}	22×10^{-6}	800×10^{-6}		
	7	29×10^{-6}	2×10^{-6}	21×10^{-6}	800×10^{-6}	0.26% Al	
3	1	23×10^{-6}	2×10^{-6}	38×10^{-6}	200×10^{-6}		加C 0.02%
CaO坩埚分析	0			20×10^{-6}	100×10^{-6}		含Fe 20×10^{-6}
炉料配比/%		Ni	Cr	Mo	W	Co	
	加入量	81	6	2	6	5	
	分析量	82	5.89	2.00	5.1	5.02	

表 4-6　第二次熔炼元素分析结果汇总(质量分数)

炉　次	编号	分析元素 O	N	S	C	Al	备　注
4	1	42×10^{-6}	5×10^{-6}	40×10^{-6}	40×10^{-6}		1500℃精炼(未加Al、C)
	2	14×10^{-6}	2×10^{-6}	50×10^{-6}	40×10^{-6}		
	3	29×10^{-6}	1×10^{-6}	50×10^{-6}	50×10^{-6}		
	4	22×10^{-6}	1×10^{-6}	60×10^{-6}	50×10^{-6}		
	5	19×10^{-6}	5×10^{-6}	70×10^{-6}	50×10^{-6}		
	6	21×10^{-6}	4×10^{-6}	70×10^{-6}	60×10^{-6}		
	7	17×10^{-6}	6×10^{-6}	80×10^{-6}	30×10^{-6}		
	8	14×10^{-6}	7×10^{-6}	80×10^{-6}	40×10^{-6}		
5	1	10×10^{-6}	4×10^{-6}	35×10^{-6}	83×10^{-6}		1500℃加碳1 g(架桥)
	2	13×10^{-6}	3×10^{-6}	$39(10)\times10^{-6}$	$51(50)\times10^{-6}$		
	3	22×10^{-6}	3×10^{-6}	38×10^{-6}	45×10^{-6}		
	4	39×10^{-6}	2×10^{-6}	36×10^{-6}	56×10^{-6}		
	5	50×10^{-6}	2×10^{-6}	40×10^{-6}	45×10^{-6}		
	6			$38(10)\times10^{-6}$	$48(30)\times10^{-6}$		
	7	50×10^{-6}	1×10^{-6}	35×10^{-6}	60×10^{-6}		
	8	38×10^{-6}	2×10^{-6}	41×10^{-6}	38×10^{-6}		
6	1	30×10^{-6}	12×10^{-6}	20×10^{-6}	67×10^{-6}		1500℃精炼(加Al、C)测温时炉料氧化,结果未分析
	2	14×10^{-6}	6×10^{-6}	6×10^{-6}	47×10^{-6}	0.58%	
	3	10×10^{-6}	4×10^{-6}	5×10^{-6}	47×10^{-6}	0.59%	
	4	9×10^{-6}	3×10^{-6}	6×10^{-6}	57×10^{-6}	0.57%	
	5	12×10^{-6}	3×10^{-6}	5×10^{-6}	40×10^{-6}	0.55%	
	6	18×10^{-6}	3×10^{-6}	5×10^{-6}	43×10^{-6}	0.53%	
	7	11×10^{-6}	2×10^{-6}	6×10^{-6}	43×10^{-6}	0.53%	
7	1	13×10^{-6}	3×10^{-6}	30×10^{-6}	90×10^{-6}		1500℃精炼(加Al、C)
	2	$6(3)\times10^{-6}$	$3(15)\times10^{-6}$	$50(5)\times10^{-6}$	$(110)\times10^{-6}$	(0.45%)(加Al后5 min)	

续表 4-6

炉次	编号	分析元素					备注
		O	N	S	C	Al	
7	3	6×10^{-6}	2×10^{-6}	20×10^{-6}	110×10^{-6}	0.42%	1500℃精炼（加Al、C）
	4						
	5	6×10^{-6}	2×10^{-6}	$20(2)\times10^{-6}$	94×10^{-6}	0.41%	
	6	$6(8)\times10^{-6}$	$2(10.5)\times10^{-6}$	$(1)\times10^{-6}$	$(50)\times10^{-6}$	(0.41%)	
	7	$(25)\times10^{-6}$	$(11)\times10^{-6}$	$<5(2)\times10^{-6}$	$(50)\times10^{-6}$	(0.41%)	
8	1	15×10^{-6}	3×10^{-6}	30×10^{-6}	120×10^{-6}		1500℃精炼（两次加Al、一次加C）
	2	5×10^{-6}	1.5×10^{-6}	4×10^{-6}	70×10^{-6}	0.56%（第一次加Al后30 min）	
	3	5×10^{-6}	0.5×10^{-6}	$2[4]\times10^{-6}$	70×10^{-6}	1.02%（第二次加Al后5 min）	
	4	7×10^{-6}	0.6×10^{-6}	2×10^{-6}	60×10^{-6}		
	5	6×10^{-6}	1.0×10^{-6}	2×10^{-6}	60×10^{-6}		
	6	4×10^{-6}	1.0×10^{-6}	2×10^{-6}	40×10^{-6}	1.00%	
	7	$(5,9,14,19)\times10^{-6}$	1.0×10^{-6}	2×10^{-6}	30×10^{-6}	0.97%	
9	1						1600℃精炼（未加Al、C）
	2	22×10^{-6}	4×10^{-6}	30×10^{-6}			
	3	16×10^{-6}	4×10^{-6}	30×10^{-6}			
	4						
	5	22×10^{-6}	4×10^{-6}	30×10^{-6}			
	6	21×10^{-6}	3×10^{-6}	30×10^{-6}			
	7	24×10^{-6}	4×10^{-6}	30×10^{-6}	62×10^{-6}		

表 4-7 第三次熔炼分析结果(质量分数)

炉次	编号	分析结果 O	N	C	S	W	Cr	Mo	Co	Ta	Al	Ti	备注
10	1												1号没取到样；*为7号、8号C的第二次分析结果分别为100、94
	2	8×10^{-6}	2×10^{-6}	120×10^{-6}	30×10^{-6}						2.04×10^{-6}		
	3	5×10^{-6}	1×10^{-6}	100×10^{-6}	$30(4.3)\times10^{-6}$						4.27×10^{-6}		
	4	12×10^{-6}	3×10^{-6}	62×10^{-6}	30×10^{-6}						4.03×10^{-6}	1.14×10^{-6}	
	5	7×10^{-6}	2×10^{-6}	81×10^{-6}	$30(5.4)\times10^{-6}$						6.99×10^{-6}	1.10×10^{-6}	
	6	8×10^{-6}	2×10^{-6}	47×10^{-6}	30×10^{-6}						7.02×10^{-6}		
	7	8×10^{-6}	3×10^{-6}	120×10^{-6}*	$30(7)\times10^{-6}$						6.87×10^{-6}		
	8	15×10^{-6}	7×10^{-6}	110×10^{-6}*	$30(4.5)\times10^{-6}$						6.86×10^{-6}	1.12×10^{-6}	
11	1	17×10^{-6}	5×10^{-6}	220×10^{-6}	6×10^{-6}	6.03×10^{-6}	6.16×10^{-6}	2.25×10^{-6}	5.38×10^{-6}	6.18×10^{-6}			7号O、N不均匀
	2	14×10^{-6}	4×10^{-6}	170×10^{-6}	2×10^{-6}						2.01×10^{-6}		
	3	13×10^{-6}	10×10^{-6}	150×10^{-6}	3×10^{-6}						4.05×10^{-6}		
	4	13×10^{-6}	7×10^{-6}	140×10^{-6}	3×10^{-6}						4.58×10^{-6}	1.21×10^{-6}	
	5	$15(6)\times10^{-6}$	$7(3.6)\times10^{-6}$	130×10^{-6}	3×10^{-6}						6.16×10^{-6}		
	6	11×10^{-6}	5×10^{-6}	72×10^{-6}	3×10^{-6}						6.32×10^{-6}		
	7	$15(8)\times10^{-6}$	$6(1)\times10^{-6}$	64×10^{-6}	4×10^{-6}						6.10×10^{-6}		
	8	$15(3)\times10^{-6}$	$5(0.9)\times10^{-6}$	62×10^{-6}	3×10^{-6}					5.89×10^{-6}	6.25×10^{-6}	1.25×10^{-6}	
12	1	11×10^{-6}	4×10^{-6}	130×10^{-6}	160×10^{-6}*	7.11×10^{-6}	6.81×10^{-6}	2.27×10^{-6}	5.84×10^{-6}				5号O不均匀；*为重新分析S为190
	2	9×10^{-6}	4×10^{-6}	130×10^{-6}	11×10^{-6}						1.49×10^{-6}		
	3	6×10^{-6}	2×10^{-6}	130×10^{-6}	13×10^{-6}						3.75×10^{-6}		
	4	$7(6)\times10^{-6}$	$2(1.8)\times10^{-6}$	89×10^{-6}	14×10^{-6}						4.23×10^{-6}	1.51×10^{-6}	
	5	$7(6)\times10^{-6}$	$4(0.7)\times10^{-6}$	120×10^{-6}	16×10^{-6}					8.7×10^{-6}	3.73×10^{-6}	1.31×10^{-6}	
	6	6×10^{-6}	2×10^{-6}	96×10^{-6}	$13(10)\times10^{-6}$						3.96×10^{-6}	1.26×10^{-6}	
	7	12×10^{-6}	4×10^{-6}	68×10^{-6}	12×10^{-6}						6.05×10^{-6}		
	8	6×10^{-6}	2×10^{-6}	68×10^{-6}	$11(8.3)\times10^{-6}$					8.4×10^{-6}	6.15×10^{-6}	1.33×10^{-6}	

表4-8 第四次熔炼分析结果(质量分数)

炉次	编号	分析元素					备注
		O	N	S	C	P	
13	1	80×10^{-6}	5×10^{-6}	45×10^{-6}	42×10^{-6}	15×10^{-6}	1500℃精炼、加P
	2	60×10^{-6}	3×10^{-6}	50×10^{-6}	36×10^{-6}	18×10^{-6}	
	3	55×10^{-6}	3×10^{-6}	52×10^{-6}	42×10^{-6}	16×10^{-6}	
	4	62×10^{-6}	4×10^{-6}	55×10^{-6}	40×10^{-6}	20×10^{-6}	
	5	50×10^{-6}	3×10^{-6}	65×10^{-6}	46×10^{-6}	22×10^{-6}	
	6	45×10^{-6}	3×10^{-6}	70×10^{-6}	50×10^{-6}	20×10^{-6}	
	7	46×10^{-6}	3×10^{-6}	70×10^{-6}	35×10^{-6}	20×10^{-6}	
	8	45×10^{-6}	3×10^{-6}	75×10^{-6}	40×10^{-6}	20×10^{-6}	
14	1	42×10^{-6}	4×10^{-6}	35×10^{-6}	65×10^{-6}		1500℃加C 1g,0.5% Al
	2	40×10^{-6}	3×10^{-6}	38×10^{-6}	52×10^{-6}		
	3	35×10^{-6}	3×10^{-6}	39×10^{-6}	48×10^{-6}		
	4	32×10^{-6}	2×10^{-6}	36×10^{-6}	54×10^{-6}		
	5	35×10^{-6}	2×10^{-6}	40×10^{-6}	46×10^{-6}		
	6	35×10^{-6}	1×10^{-6}	39×10^{-6}	47×10^{-6}		
	7	36×10^{-6}	1×10^{-6}	36×10^{-6}	51×10^{-6}		
	8	38×10^{-6}	2×10^{-6}	40×10^{-6}	41×10^{-6}		
15	1		2×10^{-6}				
	2		3×10^{-6}				
	3		4×10^{-6}				
	4		3×10^{-6}				
	5		5×10^{-6}				
	6		5×10^{-6}				
	7		6×10^{-6}				

续表 4-8

炉　次	编号	分析元素					备注
		O	N	S	C	P	
16	1		9×10^{-6}				
	2		9×10^{-6}				
	3		10×10^{-6}				
	4		10×10^{-6}				
	5		11×10^{-6}				
	6		11×10^{-6}				
	7		12×10^{-6}				

精炼期的脱氮，图 3-10 为在 1500℃和 1600℃熔炼镍基高温合金时氮含量的变化情况。可见，熔清（时间为 0 min）后，随精炼时间的增加，氮含量逐渐降低。在 1500℃时，经过 60 min 精炼，氮含量从 4×10^{-6} 降低到 1×10^{-6}。在 1600℃时，经过 80 min 的精炼，氮含量从 5×10^{-6} 降低到 2×10^{-6}。

图 3-11 为在 1500℃熔炼镍基高温合金时氮含量的变化情况，结果表明，加入 0.5% ~1.0% 的铝，可以促进脱氮。

综合上述研究结果，综合分析熔炼各阶段工艺及考虑各杂质元素含量的分析结果，把氮含量降低到小于 5×10^{-4} 的最佳熔炼工艺的电力制度见图 4-3。

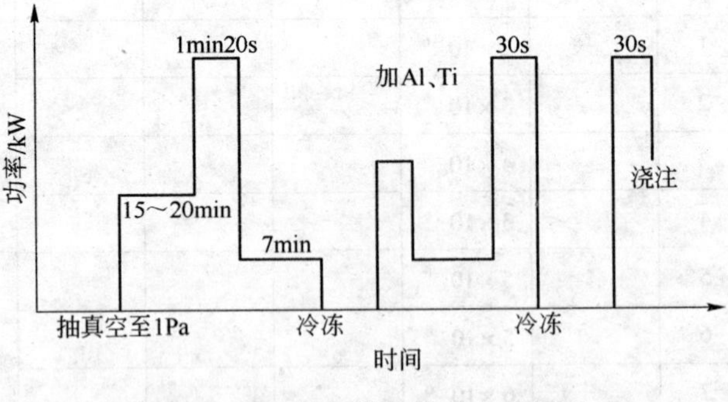

图 4-3　最佳熔炼工艺的电力制度

最佳熔炼工艺为：

按合理的次序加料 → 抽真空至 1 Pa，开始提高功率 10 kW→抽真空至 0.1 Pa，熔清→精炼 20 min 后冷冻结膜→加入 Al/Ti→重新熔化精炼 20 min→高温精炼 10 min→降温至浇注温度→浇注

4.5.2　镍基高温合金中氧含量和硫含量对脱氮的影响

实验中调整了氧含量和硫含量，在第 13 炉中使用非高纯原料，使氧含量和硫含量提高，分析数据表明其氧含量为 $(45\sim80)\times10^{-6}$，硫含量为 $(45\sim75)\times10^{-6}$，比第 14 炉中采用铝脱氧和脱硫后合金液中的硫含量为 40×10^{-6}、氧含量为 $(20\sim40)\times10^{-6}$ 要高很多，表面活性杂质硫与氧含量的增高导致脱氮速率下降。

氧和硫均为表面活性物质，它们的减少有利于脱氮的进行。当金属液中氧含量与硫含量高时，氮吸附于表面上的位置大为减少，因而大大减缓了表面上氮形成 N_2 分子的脱出。因此，在制定冶炼工艺时应考虑首先脱氧，加 Al 脱硫与进一步脱氧，然后脱氮。

4.5.3　镍基高温合金中不同氮含量时氮的存在形态

镍基高温合金中可能存在包含氮元素的化合物有：AlN、TiN、Ti(CN)、TaN 等。为了确定氮在镍基高温合金中的存在形态，采用中国科学院金属研究所测试中心的场发射电镜 JSM-6301F 来观察镍基高温合金中杂质元素的存在形态如图 4－4 所示。

4.5.4　氧化钙坩埚和氧化镁坩埚对脱氮影响的比较

研究对氧化镁坩埚进行了一次熔炼，分析了熔炼合金最后的氮含量，使用氧化镁坩埚采用同样的熔炼工艺，最终氮含量为 8×10^{-6}，和炉料中的氮含量基本相同。可以证明，采用氧化镁坩埚的脱氮效果不如采用氧化钙坩埚。

用 CaO 坩埚熔炼合金的氧、氮含量明显低于使用 MgO 坩埚，硫含量基本相同。这是由于在真空冶炼镍基高温合金时，Mg 的蒸

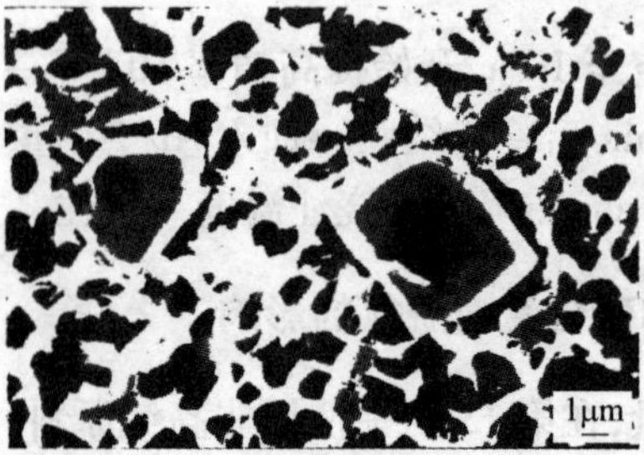

Ti(N, C)

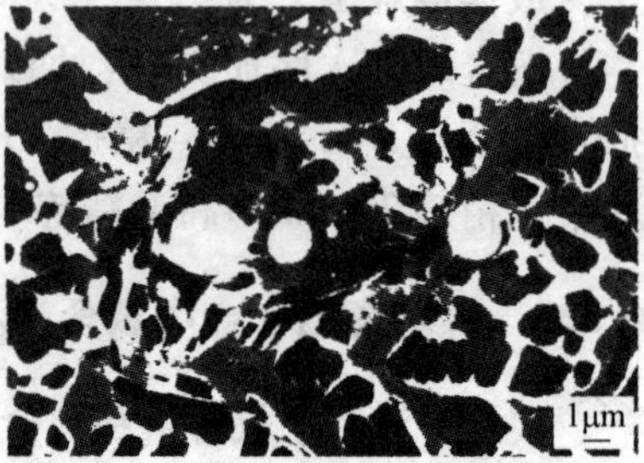

MgO

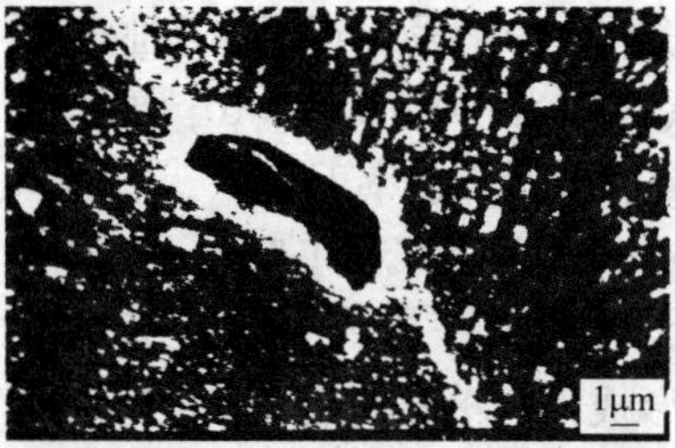

未熔 Ni

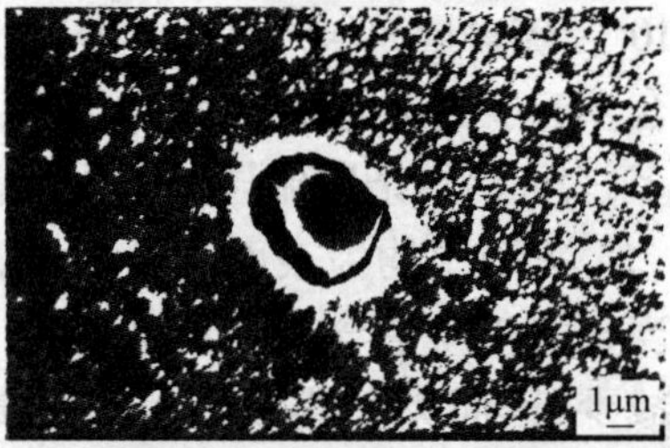

未熔 W

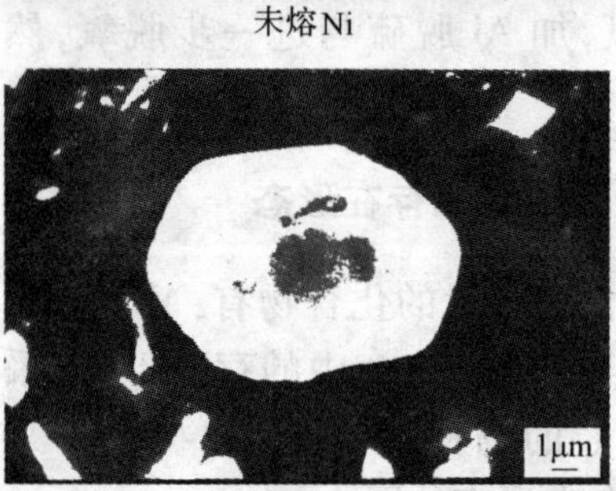

NiS

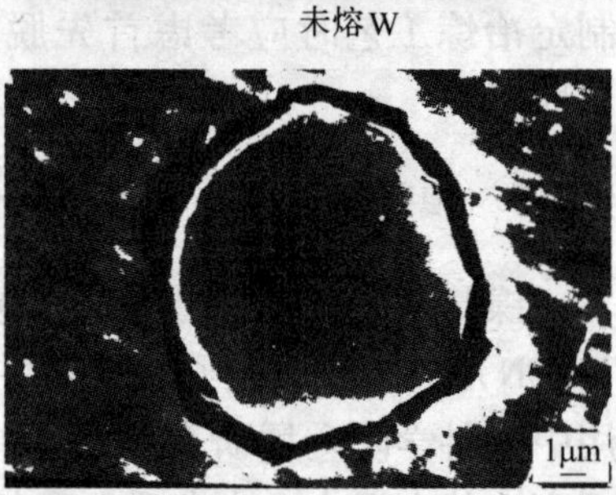

CrS

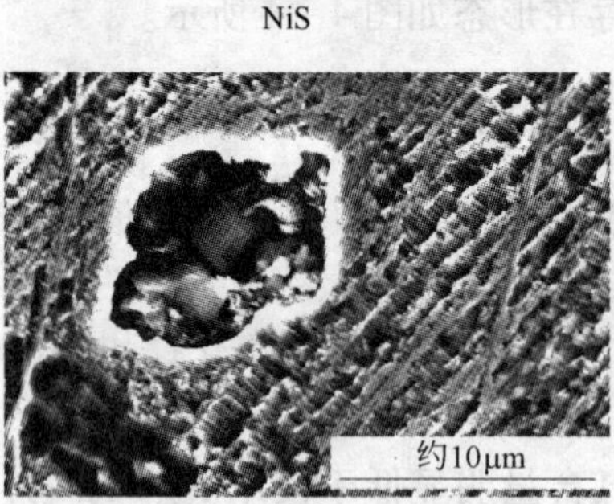

Al_2O_3

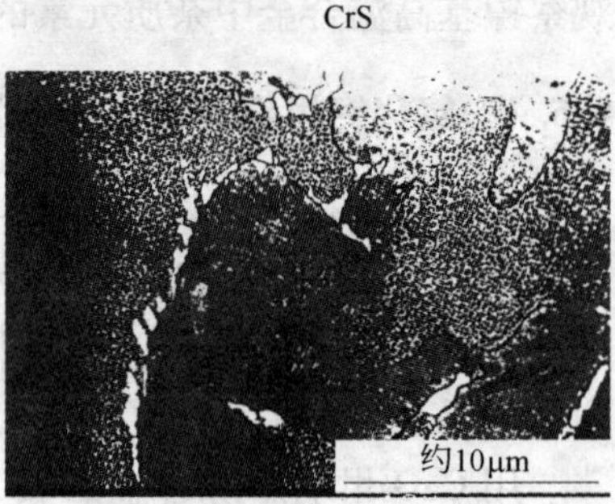

Cr_2O_3

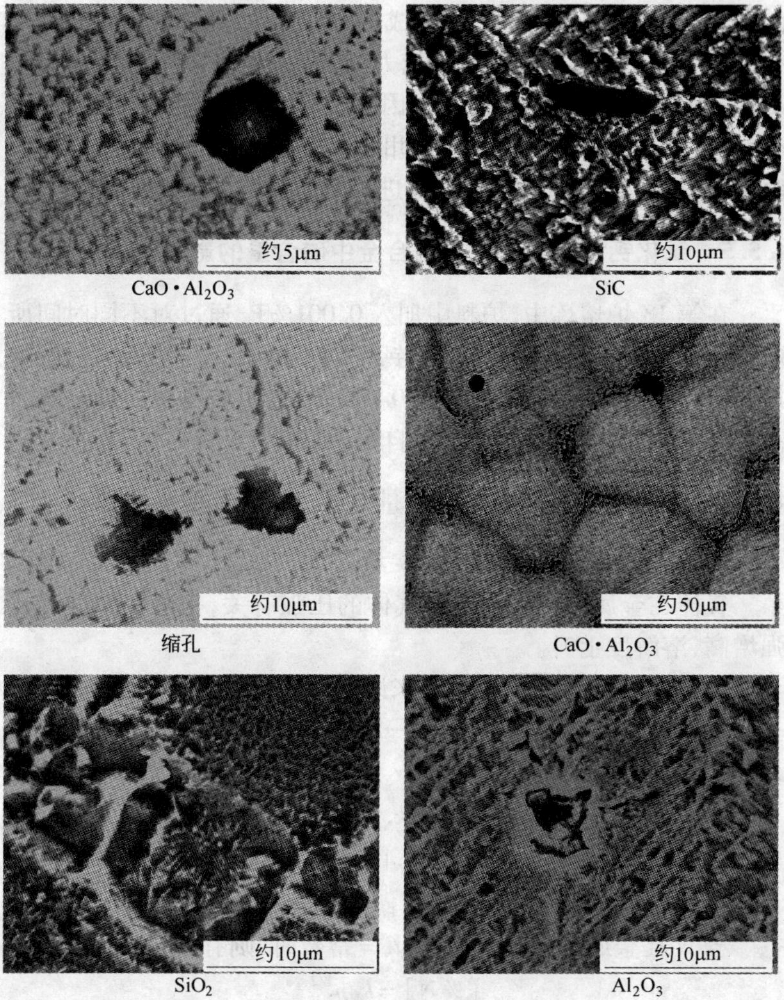

图4－4 镍基高温合金中杂质元素的存在形态

气压高而溶解度低，因而 MgO 分解出的 Mg 大量挥发损失，导致 MgO 坩埚加速向镍合金液供氧。Ca 与 Mg 相比，在冶炼温度相同时，Ca 的蒸气压约比镁的蒸气压小 20 倍，而在 Ni 液中 Ca 的溶解度却比 Mg 大；因而 CaO 坩埚往镍液中的输氧要慢得多。另一方面,金属液中加 Al 后,脱氧生成的 Al_2O_3 与 CaO 形成 nCaO · $m Al_2O_3$ 液态渣,有很强的脱硫能力,而 MgO 与 Al_2O_3 形成 MgO · Al_2O_3 固态光晶石,脱硫能力低,因此用 CaO 坩埚可使同样条件下硫与氧含量的降低比使用 MgO 坩埚多,从而有利于脱氮。再有,由于 CaO 高温下稳定性好,可以进行高温精炼,从而加速脱氮。

4.5.5　氧化钙坩埚对镍基高温合金中磷含量的影响

在第 13 炉熔炼中,炉料中加入 0.001% P,通过对不同时间所取样品 P 含量的分析表明,氧化钙坩埚不脱磷。随熔炼时间的增加,磷含量也从 0.001% 增加到 0.002%,表明炉料中的纯金属含有一部分磷,另一部分磷可能来自耐火材料。

4.5.6　氮含量小于 5×10^{-4}(质量分数,%)时的脱氮机理

4.5.6.1　西维特(Sievert)定律

气体在金属中的溶解度和气体的压强有关,一般的情况是压强增高,溶解度上升。

以 N 溶解在金属中的过程来说:

$$N_2 \longrightarrow 2[N]$$

平衡常数为:

$$k_N = \alpha_{N_2}/p_{N_2}$$

$$\alpha_N = k_N p_{N_2}^{1/2}$$

由

$$\alpha_N = \gamma_N[\%N]$$

$$\gamma_N[\%N] = k_N p_{N_2}^{1/2}$$

当 N 在金属中的活度系数 γ_N = 常数时,则有:

$$[\%N] = k_N p_{N_2}^{1/2}$$

此即为西维特定量分析,表明气体在金属中的溶解度与气体压强的平方根成正比,k_N 为反应平衡常数。

4.5.6.2　脱氮动力学的两种观点

一级反应:脱氮速率受控于氮从熔体向气、液界面上的扩散。

二级反应:脱氮速率受控于气、液界面上氮原子形成氮分子的过程。

公式推导：

真空条件下，镍基高温合金熔液脱 N 过程包括以下几个步骤：

(1) 熔液中的 N 通过熔液边界层传质到液、气界面；

(2) 在液、气界面发生化学反应 $[N]=\frac{1}{2}N_2$；

(3) 反应产物通过气相边界层传质到气相中。

(3)不会成为限制性环节。

如果 N 在液体边界传质为限制性环节(一级反应)：由菲克定律知，通过边界层物质的传送速率与金属液内部的浓度和金属液表面的浓度之差成正比，单位时间内通过表面 A 的物质量 J 为：

$$J=-Ak_1(C_N-C_{Ne})$$

若金属液体积为 V，由物质平衡原则得：

$$J=V\frac{dC_N}{dt}$$

两式联立得：

$$\frac{dC_N}{dt}=-\frac{A}{V}k_1(C_N-C_{Ne})$$

移项并积分得：

$$\int_{C_{N_0}}^{C_N}\frac{dC_N}{(C_N-C_{Ne})}dt=-\int_0^t\frac{A}{V}k_1dt$$

$$\ln(C_N-C_{Ne})\Big|_{C_{Ne}}^{C_N}=-\frac{A}{V}k_1t$$

$$\ln\frac{C_{Ne}-C_N}{C_{Ne}-C_{N_0}}=-\frac{A}{V}k_1t$$

$$C_N=k_N\sqrt{p_{N_2}}$$

此即为一级反应方程：

式中 k_1——一级反应传质系数，为常数 cm/s；

p_{N_2}——N 的分压，Pa；

t——熔炼时间，min；

A——与合金液接触坩埚的表面积，cm^2；

V——合金液的体积，cm^3；

C_N——t 时间 N 含量，%；

C_{Ne}——平衡态时的 N 含量，%；

C_{N_0}——初始 N 含量，%。

如果脱氮为化学反应控制（二级反应）：

同理有

$$\frac{dC_N}{dt}=\frac{A}{V}k_2(C_{Ne}^2-C_N^2)$$

移项并积分得

$$\frac{1}{2C_{Ne}}\left(\ln\frac{C_{Ne}+C_N}{C_{Ne}-C_N}+\ln\frac{C_{Ne}-C_{N_0}}{C_{Ne}+C_{N_0}}\right)=k_2\ \frac{A}{V}t$$

此即为二级反应方程，式中 k_2 为二级反应传质常数，cm/(s·%)。

根据实验数据和一级反应、二级反应公式计算反应传质系数 k_1 和 k_2 的值，得到表 4-9～表 4-12。

表 4-9　第 1 次试验脱氮反应平衡常数 k_1 和 k_2 计算值

时间/min	k_1/m·s^{-1}	k_2/m·(s·%)$^{-1}$
5	13.9×10^{-5}	4.06×10^{-3}
10	6.96×10^{-5}	2.03×10^{-3}
15	11.2×10^{-5}	3.95×10^{-3}
20	8.42×10^{-5}	2.96×10^{-3}
30	13.1×10^{-5}	5.92×10^{-3}
35	4.81×10^{-5}	1.69×10^{-3}

表 4-10　第 2 次试验脱氮反应平衡常数 k_1 和 k_2 计算值

时间/min	k_1/m·s^{-1}	k_2/m·(s·%)$^{-1}$
5	24.6×10^{-5}	6.43×10^{-3}
10	12.3×10^{-5}	3.21×10^{-3}
15	3.58×10^{-5}	0.79×10^{-3}

续表 4-10

时间/min	k_1/m · s^{-1}	k_2/m · (s · %)$^{-1}$
20	6.16×10^{-5}	1.61×10^{-3}
25	4.92×10^{-5}	1.29×10^{-3}
30	4.10×10^{-5}	1.07×10^{-3}
35	3.52×10^{-5}	0.92×10^{-3}

表 4-11　第 3 次试验脱氮反应平衡常数 k_1 和 k_2 计算值

时间/min	k_1/m · s^{-1}	k_2/m · (s · %)$^{-1}$
5	13.9×10^{-5}	4.06×10^{-3}
10	6.96×10^{-5}	2.03×10^{-3}
15	11.2×10^{-5}	3.95×10^{-3}
20	8.42×10^{-5}	2.96×10^{-3}
25	15.8×10^{-5}	7.10×10^{-3}
30	13.2×10^{-5}	5.92×10^{-3}
35	4.81×10^{-5}	1.69×10^{-3}

表 4-12　第 4 次试验脱氮反应平衡常数 k_1 和 k_2 计算值

时间/min	k_1/m · s^{-1}	k_2/m · (s · %)$^{-1}$
5	15.2×10^{-5}	1.61×10^{-3}
10	14.5×10^{-5}	1.79×10^{-3}
15	12.6×10^{-5}	1.72×10^{-3}
	添加 0.5 % Al	
20	9.4×10^{-5}	1.29×10^{-3}
25	9.7×10^{-5}	1.51×10^{-3}
30	10.4×10^{-5}	1.91×10^{-3}
35	11.7×10^{-5}	2.77×10^{-3}
40	10.3×10^{-5}	2.42×10^{-3}
45	9.1×10^{-5}	2.15×10^{-3}
50	8.2×10^{-5}	1.94×10^{-3}

4.5.6.3 结果分析

根据表4-9~表4-12的实验数据和一级反应、二级反应公式计算反应传质系数k_1和k_2的值,得出的k_1和k_2均不为常数。

对图4-1与图4-2实验数据进行计算得出的k_1与k_2均不为常数,总的趋势是初期较大,随着脱氮的进行而逐渐降低。在1500℃绝大部分$k_1=(3.52\sim24.6)\times10^{-5}$ m/s;$k_2=(0.79\sim7.10)\times10^{-3}$ m/(s·%),与Rupp等的数据$k_1=2\times10^{-4}$ m/s,$k_2=1.33\times10^{-2}$ m/(s·%)相比,k_1要大18~120倍,而k_2却大6~53倍,因此脱氮既不是一级反应也不是二级反应,而是混合控制机理,并以一级反应为主。

在超纯净冶炼中,合金液中的硫与氧的含量通常很低($<20\times10^{-6}$),真空度高(0.1 Pa),氮浓度低($<10\times10^{-6}$),导致扩散浓度差降低,因此脱氮速率可能主要受控于氮在气、液界面液相侧的传质过程;但1600℃的实验数据表明,表面活性元素含量高时仍会降低脱氮速率,加Al降低合金液中的氧和硫含量,从而促进脱氮。这些均表明,气、液界面上氮原子形成N_2的反应也明显影响脱氮速率。因此,镍基合金液在真空冶炼中低氮区的脱氮为混合控制过程,而以液相传质为主,表面形成N_2的反应也起明显作用。

4.5.7 镍基高温合金中钛与氮相互作用系数的计算

用同一活度的方法计算合金中Ti与N的相互作用系数。Fe-i-j三元系中,组元i以1%为标准态的活度系数是:在保持第二组元i的活度不变的情况下,$\lg f_i$随第三组元j的浓度的变化率称为同一活度法的相互作用系数,用以1%为标准态的活度系数表示为O_i^j,即:

$$O_i^j=\left(\frac{\partial \lg f_i}{\partial[\%j]}\right)[\%i]$$

由于三元系中$a_{[\%i]}=f_i[\%i]$,在恒$a_{[\%i]}$下,对上式取对数后微分得到:

$$\mathrm{d}\lg f_i=-\mathrm{d}\lg[\%i]$$

所以 O_i^j 的定义式又可写为：

$$O_i^j = -\left(\frac{\partial \lg[\%i]_i}{\partial[\%j]}\right)[\%i]$$

用同一活度求出的相互作用系数 O_i^j 必须换算为 e_i^j 才能用 $\lg f_i = e_i^i(\%i) + e_i^j(\%j) + \cdots$ 计算。换算公式为：

$$e_i^j = O_i^j(1 + 2.303[\%i]\,e_i^i)$$

熔炼温度分别定为1500℃，真空度为0.1 Pa，每隔5 min取一次样（从0 min计时）。合金成分为Ni-xTi，x=0，1，2，3，4。根据上述方法，我们可以把合金看作为Ni-N-xTi三元系。

在温度1500℃，真空度为0.1 Pa时，对合金进行熔炼，共熔炼5炉，合金成分分别为Ni，Ni-Ti，Ni-2Ti，Ni-3Ti，Ni-4Ti。熔炼后，对这些合金进行成分分析，得到1500℃合金液中不同Ti量下的[%N]值，从而可以得到5组相对应的数据。根据这些数据，将lg[%N]对[%Ti]进行拟合，可以得到回归直线方程，该直线方程的斜率的负值既为所求的在同一活度下的Ti与N的相互作用系数 O_N^{Ti}。然后利用 $e_N^{Ti} = O_N^{Ti}(1 + 2.303[\%N]e_N^N)$ 将其转化为同一浓度下的Ti与N的相互作用系数 e_N^{Ti}。

1500℃合金液中不同Ti(%)量下的[%N]值及其对数值见表4-13。

表4-13 Ti与N的相互作用系数 e_N^{Ti} 计算值

[%Ti]	0	1	2	3	4
[%N]	0.0002	0.00023	0.0003	0.0007	0.001
lg[%N]	-3.69	-3.63	-3.52	-3.17	-3.00

计算得 $O_N^{Ti} = -0.211$

利用 $e_N^{Ti} = O_N^{Ti}(1 + 2.303\,[\%N]e_N^N)$ 将其转化为 e_N^{Ti}，

所以 $e_N^{Ti} = -0.211(1 + 2.303 \times 0.001 \times 1) = -0.212$，

将数据代入 $\lg f_N = e_N^N(\%N) + e_N^{Ti}(\%Ti)$ 可计算出氮的活度系数 f_N：

$$\lg f_N = e_N^N(\%N) + e_N^{Ti}(\%Ti) = 1 \times 0.001 + 0.212 \times 4 = -0.847$$

所以氮的活度系数 $f_N = 0.142$。

4.6 脱氮反应平衡常数计算程序

```
#include < math. h >
#include < stdio. h >
 main( )
 { int i,j,t;
  float N0,Ne,x,y,c,z,a,b;
  float N[10];
  float k[10];
  N0 = 11;
  Ne = 0.07;
  a = 7.04;
  printf( "input 10 numbers:\n" );
  for(i = 1;i <= 10;i ++)
  scanf( "%f" ,&N[i]);
  printf( "\n" );
  for(i = 1;i <= 10;i ++)
  { t = 5;
    x = (Ne - N0)/(Ne - N[i]);
    y = log(x);
    k[i] = y/(a * t);
    printf( "when the time is %d" ,t);
    printf( "first order constant k[i] = %f" ,k[i]);
    printf( "\n" );
    t + 5;
    }
  for(j = 1;j <= 10;j ++)
    for(i = 1;i <= 10;i ++)
    if(k[i] > k[i + 1])
       { c = k[i];
         k[i] = k[i + 1];
         k[i + 1] = c;}
```

```
    printf("the first sorted numbers:\n");
    for(i=1;i<11;i++)
      printf("%f",k[i]);
    for(i=1;i<11;i++)
    { t=5;
      b=(Ne-N0)/(Ne+N0);
      x=(Ne+N[i])/(Ne-N[i]);
      y=log(x);
      k[i]=y/(2*Ne*a*t);
      printf("when the time is %d",t);
      printf("\n");
      printf("the second order constant k[i]=%f",k[i]);
      printf("\n");
      t+5;
    }
    for(j=1;j<11;j++)
      for(i=1;i<11;i++)
    if(k[i]>k[i+1])
      { c=k[i];
        k[i]=k[i+1];
        k[i+1]=c;}
      printf("the second sorted numbers:\n");
      for(i=1;i<11;i++)
        printf("%f",k[i]);
}

#include <math.h>
#include <stdio.h>
main()
{ int i;
   float s,KN,p,d;
   float N[10];
   float K[10];
```

```
    p=0.1*0.78;
    d=sqrt(p);
    printf("Input 10 numbers:\n");
    for(i=1;i<11;i++)
    scanf("%f",&N[i]);
    for(i=1;i<11;i++)
    { K[i]=N[i]/d;
      printf("K[i]=%f",K[i]);
      printf("\n");
    }
   for(i=1;i<11;i++)
    { s=0;
      s=s+K[i];
      }
   printf("the sum is %f",s);
   KN=s/10;
   printf("the reaction constant KN=%f",KN);
}
```

→

```
#include<math.h>
#include<stdio.h>
main()
   { float k1,k2;
    float k11,k12;
    float k21,k22;
    float n11,n12;
    float n21,n22;
    k1=2*pow(10,-4);
    k2=1.33*pow(10,-2);
    k11=15.2*pow(10,-5);
    k12=8.2*pow(10,-5);
    k21=27.7*pow(10,-2);
```

```
k22 = 12.9 * pow(10, -2);
if(k11 > k1)    n11 = k11/k1;
else            n11 = k1/k11;
printf("n11 = %f\n",n11);
if(k12 > k1) n12 = k12/k1;
else            n12 = k1/k12;
printf("n12 = %f\n",n12);
if(k21 > k2) n21 = k21/k2;
else            n21 = k2/k21;
printf("n21 = %f\n",n21);
if(k22 > k2) n22 = k22/k2;
else            n22 = k2/k22;
printf("n22 = %f\n",n22);
}
```

参 考 文 献

[1] 张承甫,等. 液态金属的净化与变质[M]. 上海:上海科学技术出版社,1989.

[2] 川和保治. 钢铁冶金反应动力学[M]. 北京:冶金工业出版社,2001.

[3] 华一新. 冶金过程动力学导论[M]. 北京:冶金工业出版社,2004.

[4] 梁连科 冶金热力学及动力学[M]. 沈阳:东北大学出版社,1990.

[5] 张家驹. 铁冶金学[M]. 沈阳:东北大学出版社,1990.

[6] 徐世铮. 电炉炼钢学[M]. 沈阳:东北大学出版社,1990.

[7] 孙文儒. P、S、Si 对一种高温合金凝固偏析和组织性能的影响[D]. 沈阳:中国科学院金属研究所,1993.

[8] 张天相. P、S、B 和 Si 对 GH169 合金组织与性能的影响[D]. 沈阳:中国科学院金属研究所,1992.

[9] 孙铭山,丁伟中. 钢液脱氮的动力学研究[J]. 中国稀土学报,2000,18(9):229.

[10] 唱鹤鸣,傅杰,等. 钢液脱氮的研究[J]. 中国稀土学报,1998,16(8):570.

[11] 傅杰,唱鹤鸣,等. 钢液真空脱氮动力学研究[J]. 钢铁 2000,35(10):23.

[12] 李素芹,等. 极低硫钢的精炼脱硫动力学模型[J]. 北京科技大学学报,2004,26(3):52.

[13] 陈斌,包萨日娜,王灿国,等. 镁脱氧热力学和动力学计算[J]. 钢铁研究,2008 26(2):34.

[14] 伊赫桑,巴伦. 纯物质热化学数据手册[M]. 程乃良、牛四通、徐桂英等译. 北京:

科学出版社, 1995.
[15] 黄希祜. 钢铁冶金原理(修订版)[M]. 北京:冶金工业出版社,1995.
[16] 赵增武,常国威,王新华. 氧、硫对高纯净低合金钢强韧性的影响研究[C]. 新一代钢铁材料研讨会论文集,北京,2001.
[17] 梁克中. 金相－原理与应用[M]. 北京:中国铁道出版社:1983.
[18] 张鉴. 冶金熔体的计算热力学[M]. 北京:冶金工业出版社, 1998.
[19] 魏寿昆, 冶金过程热力学[M]. 上海:上海科学技术出版社, 1980.
[20] 知水, 王平, 侯树庭. 特殊钢炉外精炼[M]. 北京:原子能出版社, 1996.
[21] 戴维, 舒莉. 铁合金冶金工程[M]. 北京:冶金工业出版社, 1999.
[22] 王常珍. 固体电解质和化学传感器[M]. 北京:冶金工业出版社, 2000.
[23] 李正邦. 电渣冶金原理及应用[M]. 北京:冶金工业出版社, 1996.
[24] 王治政, 周奠华, 金鑫. 采用 VIM + VAR + ESR 三联工艺冶炼 GH4169 合金的实验研究[J]. 钢铁研究学报, 2003,15(7) : 338.
[25] 陈希春, 冯涤, 陶宇. 真空感应熔炼 FGH95 母合金中的非金属夹杂物研究[J]. 钢铁研究学报, 2003,15(7) : 327.
[26] 陈存中. 有色金属熔炼与铸锭[M]. 北京:冶金工业出版社,1996.
[27] 李文超. 冶金热力学[M]. 北京:冶金工业出版社,1995.
[28] 李庆春. 铸件形成理论基础[M]. 哈尔滨:哈尔滨工业大学出版社,1980.
[29] 傅恒志. 铸钢与高温合金及其熔炼[M]. 西安:西北工业大学出版社,1983.
[30] 戴永年,杨斌. 有色合金材料的真空冶金[M]. 北京:冶金工业出版社,2000.
[31] 郭景杰,苏彦庆. 钛合金 ISM 熔炼过程热力学与动力学分析[M]. 哈尔滨:哈尔滨工业大学出版社,1998.
[32] 刘贵仲. TiAl 基合金 ISM 过程中熔体成分变化与控制[D]. 哈尔滨:哈尔滨工业大学,2003.
[33] 王常珍. 冶金物理化学研究方法[M]. 北京:冶金工业出版社,2002.
[34] 郑庆雄,王美丽. 多孔陶瓷等效导热系数的近似计算[J]. 推进技术,1995,3:78.

5 杂质元素的存在形态及其对金属性能的影响

5.1 钢及合金中杂质元素的存在形态

5.1.1 金属中气体元素的行为和对性能的影响

在与金属接触的气体中，无论是地球的大气，真空系统的残留气体，或惰性气体中，总是含有氢、氧、氮、碳、硫。因此在地球上不可能得到完全不含"气体"元素的金属。随着科学技术的发展，已弄清了过去所不知道的固体中气体杂质形成的来源。作为理想的金属晶格而言，氢、氧、氮、碳（硫除外，它不属于间隙相元素），在达到一定浓度值以前，将仅以间隙溶液形式存在。半径分别接近于0.046 nm、0.07 nm、0.071 nm、0.077 nm 的氢、氧、氮、碳原子填充到金属晶格的结点中间并不置换金属原子，使晶格对称性稍有扭曲。除间隙固溶体外，气体在金属中还能以剩余相（凝聚相和气态相）的形式、围绕位错堆聚的形式以及在内表面上吸附的形式存在。

在相同的晶体结构范围内氢、氧、氮、碳在金属中的最大溶解度随着原子序数的增加，按钛－锌，锆－镉，铪－汞的方向，从百分之几十降到千分之几（原子分数），在某些情况下，已达到用目前可行的方法所能检测的范围以外。在超过气体元素溶解度极限的情况下（在一定的温度和分压下），剩余相形式的析出过程就开始了。

在实际金属中，杂质气体元素由气相经表面层转入凝聚相可以分为吸附、分解、表面溶液的形成、扩散、溶解杂质气体元素在固溶体和结构缺陷间的分配、剩余相的成核和析出几个阶段。气体杂质元素的原子在间隙固溶体和位错附近的堆聚区之间可以达到平衡分配,在温度急剧改变的情况下,原先接近平衡的气体-金属系统变成不平衡,为吸附和解吸过程的发展提供条件。

由间隙元素在固溶体金属中形成的固溶体能够在一定的浓度范围内存在。当这种浓度范围扩大为纯金属组分时,该固溶体称为初级固溶体。室温下通常此相浓度界限不大,且随着温度的升高而增大。在给定的温度下,超过溶解度时则形成次级固溶体(氢化物、氮化物或氧化物相)。次级固溶体的晶体结构与初级的不同。例如在400℃时,氮在铁中形成一种间隙式固溶体,浓度可达0.4个氮原子/100个铁原子。此时氮含量在初级固溶体范围,未超过极限溶解度,该相呈体心立方晶形存在,这正是在相应温度下,溶剂金属铁的结构。当加入更多的氮,超过极限溶解度则形成次级相Fe_4N;它含有24.1~25.8个氮原子/100个铁原子的氮。这种次级相是面心立方结构。当氮含量达到35.5个氮原子/100个铁原子时,形成密堆积六角形ξ相,因此可以看出加入气体会改变金属原子的堆积形式。

在金属原子的密堆积点阵中,存在两种间隙位置,即坐标数为6的"八面体的"位置和坐标数为4的"四面体的"位置。气体元素占据哪种位置取决于与其体积相适应的最高坐标数。较大的原子往往会占有八面体位置,而较小的则占有四面体的点阵位置,即氢倾向于占据填隙式四面体的位置,而较大的氧和氮原子倾向于占据密堆积金属晶格中八面体的位置。

气体在金属中的溶解度在相应温度和熔化温度下都出现突变。铁的α和δ相是体心立方结构,而γ相铁是面心立方结构,间隙元素在面心立方晶格中的溶解度较大。

气体元素能使钢材产生缩孔、气泡、疏松、点状偏析、裂纹等缺陷。缩孔是钢锭冷却收缩时,因无液体补充而在钢锭内部形成的孔洞。钢中气泡是由于钢锭凝固时,碳-氧反应生成的气泡来不及排除就被围在钢锭内部产生的。疏松是一种微小孔洞分布在钢材内部。点状偏析形成的原因是钢件中已凝固或已呈糊状的金属部分，存在气泡或收缩孔隙，这些位置随后为富含低熔点组元和杂质的溶液所填充，就造成了点状偏析，点状偏析严重的钢中气体元素含量往往较高。而裂纹的产生通常是由于钢液凝固过程中发生了夹杂质物的集聚和气体溶解度的降低，并且一般集中在晶粒边界，形成了薄弱环节，以后当热处理或压力加工时产生的应力超过强度时，这种地方容易开裂产生裂纹。钢中气体元素除了与其他各种因素综合作用产生许多缺陷外，其本身还会对钢材性能产生各自独有的影响。

5.1.1.1 钢中氢及其对钢材性能的影响

氢对钢造成很多严重缺陷，危害性极大。白点是氢造成的严重缺陷之一。20 世纪 50 年代美国曾发生几起发电机转子、汽轮机转子和叶轮脆性断裂的严重事故，据断口分析其原因之一就是存在白点。

A 氢在钢中的溶解度与存在形式

氢在冶炼过程中，由锈蚀含水的炉料混入钢中，也从潮湿的大气中吸入。在含氢的还原性气氛中加热钢材时或酸洗钢材时氢也可以被吸收而扩散进入钢材内部。

氢以原子或离子（质子）的形式溶解于钢中，在一定温度下，钢液中氢的浓度[H]与氢的分压 p_{H_2} 的平方根成正比。即：

$$[H] = K\sqrt{p_{H_2}}$$

当温度为 1600℃时 K 为 0.0027，氢在铁中的溶解度随着温度和压力的下降而降低。氢在固体铁中的溶解度与铁的晶体结构有关，发生相变时，溶解度急剧变化，如铁于 1534℃ 由液态结晶为固态时氢的溶解度显著下降；在 1390℃ 由 δ-Fe 转变为 γ-Fe 时溶解度重又增加，而在 910℃ 由 γ-Fe 转变为 α-Fe 时溶解度又显著下降。

氢有很高的扩散能力，这主要是其原子半径较小，在铁的固体晶格中容易自由地移动，在 α- Fe 和 γ-Fe 中的扩散系数都随着温度的升高而增大。此外氢的扩散系数还和铁的晶体有关，在所有温度下，氢在 α-Fe 中的扩散系数都超过它在 γ-Fe 结构中的数值。

因此在对普通钢中氢的热抽取法分析时900℃加热温度即可保证氢的完全扩散释放。

氢在碱性平炉钢中含量约为0.0003%～0.0008%，在酸性平炉钢中约为0.0003%～0.0006%，在碱性电炉钢中约为0.0004%～0.0011%，在酸性电炉钢中约为0.0003%～0.0008%，在转炉钢中约为0.0003%～0.0006%。

B 氢对钢材性能的影响

由于氢对钢的危害性极大，因此必须尽量除去。白点是由氢引起的最常见缺陷。引起钢产生白点的极限含量一般在0.0002%～0.0003%，引起钢产生氢脆的极限含量更低，约为0.00005%。

白点也称发裂，在调质处理后的纵向断口上呈现圆形或椭圆形的银白色有光泽的粗晶状斑点，故叫白点。白点的存在会使钢材的力学性能大大降低。据测定，没有白点的钢试样抗拉强度极限 $\sigma_b = 799.7$ MPa，伸长率 $\delta = 16.9\%$，断面收缩率 $\psi = 28.5\%$。而白点面积为60%时 $\sigma_b = 245$ MPa，$\delta = 1.8\%$，$\psi = 2.8\%$，可见其对钢材性能的危害性。

现在对白点形成的原因及防止已经有了较为完整的措施。氢脆是由于氢引起的一种脆性断裂，对含氢试样作静载荷下的持久试验，在低于屈服应力的静载荷持续作用下，经过一定时间的孕育期后，在钢的表面或接近表面处产生断裂源。在应力作用下裂纹开始传播长大，最后产生突然断裂。目前普遍认为这种断裂是钢在受载后，缺口尖端处不但有应力集中，而且氢原子在应力作用下向这里扩散集中，聚集在位错周围，使之不能自由运动，于是在这里产生局部硬化。在外力的作用下这里的基体不能通过变形使应力松弛，导致产生裂纹进而产生断裂。

5.1.1.2 钢中氧对钢材性能的影响

氧对于把铁冶炼成钢是不可缺少的。铁中的杂质元素碳、硅、锰、磷、硫等就是通过氧化来去除或使之降低到需要的程度。但是在冶炼结束时，钢液中如果残留过多的氧，钢液凝固后会在钢锭内部产生大量的气泡和非金属夹杂物,影响钢材质量,因此钢液成分达到所炼钢种的要求后,又必须采取加入脱氧剂的方式来降低钢液中的氧含量,但最终总还是会有少量的氧主要是以氧化物夹杂的形态存在于钢中。

A 氧在钢铁中的溶解度来源及存在形式

在1523℃的铁液中氧的溶解度为0.16%,1600℃时约为0.23%。钢中的碳含量对氧的溶解度具有很大影响。如在和一个大气压的氧平衡时,含0.2%碳的钢液只能溶解0.01%的氧,超出这一数量的氧将与碳或铁化合成CO或FeO。钢中如加入铝、硅、钛等元素,氧就与之结合形成氧化物析出,从而使钢液中氧的溶解度进一步降低。一般沸腾钢中的氧含量为0.03%~0.07%,用硅脱氧的钢为0.010%~0.020%,铝镇静钢的氧含量约为0.001%~0.005%,它们大部分是以氧化物夹杂的形式存在于钢中。

钢中氧化物夹杂按其来源分为内在夹杂物和外来夹杂物两大类。内在氧化物夹杂是钢在液态及凝固过程中,由于氧与钢中元素发生化学反应生成后,当钢液凝固时,它们来不及上浮而留在钢中而产生的。外来夹杂物主要是由冶炼及浇注时混入钢中的钢渣,或者是炉衬、出钢槽、盛钢缸及浇注系统中耐火材料发生剥落而混入钢液后,当钢液凝固时未能浮出而留在钢中造成的。也有部分是由于脱过氧的钢液在出钢和浇注时与大气接触,致使钢液两次氧化而生成的夹杂物。

钢中常见的氧化物夹杂有MnO,Al_2O_3,TiO_2,V_2O_3,ZrO_2等。也有$FeO_2 \cdot MnO$,$FeO \cdot Al_2O_3$,$FeO \cdot V_2O_3$等较复杂的氧化物夹杂和$2FeO \cdot SiO_2$,$3Al_2O_3 \cdot SiO_2$,$2MnO \cdot SiO_2$等复杂的硅酸盐夹杂物。

B 氧对钢材性能的影响

在实际生产中,普通钢材只要性能合格,并不进行夹杂物分析,而用于重要用途的钢材,常把非金属夹杂物列为钢材出厂的常规检验项目之一。氧化物夹杂也是这种检验的重要项目之一。这些夹杂中Al_2O_3、尖晶石类氧化物$AO \cdot B_2O_3$(其中A为二价金属,

B 为三价金属）等形成没有塑性的脆性夹杂物。它们的外形和尺寸在热加工时不变化，因此它们对钢材的性能随着夹杂物的数量、大小、形状的不同会产生或大或小的影响。即会引起局部应力集中而成为裂纹的起源，降低冲击韧性和疲劳强度。例如 0Cr18Ni9 钢中，当氧含量为 0.005% 时冲击韧度 α_K 为 370 J/cm^2。当氧含量增至 0.012% 时，冲击韧度 α_K 降至 225 J/cm^2。另外氧含量还会降低钢的抗拉强度、屈服强度和伸长率。降低氧含量和夹杂含量将会明显提高钢的力学性能。

钢中氧含量高，会产生皮下气泡，疏松等缺陷，并加剧硫的热脆性。在钢的凝固过程中，氧以氧化物的形成大量析出，会降低钢的塑性、冲击韧性等。

氧化物夹杂还会引起钢组织的不均匀性，如带状组织等。导致钢材性能的方向性，主要是其横向塑性和韧性低于纵向塑性和韧性。

另外，机械零件在制造过程中均需经历一系列的冷热加工工序，钢中存在大量的氧化物夹杂时，会使工艺性能变坏，甚至引起裂纹及其他缺陷，致使零件报废。例如当铸件中局部聚积大量的氧化物夹杂时，由于降低了钢的强度和塑性，使铸件在凝固时，因体积收缩应力的作用而形成裂纹，导致报废。

钢在冷变形时，当钢中夹杂物多时，也会产生裂纹及其他缺陷。某厂曾统计过六种合金钢制成的汽轮机叶轮的冷弯试验结果，在所进行的 1377 次冷弯试验中有 154 个试样表面发现不同程度的撕裂，其中 94% 是由于钢中夹杂物引起的。

5.1.1.3 钢中氮及其对钢材性能的影响

钢中氮主要来源于炉料和大气，它对钢性能的影响与氢和氧有些不同。氢、氧尤其是氢对钢材会产生非常有害的影响，因此在冶炼过程中尽量设法去除。而氮作为杂质元素虽在一定条件下导致钢材的蓝脆、时效等现象，并且超过某一限度时易在钢中形成气泡、疏松等缺陷，但它对钢材性能还有有利的一面，已被认为是一种重要的合金元素，并用中间合金和渗氮的方法加入钢中，以获得所需的钢材性能。

A　氮在钢中的溶解度和存在形式

氮在正常情况下以双原子分子存在，而以原子形式溶解在铁中。并服从平方根定律，即在一定温度下正比于气相中氮分压的平方根：$[N] = K\sqrt{p_{N_2}}$

式中[N]为溶解在铁中的氮；p_{N_2}为气相中氮的压力。当温度为1600℃时，$K = 0.045$，氮在液体铁中的溶解度随着温度的降低而降低，凝固时急剧降低，氮在γ铁中的溶解度比在α铁和δ铁中高。但由于γ-Fe存在的温度范围内有铁氮化合物析出，且其析出为放热反应。故在γ铁中氮的溶解度随着温度的升高反而降低。

另外，氮在铁中的溶解度受碳、锰、铬、铝、钒、钛、锆等元素的影响而增加或降低，尤其是铬、铝、钛、锆等和氮有较强亲和力的元素，因它们与氮易形成极稳定的氮化物，在惰性气氛中用熔化法分析时，由于炉子功率小温度不够，氮化物难以完全分解而导致分析结果偏低。

钢中残留的氮含量取决于钢的成分和冶炼方法，一般平炉冶炼的碳素钢中氮含量约为0.001%～0.008%；酸性转炉钢约为0.014%～0.018%。若钢中含有铬、铝、钒、钛、锆等氧化物形成元素，则钢中残留的氮含量还会增加，例如含铬10%～30%的钢，其氮含量可达0.017%～0.07%。

B　氮对钢性能的影响

氮作为合金元素加入钢中，其主要作用是：(1) 固溶强化及时效强化；(2) 形成和稳定奥氏体组织；(3) 改善高铬和高铬镍钢的宏观组织，使之致密坚实，并提高其强度；(4) 用渗入法与钢表面层中的铬、铝等元素化合形成氮化物，增加钢表面层的硬度、强度、耐磨性和抗蚀性。

但是氮在一定条件下也会对钢带来不利影响，当钢中残留的氮含量较高时，会导致钢宏观组织疏松、甚至形成气泡。在热加工和冷加工时也会遇到困难。

氮与α铁形成间隙固溶体,随着温度的下降其溶解度也不断降低,当冷却较快时,α铁中的氮来不及析出而处于过饱和状态,这样含氮的铁素体钢从高温快冷后回火或在室温中停留时间较长时,从过饱和的α固溶体中析出弥散分布的氮化物过渡相,将使钢产生时效脆性。此种时效脆性将伴随着强度和硬度的提高,使塑性和韧性显著降低。

氮还是导致钢产生蓝脆的主要原因。所谓蓝脆就是当温度在150~400℃时,钢的塑性、韧性显著下降,由于在这一温度下钢表面呈现蓝色的氧化皮,固称为蓝脆。这是由于溶解在α铁中的氮在温度升高时会迅速析出,造成了脆性。

另外,氮与钢中的铬、铝、钒、钛、锆等合金形成的氮化物由于其具有很高的熔点和硬度,在热加工时不能变形,当其分布不均聚集在一起时将会对钢造成很大的危害。

5.1.1.4　钢中的碳对钢材性能的影响

碳在金属中的最大溶解度,随着原子序数的增加,按 Ti—Zn—Zr—Cd 的方向从百分之几降到千分之几。碳在钢中的形式以碳化物(Fe_3C)为主,固溶体为辅,是决定钢的强度的主要元素。钢中碳含量增加时,强度升高,塑性和韧性降低,为此需要在整个熔炼过程中控制其含量。当钢中有形成稳定碳化物的元素铌、钛、钒、钼、钨等时,其屈服强度的提高更为显著。随着碳含量的增加钢的焊接性能显著下降,故在普通低合金钢中碳含量一般不超过0.22%。碳还提高钢的冷脆性和时效敏感性,降低钢的抗大气腐蚀能力。

5.1.1.5　钢中硫对钢材性能的影响

硫是由矿石、生铁、燃料进入钢中的,它在钢中的溶解度极小,与铁形成硫化铁,硫化铁与铁能形成低熔点的共晶体,其熔点为985℃。当钢在1000~1200℃的温度下进行锻轧时,低熔点共晶体即熔化,使钢晶粒间的结合能力大为减弱,强度剧烈降低使钢极易产生裂纹或破裂,这种现象称为“热脆”。

高的硫含量除显著降低钢的疲劳强度和塑性外,还使钢的耐蚀性和焊接性能变坏。

硫还极易在钢中产生偏析，在钢锭中其偏析程度可达600%，所以硫在高级优质钢中的含量不得超过0.025%；在优质钢中为0.035%～0.040%；在普通钢中为0.050%～0.080%。

5.1.2 钢中的磷和硫

对于绝大多数钢种来说，磷是有害元素，钢中的磷含量高会引起钢的"冷脆"，即从高温降低到0℃以下，钢的塑性和冲击韧性降低，并使钢的焊接性能和冷弯性能变差。磷是降低钢的表面张力的元素，随着磷含量的增加，钢液的表面张力显著降低，从而降低了钢的抗裂性能，磷是仅次于硫在钢的连铸坯中偏析度高的元素，而且在铁固溶体中的扩散速率很小，因而磷的偏析很难消除，从而严重影响钢的性能，所以脱磷是炼钢过程的重要任务之一。

磷在钢中以[Fe_3P]和[Fe_2P]的形式存在，但通常是以[P]来表达，炼钢过程的脱磷反应是在金属液与熔渣的界面进行的。

鉴于磷对钢的不良影响，不同用途的钢对磷的含量有严格的要求，如非合金钢普通质量级的要求，其含量小于0.045%，优质级钢小于0.035%，特殊质量级钢小于0.025%，个别钢甚至要求小于0.010%。但有些钢种如炮弹钢、耐腐蚀钢等，则需要加入磷元素。

硫对钢的性能会造成不良影响，钢中硫含量高，会使钢的热加工性能变坏，即造成钢的"热脆"性。硫在钢中以FeS形式存在，FeS的熔点为1193℃，Fe与FeS组成的共晶体的熔点只有985℃，液态Fe与FeS虽然可以无限互溶，但在固溶体中的溶解度很小，仅为0.015%～0.02%，当钢中的硫含量超过0.020%时，钢液在凝固过程中由于偏析使得低熔点的Fe-FeS共晶体分布于晶界，在1150～1200℃的热加工过程中，晶界处的共晶体熔化，钢受压时造成晶界破裂，即发生"热脆"现象。如果钢液中的氧含量较高，则FeS与FeO形成的共晶体熔点更低，为

940℃，更加剧了钢的“热脆”性。锰可在钢的凝固范围内生成MnS和FeS，纯MnS的熔点为1610℃，共晶体MnS和FeS的熔点为1164℃，能有效地防止钢热加工过程的热脆性，因此钢中必须有一定的含锰量。

此外，硫还会明显降低钢的焊接性能，引起高温龟裂，并在金属焊缝中产生许多气孔和疏松，降低焊缝的强度。硫含量超过0.06%时候，会显著恶化钢的耐蚀性，硫是连铸坯中偏析最严重的元素。

5.1.3 钢中的气体

钢液中的气体会显著降低钢的性能，而且容易造成钢的许多缺陷，钢中的气体主要是氢与氮，他们可以溶解于液态和固态纯铁和钢中，氢在固态钢中的溶解度很小，在钢液冷却过程中，氢会与CO、N_2等气体一起析出，形成皮下气泡，中心缩孔和疏松，造成白点和发纹。在钢的热加工过程中，钢中含有氢气的气孔会沿加工方向被拉长形成发纹，引起钢的强度、塑性和韧性的降低，即发生氢脆现象。在钢材的纵断面上，呈现出圆形或椭圆形的银白色斑点称为“白点”，“白点”实质上是交错的细小裂纹，它产生的主要原因是钢中的氢在小孔隙中析出的压力和钢相变时产生的组织应力的综合力超过了钢的强度，其产生的温度一般低于200℃。

钢中的氮以氮化物的形态存在，它对钢质量的影响表现出双重性。氮含量高的钢种长时间放置，将会变脆，这一种现象称为“老化”或时效。原因是钢中氮化物析出速度很慢，逐渐改变着钢的性能。钢中氮含量高时，在250～450℃温度范围，其表面发蓝，钢的强度升高，冲击韧性降低，称为“蓝脆”。氮含量增加，钢的焊接性能变坏，但钢中加入适量的铝，可以生成稳定的AlN，能够抑制Fe4N的生成和析出，不仅改善钢的失效性，还可以阻止奥氏体晶粒的长大，氮可以作为合金元素起到细化晶粒的作用。

5.1.4 钢中的非金属夹杂

钢中的非金属夹杂按来源可以分为外来和内生两种。

外来夹杂物是指冶炼和浇注过程中,带入钢液中的炉渣和耐火材料以及钢液被大气氧化所形成的氧化物。

内生夹杂物包括四个方面:脱氧时的脱氧产物,钢液温度下降时,硫、氧、氮等杂质元素溶解度降低而以非金属夹杂物形式出现的生成物;凝固过程中因溶解度降低、偏析而发生的反应的产物;固态钢相变溶解度变化生成的产物。钢中大部分的内生夹杂物是在脱氧和凝固过程中产生的。

根据化学成分的不同,夹杂物可以分为:氧化物夹杂,硫化物夹杂和氮化物夹杂。

按照加工性能区分,夹杂物可以分为塑性夹杂物和脆性夹杂物。

非金属夹杂对钢的性能会产生严重影响,因此应最大限度地降低钢液中的夹杂物含量,控制其形状和尺寸。

5.2 夹杂物分类及其对性能的影响

金属中非金属夹杂物(即金属中的氧化物、氮化物、硫化物等的统称)破坏了金属基体的连续性,造成金属组织的不均匀,使其力学性能,特别是金属的塑性、韧性及疲劳性能受到影响,对金属的物理化学性能也产生不利影响。随着对金属性能要求的提高,对金属的化学成分及组织均匀性的要求也越来越高。为确保获得纯净的金属,要求金属中的夹杂物尽量减少,但在某些特定的条件下,金属中的非金属夹杂物也有有利的一面,如控制本质细晶粒,产生沉淀强韧化、促进晶粒取向,改善切削性能等。

金属中非金属夹杂物的主要来源是原材料、脱氧产物、熔渣和耐火材料,金属浇注过程中的一次和二次氧化物等。因此,生产非金属夹杂物少的纯净金属和控制非金属夹杂物性质及要求的形态是冶炼和浇注过程中的一项重要任务。

随着微观结构分析仪器的出现,为金属中非金属夹杂物的结构研究提供了有利条件,近年来在研究金属中非金属夹杂物的形态及其对性能的影响、减少非金属夹杂物的途径及其形态控制方面都取得了显著的进展。

5.2.1 非金属夹杂物的分类及测定

5.2.1.1 夹杂物的定义

金属中的非金属夹杂物是指金属元素与非金属元素作用形成的化合物(如 FeO/MnO/FeS/TiN 等),以及在金属熔炼和浇注时混入金属中的耐火材料,后者的成分主要也是 Si\Al\Fe\Cr\Cu 等的化合物。

5.2.1.2 夹杂物的分类及来源

A 按来源分类

a 内在夹杂物

金属熔炼\浇注和结晶凝固是一个复杂的物理化学过程,内在夹杂物是金属在液态和凝固过程中,由于复杂的化学反应所生成的各种化合物。当金属液凝固温度降低时,这些非金属在金属液中的溶解度降低而从金属中析出,而以夹杂物的形式存在于金属中。如液态铁(1540℃)可溶解 1.26% 的硫,在固态铁中几乎不溶解硫,结果铁就以 FeS 的形式出现。氮在钢中的溶解度极小,1590℃为 0.1%,常温下为 0.001%,一般钢中很少考虑这种影响。但对于不锈钢,由于钢中合金元素与氮的亲和力大,钢液又可以从大气中吸收大量的氮而使钢中出现氮化物夹杂。

b 外来夹杂物

外来夹杂物是金属在熔炼和铸造过程中,与外界物质接触发生相互作用所产生的非金属夹杂物。金属炉料表面的黏砂、锈蚀,焦炭中的灰分,熔化后变成熔渣,造成夹杂物。

金属液与炉衬/浇包等耐火材料接触同样会发生相互作用。如钢水中的 Mn 和 Al 可以与耐火砖中的 SiO_2 发生以下反应:

$$SiO_2 + 2Mn = 2(MnO) + [Si]$$

$$SiO_2 + \frac{4}{3}[Al] = \frac{2}{3}(Al_2O_3) + [Si]$$

所产生的非金属夹杂物将进入金属液体中,同时炉衬和浇包也不断受到钢水的侵蚀。

金属与炉气或大气的相互作用,也将产生各种氧化物和氮化物所形成的夹杂物。与铸型相互作用所产生的夹砂、黏砂等缺陷,也是非金属夹杂物。

B 按组成分类

按夹杂物的组成可以分为氧化物、硫化物、氮化物、硅酸盐、碳化物以及由它们组成的多种元素的复杂化合物。但在钢铁中的氮化物、碳化物、磷化物、硼化物往往不作为夹杂物,而视为一个组成相。铸铁中的石墨实际上也是非金属夹杂物,但一般也视为一相。

复杂化合物是溶解多种元素的化合物固溶体或两种以上化合物组成的共晶体或复合物,如铝酸盐/铁尖晶石(FeO/Al_2O_3)。

C 按形成的时间分类

按夹杂物形成的时间分类可以分为一次夹杂物和二次夹杂物。一次夹杂物是在浇注前,即金属熔炼及炉前处理过程中形成的,二次夹杂物是金属液体在铸造过程中形成的。

此外,还可以根据夹杂物的大小分为微观夹杂物和宏观夹杂物;按熔点的高低,分为难熔夹杂物和易熔夹杂物。

夹杂物的形状有球形、多面体、不规则多角形、条状及薄膜形、板形等。氧化物多呈球形或团状,同一类夹杂物,成分不同,形态也不同。如 MnS 在钢中就有三种形态:球形、枝晶间杆状和多面体结晶形。

夹杂物的分布可以在晶内、晶界和局部区域,前两者属于微观夹杂物。

5.2.1.3 非金属夹杂物的测定

研究钢中非金属夹杂物要从两方面入手,即定性研究和定量研究。前者是分析夹杂物的类型,后者是测定非金属夹杂物在钢中的含量、形状及分布等。后者对工程上的使用关系极大,它能直接判断金属材料的质量。前者通过定性研究,分析夹杂物存在的原因,可以改善熔炼方法,控制其形成。

鉴别钢中非金属夹杂物的方法可以分为宏观鉴别方法和微观鉴别方法两大类:

宏观鉴别方法:常用的有断口鉴别法,硫印酸浸和热蚀以及超声波鉴定法等,可以帮助了解大截面钢材中夹杂物的分布情况。

微观鉴别方法:常用的有化学分析方法、岩相法、X 射线法和电子显微镜观察法等,用以考察夹杂物的种类、形状和性质,其中以金相法使用最为广泛。用金相法鉴别夹杂物时,只需要将金属制备成磨片,不经过浸蚀先在明暗场中观察夹杂物的形状、色泽和分布情况,再在暗场和偏光下面观察夹杂物的透明度、固有的色彩和方向性。为了确定夹杂物的种类和性质,以上几种方法常常相互辅助。

5.2.2 夹杂物对金属力学性能及耐腐蚀性能的影响

5.2.2.1 夹杂物对塑性的影响

各种受力条件下钢的力学性能取决于材料内部发生的塑性变形和断裂这两个过程,夹杂物对金属材料抵抗塑性形变的影响不大。金属材料断裂过程是裂纹的不断产生和扩展的过程,而夹杂物往往作为显微裂纹的起点起着重要作用。因此夹杂物对金属材料的断裂过程影响很大。可以看出,钢的横向断面收缩率随每个视场内夹杂物数目的增多而下降,而且条带状夹杂物对断面收缩率的影响更大。

5.2.2.2 夹杂物对韧性的影响

冲击韧性是代表抵抗冲击破坏的能力。冲击值是鉴定材料脆化倾向的重要指标,夹杂物对韧性断裂过程的影响表现为对冲击值的影响,对脆性断裂过程的影响表现为对脆性转变温度的影响。

夹杂物对钢材韧性的影响,是通过它对韧性断裂过程的影响而起作用的。金属材料的韧性断裂是钢材不断塑性变形而逐渐发展起来的。由于大多数夹杂物与金属基体的弹性性能具有相当大的差别，所以在金属的变形过程中，夹杂物不能随基体相应地发生变形，这样它的周围就产生越来越大的应力集中，而使本身分开，或夹杂物与基体的联结受到破坏，二者的界面脱开而产生微裂纹。随着变形的不断进行，微裂纹不断发生，并发展为显微空洞，随着空洞的不断扩大，最后相邻的空洞相互联结而导致最终的破断。

夹杂物对脆性断裂过程以及脆性转变温度的影响是复杂的。一方面夹杂物作为应力集中的起源，加速脆性断裂的发生；另一方面又可促使韧性断裂过程提前发生，松弛了应力，从而阻碍了脆性断裂过程的发生和发展，因此不同类型、数量和分布的夹杂物会有不同的影响。根据其对脆性转变温度的影响可以分为两类，一类是长条状 MnS 夹杂物，这类夹杂物由于在变形过程中易于和基体脱开，因此要同时考虑夹杂物有促使和阻碍脆性断裂两方面的作用，即在硫含量低时，夹杂物使转变温度升高，当硫含量高到一定程度时又引起转变温度降低。另一类是颗粒状夹杂物，钢中的氧化物、氮化物以及不变形的高熔点变质硫化物属于这一类，他们往往作为应力集中的起源，在降低冲击韧性的同时，使脆性转变温度升高。

5.2.2.3 夹杂物对裂纹及应力集中的影响

在疲劳裂纹和塑性加工生成的裂纹起点往往有夹杂物，说明夹杂物与裂纹的生成具有密切关系，这是由于比较容易变形的金属在难以变形的夹杂物周围塑性流动时，产生很大的张力使金属和夹杂物界面的联结断裂，形成空隙。显然这种空隙容易发生在和金属基体联结能力较弱的夹杂物处。此外，由于夹杂物周围的应力使夹杂物破碎生成空隙，而从屈服到断裂的过程可以认为是夹杂物生成的裂纹长大和变宽的过程，夹杂物往往被作为显微裂纹的发源地而起着重要作用，因而它对与断裂过程密切相关的一系列性能如塑性、韧性及疲劳性能等具有显著影响。

均质材料拉伸时，在垂直于拉伸方向的横截面上，应力分布是均匀的，若材料中含有非金属夹杂物，则应力的分布就不再是均匀的，而要出现应力集中，即在与夹杂物端部相邻的金属基体处应力急剧升高。

5.2.2.4　夹杂物对疲劳性能的影响

非金属夹杂物影响钢材的疲劳性能。但是,材料的疲劳寿命是一个统计概念,而影响材料疲劳性能的因素很复杂,且有时其他因素的影响超过了夹杂物的影响,其结果很分散,因此夹杂物与疲劳性能的关系,还没有适当的定量表达式。但是,长期以来,形成了一个很清楚的概念,真空熔炼的含夹杂物少的钢比普通方法熔炼的同类钢具有较好的疲劳性能,同时夹杂物对横向试样疲劳的影响比纵向更显著。

对 10^5 周及大于此周数的疲劳寿命,钢中疲劳裂纹多在表面或靠近表面的氧化物夹杂处生核,在夹杂物上产生应力集中有两个原因,一是冷却时不同的热收缩,二是因基体和夹杂物的弹性系数不同,使外加应力集中。前种应力(镶嵌应力)σ_T 可表示为:

$$\sigma_T = \Phi(\alpha_2 - \alpha_1)T$$

式中　Φ——夹杂物函数,其与夹杂物和基体的弹性模量、夹杂物尺寸、形状和分布有关;

α_2, α_1——夹杂物和基体的线[膨]胀系数;

T——温度。

对于后种应力,设夹杂物的应力集中与外加应力 σ_0 成正比,于是在夹杂物界面的切应力 σ_B 为:

$$\sigma_B = \beta\sigma_0$$

式中,β 为随夹杂物和基体弹性模量的比值而改变的应力集中因子。

当不考虑其他因素时,应力场可以简化为镶嵌应力与外应力之和,对无限大基体中的许多对称氧化物,总的界面应力 σ_y 可近似地表示为:

$$\sigma_y = \sigma_T + \sigma_B = 2\sigma_0$$

夹杂物对疲劳性能影响的重要因素之一,是夹杂物的变形率。若变形率低,则当材料加工变形时,会在材料和夹杂物的界面处产生微裂纹,这些微裂纹便成为以后疲劳裂纹的起源,或是在使用时，裂纹在夹杂物上成核。一般认为，夹杂物的弹性系数越小，外形越尖锐，应力集中的程度就越大，从而成为疲劳裂纹的起源。

5.2.2.5 夹杂物对金属耐腐蚀性能的影响

处在腐蚀介质中工作的钢，当存在大量的非金属夹杂物时，首先在夹杂物与基体的交界处发生点腐蚀，这是因为两者的电极电位不同而构成腐蚀电池，引起化学腐蚀，钢中的硫化物/氧化物及硅酸盐都是阴极，它们的存在加速钢的腐蚀。并且当零件表面粗糙度低时影响显著，因为粗糙表面对腐蚀的不利作用有时会掩盖夹杂物的影响。

钢中硫化物（FeS，MnS）易于为酸溶解，并产生硫化氢，加速钢的腐蚀，在不锈钢中，非金属夹杂物不仅破坏钝化膜，产生点蚀加速钢的腐蚀，而且在夹杂物聚集区由于组织疏松，易于聚集大量的液体腐蚀介质，降低钢的耐腐蚀性能。

在腐蚀介质中工作的运动零件，表面存在夹杂，首先在夹杂物处引起腐蚀形成缺口，并不断向内部扩大形成疲劳裂纹，导致零件的腐蚀疲劳破坏。

5.3 夹杂对高强钢疲劳性能的影响

几十年前，人们第一次认识到非金属夹杂物是高强钢疲劳裂纹的重要起源。为了提高高强钢的疲劳性能，多年来，各国投入了巨大的人力、物力，不断改进钢铁的制造水平，利用二次精炼技术以及其他减少非金属夹杂技术，已经极大地降低了夹杂物的尺寸与含量。但目前，在洁净钢中仍然含有较少的大夹杂与很多弥散的小夹杂，其中大夹杂的存在对钢疲劳寿命的影响很可能是灾难性的，而小夹杂是几乎不可避免的。随着钢强度级别的进一步提高，夹杂对疲劳寿命的影响就越突出。因此，我们首先需要面临的一个问题是，夹杂到底如何影响高强钢的疲劳行为？为此，973 计划“提高钢铁质量和使用寿命的冶金学基础研究”项目——“长疲劳寿命机械制造用高强度钢的研究”课题组在项目首席科学家翁宇庆的主持下，开展了零夹杂与商用 42CrMo 钢的疲劳性能研究。

5.3.1　金属中非金属夹杂物

金属材料中含有的一类具有非金属特性的组成物。它们在金属和合金的熔炼、凝固过程中产生，并在随后的热加工和冷加工过程中经历一系列变化，对金属和合金的性能产生多方面的影响。

根据非金属夹杂物（以下简称夹杂物）的来源，通常把夹杂物分为外来的和内生的两大类。混入金属中的炉衬耐火材料或炉渣颗粒（包括钢带入的、或与金属液发生化学反应而在成分和结构上已有相当大改变的）属于外来夹杂物；在熔炼、凝固过程中，熔融金属中含有的各化学元素的化学反应产物，来不及排除，仍保留在固态金属中，称为内生夹杂物。

钢中的非金属夹杂物，既可以按化学成分划分，也可以按力学性能划分。

5.3.1.1　按夹杂物的化学成分分类

（1）简单氧化物。如 FeO、MnO、Cr_2O_3、Al_2O_3、SiO_2 以及钛、钒、铌的氧化物等。

（2）复杂氧化物。其中尖晶石类夹杂物用化学式 $AO \cdot B_2O_3$ 表示（化学式中 A 表示二价金属，如镁、锰、铁等；B 表示三价金属，如铁、铬、铝等）。这类化合物具有尖晶石 $MgO \cdot Al_2O_3$ 型结构，由此而得名。尖晶石类夹杂物为一大类氧化物，如 $MnO \cdot Al_2O_3$、$MnO \cdot Cr_2O_3$、$MnO \cdot Fe_2O_3$、$FeO \cdot Al_2O_3$、$FeO \cdot Cr_2O_3$、$FeO \cdot Fe_2O_3$（Fe_3O_4）、$MgO \cdot Al_2O_3$、$MgO \cdot Cr_2O_3$、$MgO \cdot Fe_2O_3$ 等。这些化合物都有一个相当宽的成分可变范围：实际遇到的尖晶石类夹杂物往往是多成分的。此类氧化物在工业用钢中比较常见。钙的铝酸盐如 $CaO \cdot Al_2O_3$、$CaO \cdot 2Al_2O_3$ 也属于复杂氧化物（图 2）。但它们不具有尖晶石型结构，所以不属于尖晶石型氧化物。

（3）硅酸盐及硅酸盐玻璃。通用化学式可写成 $l\text{FeO} \cdot \text{MnO} \cdot n\text{Al}_2\text{O}_3 \cdot p\text{SiO}_2$。它们一般具有多成分形式。既可以是单相，也可以是多相。单相情况下，一般呈玻璃态。随脱氧情况的不同出现各式各样的硅酸盐如铁硅酸盐、铁锰硅酸盐、铁锰铝硅酸盐等。

以上三类夹杂物统称为氧化物系夹杂物。

(4) 硫化物。主要是 FeS、MnS;此外,根据情况不同,可能出现 CaS、TiS、稀土硫化物等。根据钢液的成分特别是钢液的脱氧程度,所形成的硫化物在铸态情况下具有不同形态:Ⅰ类是复合形式出现的硫化物(氧硫化物),Ⅱ类是借共晶反应形成的硫化物,Ⅲ类是具有几何外形、任意分布的硫化物。

(5) 氮化物。如 VN、TiN、AlN、ZrN、NbN 等。

5.3.1.2 按夹杂物的力学性能分类

非金属夹杂物破坏了金属基体的连续性。当金属制品承受载荷时,夹杂物会引起应力集中,使材料产生裂纹。在经过变形加工的金属中,非金属夹杂物的形状取决于夹杂物相对于金属基体的形变程度,随夹杂物的成分和金属(钢)的形变温度而异。

5.3.1.3 按夹杂物的形变情况分类

按夹杂物的形变情况,夹杂物可分为四类:

(1) 脆性夹杂物。指那些不具有范性的简单氧化物和复杂氧化物以及氮化物:当钢经热加工变形时,这类夹杂物的形状和尺寸不发生变化,但夹杂物的分布有变化。氧化物和氮化物夹杂均可沿钢延伸方向排列成串,呈点链状。属于这类的有 Al_2O_3、Cr_2O_3,尖晶石氧化物,钒、钛、钴的氮化物以及其他一些高熔点夹杂物。

(2) 塑性夹杂物。这类夹杂物在钢经受加工变形时具有良好塑性,沿着钢的流变方向延伸成条带状。属于这类的有硫化物,含 SiO_2 量较低(40% ~60%)的铁锰硅酸盐和其中溶有 FeO、MnO、Al_2O_3 的硅酸钙和硅酸镁等。

(3) 球状(或点状)不变形夹杂物。在铸态钢中呈球状;经形变加工后,夹杂物保持球形不变。属于这类夹杂物的有 SiO_2、含 SiO_2 较高(>70%)的硅酸盐、钙的铝酸盐、纯的硅酸钙和纯的硅酸铝等。

(4) 半塑性夹杂物。指各种多相的铝硅酸盐夹杂物。其中作为基底的夹杂物(铝硅酸盐玻璃)一般当钢受热加工时具有塑性:

但是在基底上分布的析出相晶体(如 Al_2O_3、尖晶石类氧化物)的塑性很差。钢经热变形后,塑性夹杂物相(基底)多少随钢变形延伸,而脆性的夹杂物相不变形,仍保持原来形状,只是彼此之间的距离被拉长。

5.3.2 夹杂物对钢铁性能的影响

夹杂物对钢铁性能的影响是多方面、多途径的。在多数场合下,夹杂物产生有害影响;在另外一些场合下,夹杂物却显示了有益的作用。

夹杂物对钢铁力学性能和工艺性能的主要影响是降低材料的塑性、韧性和疲劳极限,造成材料性能上的方向性,使其冷、热加工性能变坏,使零件或工具(如轧辊)的表面粗糙度提高。夹杂物可以使材料的抗腐蚀性能降低,对磁性材料的矫顽力也有明显的影响等。夹杂物对材料性能的影响可以是间接的,例如,高度弥散的夹杂物影响晶界迁移。在热加工和热处理过程中可以利用这个影响,使我们有可能得到细晶粒的金属材料,使材料在加工过程中能出现二次再结晶。非金属夹杂物对相变也产生不容忽视的影响。关于非金属夹杂物的有利影响可举出诸如利用夹杂物 MnS 的作用生产取向硅钢片,利用硫化物改善钢的切削加工性等。

夹杂物对静力拉伸力学性能的影响随所涉及的性能指标不同而异。夹杂物一般对屈服强度和抗拉强度的影响不大,但对与塑性和破断有关联的性能指标(如伸长率、断面收缩率、真实断裂强度)的影响却比较显著。条带状塑性夹杂物和点链状脆性夹杂物引起材料力学性能的方向性,使材料的横向塑性低于纵向塑性。归结起来是,夹杂物对材料静力拉伸力学性能的影响突出地反映在使横向断面收缩率降低这一点上。对于要求横向力学性能的工件如高压容器、电机的转子轴、炮筒等来说,材料的横向断面收缩率是用以评价工件的冶金质量的重要指标之一。熔炼出含非金属夹杂物总量少、颗粒细小、分布均匀的高质量材料具有重要意义。

条带状塑性夹杂物使钢的冲击韧性降低。降低钢的含硫量或借助于添加稀土、钛、锆等元素来改善硫化物的形态是提高材料冲击值（尤其是横向韧性）的重要途径。

夹杂物对疲劳性能的影响与夹杂物的大小、形状、分布、数量和类型等有关，另一方面也取决于基体的组织和性质。同时与所加应力的大小也有关系。夹杂物还引起疲劳强度的方向性；与疲劳强度关系最密切的是夹杂物的大小，金属材料的强度水平愈高，处于表面的大尺寸夹杂物的危害愈严重。就不同类型夹杂物的影响来说，与基体联结性差的脆性夹杂物和球形不变形夹杂物危害最大。实验指出，软钢的疲劳强度和夹杂物的关系较小，随着钢的强度的提高，夹杂物的有害影响愈来愈严重。例如，夹杂物对经热处理达到 $\sigma_b = 950$ MPa 的钢的疲劳强度无明显影响；当把同一钢处理到 $\sigma_b = 1260$ MPa 时，横向疲劳强度略微受到一些影响；而当 $\sigma_b = 1730$ MPa 时，其横向和纵向的疲劳强度都有相当大的降低。总之，要有区别地看待夹杂物对材料疲劳强度的影响，只是在具有高硬度和高强度的金属材料中，如在滚动轴承钢或超高强度钢中，夹杂物对疲劳强度的影响才成为特别突出的问题。

夹杂物使金属中的应力发生再分布，引起应力集中，同时为材料的破坏提供了最薄弱部位，导致微裂纹的早期形成，加速了钢的范性破坏过程，这是夹杂物所以能降低钢的力学性能和工艺性能的根本原因。在考虑夹杂物引起应力的再分布时，不仅应当注意到夹杂物与基体金属之间有不同的弹性和塑性性能，而且还应注意到两者之间在线[膨]胀系数上也有显著差异，后一个因素会引起当材料温度改变时在夹杂物附近产生组织应力。特别是刚玉、尖晶石和钙的铝酸盐这几类夹杂物，它们的线[膨]胀系数比金属的要小很多，当冷却时，夹杂物的收缩比金属基体的要小很多，结果这些夹杂物周围便产生张应力。夹杂物的线[膨]胀系数愈小，形成的张应力愈大，产生的危害也愈严重，这正是钙的铝酸盐危害很大的原因。硫化物具有相当大的线[膨]胀系数，同时硫化物具有较好的塑性；当脆性氧化物（包括铝酸盐）被硫化物包围形成共生夹杂物时，不仅能改善夹杂物与基体的联结性，而且能减小夹杂物在其周围基体所产生的张应力，因而可使脆性氧化物的有害作用减小。当夹杂物本身较脆，尤其是脆性夹杂物与基体之间的联结又较差时，在集中应力的作用下裂纹往往首先在夹杂物与基体之间产生或夹杂物本身发生断裂，这都将严重影响金属的性能。

5.3.3　其他金属中的非金属夹杂物

（1）钼。当钼中存在微量杂质如氧、氮和碳时，对钼的可锻性和可塑性有较大影响，20 世纪 50 年代初期已证实存在于晶界上的氧化钼是使钼变脆的主要原因。

（2）钛。金属钛中的非金属夹杂物有 TiO、TiO_2、Ti_2O_3、Ti_3O_5 和 TiN 等。

（3）铝。铝合金经电解溶去 α 相和金属间化合物后所得的沉渣，经 X 射线衍射鉴定，其中有：α-Al_2O_3，γ-Al_2O_3，TiC，尖晶石和 Al_7Cr，纯铝在熔炼过程中铝液和水蒸气反应生成 Al_2O_3 和 H_2，都危害铝的性能。

（4）铜。纯铜中常见的夹杂物有 Cu_2O、CuO、Cu_2S 和 CuS，在 Cu-Ni-Si-Fe 合金中，存在沿晶界分布的 NiS 夹杂物。

（5）铀。金属铀中除了和碳、氮和氧生成的夹杂物 VC、VO_2、VN 外，还存在外来夹杂物如 CaF_2。

5.3.4　非金属夹杂物的鉴定方法

根据夹杂物的形态、化学组成和晶体结构对夹杂物进行鉴定，据以判断其来源和形成规律；并结合对尺寸、数量和分布的判定，找出夹杂物对金属材料各种性能的影响规律；在此基础上发展各种有效的排除方法包括冶金过程中的脱氧、脱硫和各种减少气体、夹杂的冶炼方法，发展含夹杂物少的洁净熔炼工艺等。

（1）金相法。借助于金相显微镜，通过考察夹杂物的形态、色泽，测定其光学性质，能判别已知其特点的夹杂物。可以利用偏振光来测定夹杂物是属于光学上的各向同性，还是各向异性，借以判明夹杂物的晶体结构是属于立方晶系、非立方晶系还是玻璃态。

金相法设备简单,使用方便,特别适合生产中的质量控制,但一般只能用于已知夹杂物。

(2) 化学分离法。可利用化学或电化学方法将夹杂物由金属基体中分离出来进行各种鉴定,被分离出来的夹杂物粉末可在透射偏光显微镜下观察透明夹杂物的光学特征,测定其折射系数。这就是岩相法(也可用磨成光学薄片的钢样品)。对于不透明夹杂物,则可用岩相化学法定性测定化学成分:或利用粉末 X 射线衍射法鉴定其结构,用化学称量法确定总量和电化学分析确定组成。

(3) 电子光学方法。20 世纪 60 年代后,电子光学仪器的发展大大简化了夹杂物的鉴定步骤,也丰富了它的内容。利用电子探针和扫描电子显微镜可以直接观察金相试样和断口上的夹杂物形貌并原位测定其成分。对单颗夹杂物的结构鉴定,电子衍射有独到之处。尤其是 20 世纪 70 年代出现的高压电子显微镜能对厚度更大的夹杂物进行分析。

5.4 钢中非金属夹杂物的分析

5.4.1 钢中非金属夹杂物的来源

钢铁冶炼是一个非常复杂的物理化学过程。随着冶炼技术的不断进步,钢的品质得到不断提升。但是,不管采用何种先进的冶炼技术,钢中总还是不可避免地存在或多或少的非金属夹杂物,其来源大致为以下几方面:

(1) 脱氧、脱硫产物,特别是一些密度大的产物没有来得及排除。

(2) 随着钢液温度的降低,S、O、N 等杂质元素的溶解度降低,于是这些不溶解的杂质元素就呈非金属化合物在钢中沉淀。

(3) 带入钢液中的炉渣或耐火材料。

(4) 钢铁被大气氧化所形成的氧化物。

通常将前两类夹杂物称为内生夹杂物,后两类夹杂物称为外来夹杂物。

内生夹杂物的类型和组成取决于冶炼的脱氧工艺和钢的成分，尤其是与S、O、N亲和力强的元素（如Al、B、Mn、稀土、Ca等）含量。而与S、O、N亲和力弱的元素，如Ni、Co等，即使它们的含量变化很大，对夹杂物也不产生明显影响。

外来夹杂物系偶然生成，通常颗粒大，呈多角形，为成分复杂的化合物，分布也没有规律。在钢中的含量通常只占夹杂物总量的很小一部分，而且往往是难以确定的。

5.4.2 夹杂物对钢性能的影响

钢中非金属夹杂物的存在通常被认为是有害的。主要表现为对钢的强度、延性、韧性、疲劳等诸方面的影响。所以冶炼中应采取各种技术措施，尽可能降低其含量，并科学地调节夹杂物的类型、分布、形态等，使其对钢性能的影响降低到最低限度。

5.4.2.1 夹杂物类别的影响

铝镇静钢在连铸时，高熔点的Al_2O_3夹杂物易粘在中间包的水口上，影响浇铸，可以通过改变脱氧工艺使钢液中固态的Al_2O_3夹杂物变为液态的铝酸钙，就可以避免夹杂物粘结在水口上。

5.4.2.2 夹杂物颗粒大小及分布的影响

大而集中的夹杂物对钢的性能很有害，而分布弥散和颗粒细小的夹杂物，不仅其危害能消除，有时还有改善钢性能的作用。例如在室温下，Al_2O_3颗粒尺寸超过1 μm时，钢的屈服强度和抗拉强度降低，但当其颗粒尺寸小于0.3 μm时，屈服强度和抗拉强度都将提高。

钢液中含有等量的氧、硫时，对小型铸件，由于冷却速度快，夹杂物的颗粒小，分布均匀，对铸件的性能几乎不产生影响。然而对大型铸件，由于冷却速度慢，夹杂物产生偏析，颗粒粗大，对铸件的性能将会产生较大的影响。

5.4.2.3 夹杂物形状的影响

硫化锰是钢中常见的夹杂物，在铸钢中如形成球状硫化锰，则钢体在热加工过程中不易变形，而且能减少各向异性，因而对钢件力学性能的危害减小。

5.5 高温合金中杂质元素的存在形态及其对高温合金性能的影响

5.5.1 氧在高温合金中的存在形态及其对高温合金性能的影响

5.5.1.1 氧的存在形态

氧在高温合金中是作为微量杂质元素存在的,其存在形态有固溶及化合物两种形态。由于镍基高温合金中通常含有 Al 等强氧化物形成元素,所以即使合金中含有微量的氧,也会形成氧化铝等夹杂。

通常,在真空冶炼的条件下,高温合金中氧的浓度是很低的,一般小于0.005%。况且高温合金中含有铝、钛、碳等强的亲氧元素,这些元素与氧形成氧化物夹杂,由于这些夹杂物的密度小而且都不与液态金属润湿,一般在精炼搅拌时能浮出熔体,被过滤出去或生成一氧化碳以气体的形式排出。生成的一氧化碳通过异质形核产生气泡,进而产生沸腾现象,这不仅加快了脱氧,而且有利于脱氮。甚至可以将合金中的非金属夹杂物带出熔体。通常的情况是,当氧的含量在饱和溶解度下时,以固溶形态存在;当氧的含量超过饱和溶解度时,则以化合物的形态存在。但由于偏析,即使氧的含量在溶解度以下,也会在晶界上形成氧化物。至于以哪一种化合物的形态存在,则要根据合金的成分来确定。

5.5.1.2 氧对高温合金性能的影响

关于氧对高温合金性能的影响,已经做了大量的工作。研究结果表明,高温合金中的微量杂质元素氧对高温合金的性能会产生重大影响:

(1) 氧化物夹杂在高温合金的母合金中由于成核作用的晶体缺陷,影响单晶铸件的屈服、蠕变、持久强度等。

(2) 氧化物夹杂(如 Al_2O_3 等)通常是高温合金零件疲劳裂纹的萌生地及扩展通道。同时这些夹杂物还会成为核心,在单晶零件凝固过程中发展成为晶粒缺陷,如雀斑、高角度晶界、迷路晶等,导致合金的可铸性差。

(3) 飞机发动机涡轮盘中 50 μm 或更小的氧化物夹杂决定着其疲劳寿命。

(4) 美国特殊钢公司用 EBCHR 法将 Rene95、Merl – 76 和 IN718 中非金属夹杂物去除 50% ~90% 后，测试其低周疲劳性能，提高 9 倍。

(5) G. H. Geessinger 等的研究提出，含有将近 200×10^{-6} 氧的 Udimet500 的 800℃/172 MPa 时持久寿命将减少一半，而且影响持久寿命的不是高温合金中的溶解态的氧，而是以氧化物形式存在的夹杂物。高温合金凝固时，碳化物还可以在氧化物上形核生成 (Ti, Al)(O, C) 形式的带有黑色氧化物核心的夹杂物。

(6) 对 M17F 合金，将氧和硫的含量都从 20×10^{-6} 降至 10×10^{-6} 以下，材料的高温持久性能提高 90%。

(7) Jones 的研究表明，当氧含量下降到 50×10^{-6} 以下时，高温合金的应力/ 断裂寿命显著增加。

(8) 对 Udimet 500 合金，当氧含量从 280×10^{-6} 降低到 20×10^{-6} 以下时，其持久寿命约是原来的 3 倍，见图 5 – 1。

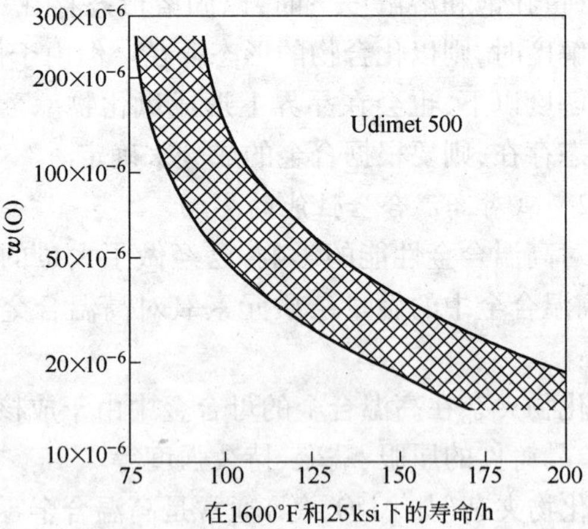

图 5 – 1 Udimet 500 镍基高温合金的持久寿命与氧含量的关系

可见,降低高温合金中的氧含量是十分必要的。近年来,对于超纯净合金的检测方法与熔炼超纯净镍基高温合金的工艺已经引起重视,并积极开展了这方面的工作。

5.5.2 氮在高温合金中的存在形态及其对高温合金性能的影响

5.5.2.1 氮在高温合金中的存在形态

氮在高温合金中的存在形态有固溶态及化合物两种。当氮的含量在饱和溶解度以下时,以固溶形态存在;当氮的含量超过饱和溶解度时,则以化合物的形态存在。至于以哪一种化合物的形态存在,则要根据合金的成分来确定。在1600℃、1.0×10^5 Pa下,氮在纯镍中的溶解度并不大,为10×10^{-6}左右。但随合金元素的加入以及温度的升高溶解度会增大,并且不管添加的是什么元素都遵守Sievert定律。例如在1600℃、1.0×10^5 Pa时,氮在Ni-8Cr和Ni-24Cr中的溶解度分别增加至1×10^{-4}和1×10^{-3}。凝固时,随温度的降低氮的溶解度也降低,从而析出氮生成气孔。合金中的气孔率,随钛的加入会大大减轻。当Ni基高温合金中的氮含量高于TiN在固相线温度的饱和溶解度时就会形成粗大的初生TiN夹杂,它在高温合金中的含量甚至比氧化物夹杂高一个数量级,从而严重影响Ni基高温合金的力学行为。图5-2显示镍基高温合金中通过SEM观察到的氮化物和碳氮化物。

5.5.2.2 氮对高温合金性能的影响

关于氮对高温合金的性能的影响,已经做了大量的工作。几十年的研究结果表明,高温合金中的微量杂质元素氮对高温合金的性能会产生重大影响。

(1) 镍基高温合金中的气孔和非金属夹杂的多少与氮含量密切相关。同时,随氮含量的增加,合金中的气孔增加,碳化物的形状由汉字体状变成块状,大大降低了合金的力学性能。

(2) 影响合金的蠕变强度和持久强度等特性。

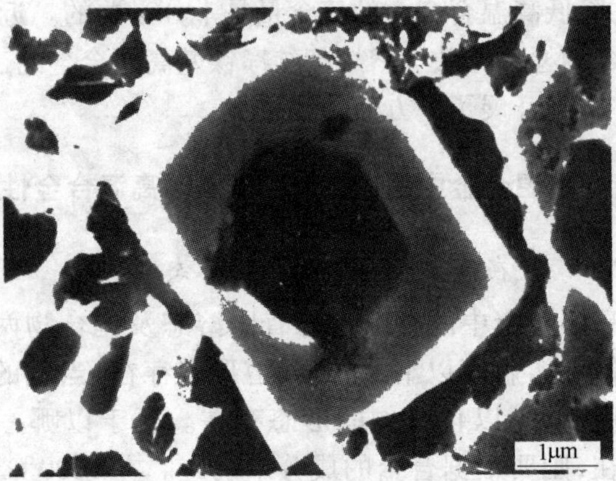

Ti(CN)

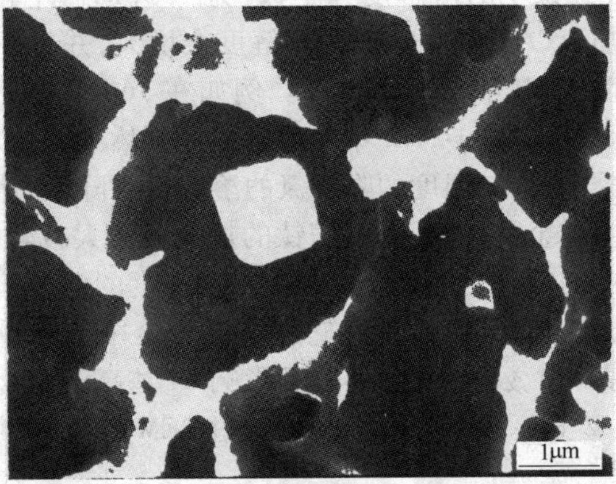

TiN

图5-2 镍基高温合金中的氮化物和碳氮化物

(3) 氧、氮及硫通常转化成非金属夹杂(如 Al_2O_3、(TiTa)CN、$(TiTa)_xS$ 等),这些夹杂常是疲劳裂纹的萌生地及扩展通道。同时这些夹杂物还会成为核心,在单晶零件凝固过程中发展成为晶粒缺陷,如雀斑、高角度晶界、迷路晶等,导致合金的可铸性差并影响单晶铸件的屈服强度。

(4) 美国特殊钢公司用 EBCHR 法将 Rene95、Merl-76 和

In718 合金中的非金属夹杂物去除 50% ~ 90% 后，测试其低周疲劳性能，提高 9 倍。

(5) 部分氮可以溶解在 MC 和 M_6C 碳化物中，生成碳氮化物。在一定碳含量的情况下，增加氮含量也导致碳氮化物这样的脆性相增加，从而降低高温合金的塑性。

(6) Ford 等的工作表明，在 In100 合金中，氮含量即使在 15×10^{-6}左右也使铸件显微孔隙度大为增加。

(7) Westbrook 和 Decker 等人的研究表明，由于氮的原因，促使在晶界上铝、钛的偏析，导致晶界脆化和硬化。

(8) Larson 发现，在粉末冶金生产的 IN100 合金中生成碳氮氧化物薄膜，降低了合金的塑性，而且厚度越大降低越多。

(9) 氮影响镍基高温合金的凝固组织。

(10) 氮对高温合金的持久寿命和塑性有很大的影响。特别是对于铸造高温合金，氮含量增加后其中温持久性能急剧下降。

5.5.3 硫在高温合金中的存在形态及其对高温合金性能的影响

硫在高温合金中的存在形态有固溶及化合物两种形态。其一是硫含量在饱和溶解度以下时，以固溶形态存在，这时硫一般易偏析于晶界，当没有强的硫化物形成元素的时候，硫的晶界偏析更严重。其二是硫含量超过饱和溶解度时，则以化合物的形态存在。通常是和强的硫化物形成元素（Ti, Zr, Nb, Ta, V, Mg, Ca, Ce, Mn 等）在合金凝固过程中形成化合物。至于以哪一种化合物的形态存在，则要根据合金的成分来确定。在镍基高温合金中硫能与合金元素钛、碳等生成 M_2SC 化合物（Y 相），这些片状碳化物往往是裂纹源。Wallace、Whelan 和 Grzedzielski 首先证实了在铸造和粉末镍基高温合金中存在这种 Y 相。在铸造合金中它存在于终凝相中；而在粉末合金中，它处于液相晶界区内，它是硫、碳和某些合金元素偏析于液相区的产物。

硫在镍基高温合金中的溶解度很低，造成硫的偏析并在晶界生成 Ni_3S_2，它与镍形成熔点为 645℃ 的（$Ni\text{-}Ni_3S_2$）共晶。Johnson 等人用能谱分析发现硫含量为 0.006%（原子分数）的合金中，晶界上硫的含量为 12%（原子分数）。加入钛、锆、铪、镧等在基体中溶解度小而和硫又有很强亲和力的元素，通过生成硫化物可以减少硫在晶界上的偏析。Doherty 等人还研究了加入钛、锆、铪、镧等不至于生成脆性金属间化合物 Ni_5Hf 和 Ni_5Zr 的最佳浓度。六角形的 M_2SC 和初生的 MC 化学成分和结构相似，由八面体中的碳层部分碳被硫取代而生成，它们的晶格常数非常相近，因此 MC 可以在 MSC 上外延生长。Freuhan 在讨论真空感应熔炼脱硫时指出：当硫的含量小于 50×10^{-6}时，通过生成可挥发的硫化物（如 SiS、SC、CoS 和 SnS）的方法脱硫是不切合实际的，而通过生成稳定的不熔于合金的硫化物（如 MgS、CoS、CeS_2 和 CaS_2）然后排渣是比较有效的脱硫方法。

在铸造镍基高温合金中，硫分别分布在 γ'相、MC 相和 Y 相中，γ 相中含有极少量的硫，硫严重地偏析在晶界处和枝晶间。在 MC 相中，心部与边缘成分分布不均匀，心部处硫和碳的含量均低一些，硫在 MC 相中是以代位原子方式存在的。在时效过程中，MC 相中的硫根据 $\gamma + MC \rightarrow M_{32}C_6 + \gamma'$溶解析出反应保留在 $M_{32}C_6$ 和 γ'中。合金中的 Y 相主要决定于硫含量，随硫含量的增加，Y 相也增加。由于硫大量偏聚在晶界处，降低了晶界能，因此 Y 相和 MC 相边界均成为裂纹的易产生地。

关于硫对高温合金的性能的影响，已经做了大量的工作。几十年的研究结果表明，高温合金中的微量杂质元素硫对高温合金的性能会产生重大影响。Merica 和 Walenberg 首先发现，当镍中硫含量超过 50×10^{-6}时，对其 1093℃ 的锻造性能有害。Yamaguchi 等人发现，$20\sim30\times10^{-6}$的硫含量对 IN600 合金的性能有很大的影响，能谱分析表明是大量的硫偏聚到晶界上造成的。Lozinky 等研究了硫含量对脆性程度的影响。谢锡善等人研究了硫在 GH169 中的作用，结果表明硫严重地促进 GH169 合金的偏析，显著地降低终凝温度。虽然对室温和 650℃ 抗拉强度尚无明显影响，但是明显降低 650℃ 的拉伸塑性，特别是严重地恶化其持久性能。当硫含量超过 100×10^{-6}时，终凝温度可以从1140℃降低到1110℃，铸锭中心 Laves 相的数量几乎增加一倍。孙文儒等对 GH761 的研究表明，硫偏析于终凝区并降低终凝温度。谢锡善等人对 IN718 合金的研究表明，硫对650℃的应力/断裂寿命和塑性明显有害。Guo 和 Zhou 研究了硫对铸造 IN718 合金的影响，指出硫对室温和650℃的抗拉强度和塑性有害。硫促进凝固偏析和 Y 相的析出，影响合金的蠕变强度和持久强度等特性。硫能转化成非金属夹杂（如$(TiTa)_xS$等），这些夹杂通常是疲劳裂纹的萌生地及扩展通道，同时这些夹杂物还会成为核心，在单晶零件凝固过程中发展成为晶粒缺陷，如雀斑、高角度晶界、迷路晶等，导致合金的可铸性差。硫能与 Ti 等生成 M_2SC 化合物，这些片状化合物往往是裂纹源。刘奎等人的研究结果表明，对 M17 合金将硫和氧含量从 20×10^{-6}降至 10×10^{-6}以下，材料的高温持久性能提高 90%；对 K24 合金，高温促进了硫的热激活，使未弱化的晶界继续弱化，所以随硫含量的增加，高温合金的室温及900℃下的瞬时和持久性能均降低。图5－3为在本实验所熔炼的 Ni-6Cr-2Mo-6W-5Co 合金中发现的硫化物。图5－4为采用新的氧化钙坩埚熔炼时硫含量的变化。

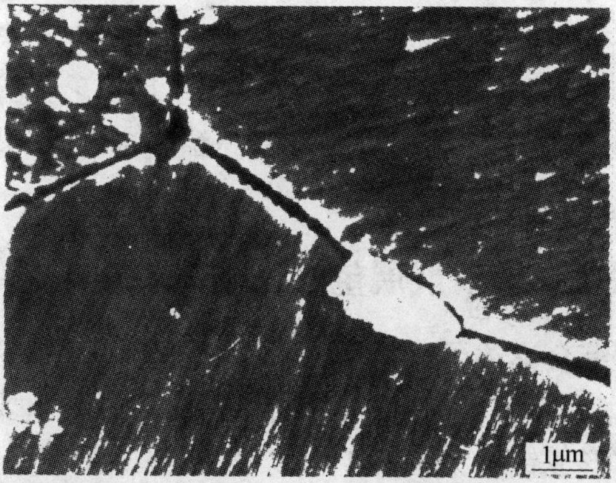

图5－3 Ni-6Cr-2Mo-6W-5Co 合金中存在的硫化物

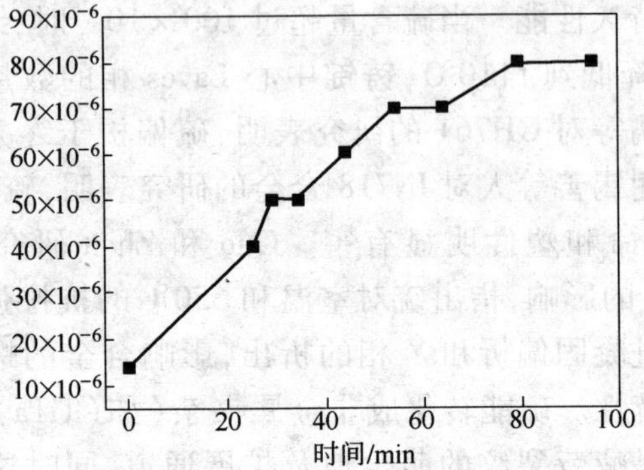

图 5-4 采用新的氧化钙坩埚熔炼时硫含量的变化

Ni 基高温合金是制造燃气涡轮的关键材料，不仅应用于航空、宇航，而且广泛应用于船舶与发电站。Ni 基高温合金的硫含量对其使用性能有很坏的影响；合金中即使含有微量的硫，也会对性能产生显著的不利影响。例如在 M17 合金中，当硫含量为 20×10^{-6}时，即有 Ti_2SC（Y 相）出现，Y 相夹杂成为裂纹源，使持久强度和寿命明显降低；当 PWA1480 合金中的硫含量为 $8\sim10\times10^{-6}$时，使其抗 1100℃ 循环氧化的能力大大降低。因此要求将镍基高温合金中的硫含量降至 10×10^{-6}以下，而且愈低愈好。

在真空感应冶炼中，采用 CaO 坩埚脱硫对铁与铁合金液的研究报道较多，对镍基高温合金的研究较少，且缺乏实验数据和深入的讨论。因此，研究超纯净冶炼镍基高温合金使用 CaO 坩埚脱硫具有重要的意义。

5.6 钢铁工业的发展展望及先进技术

沈成孝综合论述了 21 世纪钢铁工业的发展，钢铁工业属原材料工业，是国民经济中的基础工业，是社会发展的重要支柱。自从一百多年前形成钢铁大工业生产以来，钢铁工业获得了重大发展。世界钢产量 1880 年为 440 万 t，1988、1989 年达到 7.8 亿 t 的最高水平，目前保持在 7.3 亿 t 左右；在质量、品种方面，向洁净钢和增加合金钢的方向发展。

虽然钢产量已经不被作为确定一个国家经济实力的最重要的指标之一,但一个国家科学技术的进步水平,在很大程度上仍取决于其钢铁工业的现状和发展。钢铁工业不仅决定了一个国家的经济独立性,而且决定了其政治独立性。因此,世界各国的钢铁工业,在金融、信贷和税收优惠诸方面都受到政府相当大的支持。

随着科学技术的不断进步和发展,新型结构材料不断出现(如铝合金、钛合金和镁合金,结构用塑料,合成材料、非晶材料和微晶材料,经特殊处理的木材等),在工业发达国家中这些新型结构材料的消费量占所有结构材料的比例已达14%~18%,但由于钢的性能优越(强度高、塑性好),生产和消费都比较经济,在钢的大多数应用领域中尚无可与之相匹敌的材料。

进入21世纪,钢仍将是最重要的结构材料,西方工业发达国家钢材用量占结构材料总用量的比例预计为70%~75%。而发展中国家的这一比例估计还将高达80%~90%。因此,在21世纪的前数十年内,钢在结构材料中的地位仍将是稳固的,钢铁工业在传统生产技术继续改进和提高的同时,各种新技术、新工艺及新流程必将得到加速开发和推广应用;各个钢铁企业必将变革经营管理,扩大经营范围,不断拓展海外市场,在激烈的竞争中求得生存和发展。

5.6.1 无焦钢铁生产技术

目前,世界生铁年产量约为5亿t,其中90%由高炉生产,其余由直接还原、电炉和熔融还原法生产,预计在今后50年内,只要还有焦炭供应,高炉仍将是最主要的炼铁设备。但是,大型高炉必须使用昂贵的优质焦炭,铁矿粉需先造块。由于主要产钢国家焦炉老化,焦炭供应日趋紧张,因而高炉炼铁工艺已面临挑战。钢铁界专家一致认为,直接使用煤和铁粉炼铁生产工艺已取得一定的进展,几种直接还原技术和Corex熔融还原工艺投入工业化生产,无焦钢铁生产的比例必将大幅度提高。

5.6.1.1 直接还原技术

随着世界优质废钢资源的日益减少,直接还原生产技术受到钢铁界的重视。近年来,世界各国在开发直接还原铁(DRI)生产技术方面都下了很大功夫,生产能力得到飞速发展。1970 年世界 DRI 产量仅为 83 万 t,1995 年达到 3070 万 t。由于电炉炼钢增加,需 DRI 作为纯净原料来保证钢材质量,DRI 工业必然进一步发展,预计 2000 年全世界 DRI 产量将达 4800 万 t,2005 年增至 5300 万 t。

根据 1991 年国际钢铁协会统计,世界各国的 DRI 生产方法主要有六种:MiDREX、HYL、SL/RN、FLOR、CODIR、DRC 法。其中 MIDREX、HYL、FLOR 法用气体作为还原剂,称气基还原法。在 1990 年世界生产的 2000 万 t DRI 中,上述 6 种方法生产的 DRI 产量占总产量的 98%。目前,大部分 DRI 用 MIDREX 和 HYL 法生产,1995 年用这两种工艺生产的 MIDREX 占总产量的 90.4%。

MIDREX 法、HYL 法和 FLOR 法都能生产出高质量的 DRI,而且比高炉更能满足环保的要求,但它们均需采用重整天然气作为还原剂,因而近年来又开发了 AREX、FASTMET、HYTEMP 等新办法。

AREX 法是由委内瑞拉 Sidor 公司开发的一种铁矿石直接还原工艺,它不需要分离气体的重整炉,可使用天然气,也可使用燃油。

FASTMET 法是由 MIDREX 公司开发的 DRI 生产工艺,该工艺将铁矿粉和煤粉混合后造球,在 1250 ~ 1300℃ 下进行还原,炉料停留时间根据原料的不同为 8 ~ 30 min。目前,日本和美国几家公司正在对建造商业规模的 FASTMET 直接还原厂进行可行性研究。

HYTEMP 工艺由墨西哥希尔萨公司开发,所生产还原铁的碳含量可达 4% 甚至更高。

由于气基直接还原工艺受气源和地区的限制,预计 21 世纪将有更多的煤基直接还原厂投产,其占总产量的比例将增大。

5.6.1.2 熔融还原法

熔融还原是近代钢铁工业的前沿技术，是炼铁生产工艺的重大变革。近十年来，许多国家积极开发研究不同的熔融还原技术，目前已有 Corex 熔融还原工艺用于工业化生产，其他最有进展的熔融还原方法有 DIOS、HIsmelt 和 Romelt 等。

南非伊斯科尔公司比勒陀利亚厂第 1 座 C-1000 型（日产铁水 1000 t）Corex 生产设备，于 1989 年 11 月投产，年产铁水 30 万 t。该工艺的成功，引起钢铁行业的关注。1992 年下半年韩国浦项钢铁公司订购了一套年产 75 万 t 的 C-2000 型（日产铁水 2000 t）生产设备，于 1995 年建成投产，目前设备运转正常。

根据工程设计、扩大生产能力以及生产经验分析，在 21 世纪，还将出现 C-3000 型 Corex 生产铁水设备，年生产能力达到 90 ~ 120 万 t 铁水。

DIOS 熔融还原工艺是在日本政府支持下，8 个最大的钢铁公司联合开发的铁矿石还原工艺，始于 1988 年 4 月。在基础研究的基础上，于 1993 年 9 月在日本钢管公司京滨厂建成日产 500 t 的工业试验厂，主要包括流态化预还原炉、熔融还原炉和煤气改质系统。1996 年完成商业规模的熔融还原厂的可行性研究和初步设计工作。

HIsmelt 由澳大利亚奥延托联合锌公司（CRA）和美国 MIDREX 公司联合开发，直接使用粉矿、非焦煤、熔剂和各种气体在铁浴内冶炼铁水。HIsmelt 公司认为，该方法可以强化工艺，降低原料成本，提高能量效率。

Romelt 法是由俄罗斯莫斯科钢铁学院开发的，该法与其他熔炼工艺相似，但未采用预还原，使用矿石或废氧化物为原料。

5.6.1.3 直接炼铁技术

AIAI 法是美国钢铁协会和美国能源部共同进行的直接炼钢项目，主要设备包括连续式球团预还原炉和水平槽式熔炼炉。氧化性球团在预还原炉内直接还原后，在热态下连续进入熔炼炉中熔化和精炼，加工成中碳或高碳钢，再经二次精炼，即成合格钢水。

试验表明,其熔态还原工艺具有生产性价值。AISI 法还可用来处理工厂粉尘,一些企业对此有较大兴趣。

5.6.2 钢铁生产先进技术

21 世纪,高炉仍将是最主要的炼铁设备,推广应用的新技术主要是大量喷吹煤粉技术、延长高炉使用寿命、减少污染等先进技术。

5.6.2.1 大量喷吹煤粉

20 世纪 80 年代,高炉喷煤迅速普及,从中、小高炉向大型高炉发展,喷煤高炉座数增加,喷煤量不断提高。实践证明,喷煤是高炉增产节焦行之有效的技术。

目前,世界主要产钢国家喷煤系统的喷吹量(包括能力)已达到 100 ~ 190 kg/吨的水平。德、英、法、日、荷兰等国已有一批高炉年均喷煤量达到 150 ~ 180 kg/t,月均喷煤量 190 ~ 200 kg/t。为了提高煤粉喷吹量和获得更大的综合效果,喷吹技术也有创新,有的高炉采用富氧大喷吹;有的高炉采用复合喷吹技术,即在几炉内同时喷吹煤粉、铁矿粉或熔剂。

进入 21 世纪,世界喷煤高炉比例将显著上升,复合喷吹技术得到推广应用,一大批高炉喷煤量将达到 200 kg/t,部分高炉喷煤量将高达 250 ~ 300 kg/t,焦比降至 300 kg/t 以下。

5.6.2.2 高炉长寿技术

几十年来,高炉生产大型化、精料、高风温、高顶压、富氧、喷煤、节能、炉料分布控制技术以及高炉装备的自动化水平有了显著进步,高炉由以往的扩充炉容、更新设备、追求高产转为低耗、稳产、优质、长寿作为目标。各国致力于高炉长寿技术的研究和探讨工作,并取得可喜成绩,日本、法国、荷兰等国的高炉一代炉役使用寿命由以往的 5 ~ 6 年提高到目前的 10 年以上。日本川崎钢铁公司千叶 6 号炉是世界上寿命最长的大型高炉。该炉有效容积为 4500 m^3,于 1977 年 6 月 17 日点火,至 1995 年 3 月,无中修持续运行生产达 17 年零 9 个月,累计产铁 5223.4 万 t,保持大型高炉长寿及累计产铁的最高记录,估计其寿命可达 20 年。

目前,工业发达国家新建或改建的高炉目标寿命为 15 年,预计 21 世纪的高炉寿命一定比现在显著延长,工业发达国家的高炉寿命大多将达到 15 年以上。

5.6.3 炼钢先进技术

进入 21 世纪,平炉趋于消亡,转炉钢产量基本保持不变,仍将占主导地位,电炉钢产量将大幅度增加。缩短炼钢时间、提高转炉废钢比、减少电炉电能和电极单耗、提高钢水质量、降低成本的各种炼钢先进技术,在 21 世纪必将进一步普及和推广应用。

5.6.3.1 转炉高废钢比炼钢

提高废钢比是转炉炼钢技术的重要发展方向。20 世纪 80 年代开发了一些新技术,但转炉炼钢废钢比大多提幅不大,目前有几种新技术,如德国开发的 KS 法及俄罗斯新西伯利亚钢铁公司开发的 Z-BOP 工艺,可使转炉实现 100% 废钢熔炼,而 Z-BOP 工艺还可使废钢比在 30% ~100% 范围内灵活调节。预计在 21 世纪将出现其他的全用废钢炼钢。由于废钢资源有限,达到一定限度不会有大的发展,也可由还原法代替使用废钢。

5.6.3.2 超高功率直流电弧炉

直流电弧炉与交流电弧炉相比,具有电极消耗低、对电网干扰小、熔池温度均匀、炉子上部结构简单等优点。近几年直流电弧炉发展很快,炉容也显著增大,最大容量已达 250 t(已于 1996 年下半年投产)。而且积极采用多种成熟的炼钢技术,不断提高生产技术水平。据 1984 年国际钢铁协会统计,世界各国已建成直流电弧炉 40 余座。各国钢厂正在建设和计划建设的直流电弧炉尚有 40 余座。

目前各国已投产和正在建设或计划建设的直流电弧炉大多为大容量超高功率直流电弧炉,冶炼时间在 60 min 以下。

目前世界电炉钢产量已达 2.2 亿 t,占产钢总量的 28%,新建电弧炉中直流电弧炉占 70% ~75%。预计在 21 世纪初,还将开发出新式超高功率大容量电弧炉,电炉钢比便将提高到35%,冶炼时间将缩短到50 min或更短,电极和电能单耗进一步降低。

5.6.3.3 超纯净钢冶炼技术

近年来,由于钢材使用条件苛刻(如耐天然气用管线材等),加工作业的改善(如钢帘线、高加工性能的薄钢材等)以及严格保证最终产品的质量,对钢材品质提出了更高的要求。超纯净钢冶炼,就是要把钢中氧、硫、磷、氢、碳及有害的微量元素Pb、As、Sb、Bi、Cu、Sn作为应去的成分。目前关心的仍然是去除氧、硫、磷、氢、氮和碳元素,生产这些元素含量低的超纯净钢。

为确立大量生产纯净钢的制造技术,炼钢工序引进了铁水脱硫、脱磷、脱硅的三脱技术,并有发展专用铁水预处理转炉的趋势,炉外精炼技术也非常成熟,并得到广泛应用。日本很重视铁水预处理技术,全国平均普及率达30%以上,不少钢铁企业的铁水预处理比例达到80%,少数甚至高达100%,但西欧、北美和许多发展中国家采用铁水预处理的还不多。日本的炉外精炼比已达90%以上,电炉特殊钢炉外精炼比更高达94%。随着对超纯净钢的数量和质量要求的不断提高,预计21世纪将有更多的国家广泛采用铁水预处理和炉外精炼技术,这两项技术不断发展,水平将进一步提高,其普及面更广,特别是目前铁水预处理和炉外精炼比较低的国家,铁水预处理和炉外精炼比必将大幅度提高。

5.6.4 轧钢先进技术

轧钢生产技术,在过去的10余年里有着巨大的发展,开发了许多新技术,有的甚至是革命性变革。在21世纪,能够减少投资、节能降耗、降低成本、提高劳动生产率的各种先进技术和设备,将进一步普及和推广应用。

5.6.4.1 连续化

近年来,轧钢生产的两个或多个工序的连续化生产进步迅速,轧钢技术向着大型化、高速化、节能化方向发展。板坯连铸直送轧制、薄板坯连铸连轧和带钢连铸冷轧,既是缩短整个钢铁生产流程的新工艺又是实现轧钢与连铸连续化的新技术。进入21世纪,双工序和多工序连续化生产线的类型将有所增加,双、多工序联合生产的数量将大幅增加。

5.6.4.2 控轧控冷技术

通过精确控制热轧加热条件、轧制条件和冷却条件,可以在较大范围内控制钢板的微观组织,得到各种不同性能满足不同用途的热轧板卷。目前控轧控冷技术已较普遍地用于中板带钢的生产,用于无缝管和型钢生产的也不断增多。预计21世纪采用控轧控冷技术的轧材品种和数量将大幅度增加。

5.6.4.3 高精度轧制技术

近10年来,为了保证轧材的几何形状和尺寸精度能满足用户日益增高的要求,除了采用各种测量仪表、改善轧机刚度、计算机人工智能预报和控制系统外,还开发和推广应用了许多提高轧材形状和尺寸、精度的新技术和新装置。这些新技术和新装置有:

(1) 板形控制轧机和技术。提高带钢质量主攻方向在于提高板材的尺寸精度、改善板形和表面质量。带钢板形(平坦度、凸度、薄边等)的研究,出现了一大批具有良好板形控制功能的轧机和技术,如HC轧机、可变凸度(VC)轧辊、连续可变(CVC)轧辊、万能板形控制(UPC)技术、轧辊成对交叉式(PC)轧机、KT辊轧机、五辊式平直度易控制轧机、动态变形支承辊(DSR)等。这些轧机和技术与其他技术配合使用,对板材的凸度和板形的高精度控制起着很大作用。21世纪,板形控制轧机和技术将普遍应用于带钢热、冷轧机,较多地用于带钢平整机和中厚板轧机。

(2) 高精度轧管机。近年来开发和推广应用了限动芯棒连轧管机、限动芯棒初轧管机、AC-CU-Roll轧管机、三辊式轧管机等,使热轧无缝管的壁厚偏差减少到±(3%~5%),有的甚至低到±1%。进入21世纪,无缝管的尺寸精度将会显著提高。

(3) 型钢、线材高精度轧制技术。在精轧机组以及中轧机组末架(或后2架)采用三辊或四辊孔形,提高机架刚度,用万能孔形轧制钢轨和异形钢等措施,已使型钢和线材的尺寸精度明显提高。目前10~15 mm棒材的直径偏差可小至(0.1~0.4)mm,而线材直径偏差更可低达0.1 mm。进入21世纪,将有更多的型钢和线材轧机采用高精度轧制技术。

5.6.5 钢铁生产短流程

减少工序、缩短流程是减少投资、提高劳动生产率、节能、降低物耗和成本的最佳途径。因此,在21世纪,各种短流程工艺必将得到加速开发和推广应用。

5.6.5.1 薄板坯连铸连轧工艺将遍及全球

20世纪90年代以来,在世界范围内,薄板坯连铸连轧工艺迅猛发展。据不完全统计,自1978年7月第一套薄板坯连轧生产线在美国纽柯公司克劳福兹维尔厂建成投产以来,已建成7条生产线,年产能力达840万t,正在建设的有8条生产线,上述15条生产线总年产能力为1812万t。还有18条生产线正在筹划建设,总生产能力约3325万t。

各公司竞相进一步开发薄板坯连铸连轧技术,除德国西马克和德马克公司开发的CSP和ISP技术均有新进展外,奥钢联开发的Conroll技术、意大利达涅利公司开发的FISC技术、美国蒂平斯公司和韩国三星重工业公司共同开发的TSP技术都陆续有用户采用,各种技术相互渗透,进步迅速。

薄板坯连轧机组因产品单位投资可减少20%~30%,每吨产品可降低成本60~100美元,现在不仅小钢厂对此技术很感兴趣,而且有些钢铁联合企业也在考虑建设薄板坯连铸连轧机组,今后二、三十年内该技术必将在发达国家和发展中国家兴起。据预测,至2010年,世界由薄板坯连铸连轧工艺生产的带钢将占带钢总产量的15%~20%,而2020年这一比例将大幅度地增至45%~60%。

5.6.5.2 带钢连铸-冷轧工艺广泛应用

带钢连铸机浇铸出的钢不经热轧或稍经热轧(1~2个机架)即可进入冷轧机轧成冷轧带钢。采用带钢连铸冷轧工艺的小钢厂的投资和生产成本是采用传统工艺的综合性钢铁厂的10%~

15%,许多国家的公司和研究机构正在积极研究这种新工艺。目前已建成了许多各具特色的中试规模带钢连铸机,比较成熟的是双辊带钢连铸机,已经实现工业化生产。21 世纪带钢连铸冷轧工艺将加速推广应用。据预测,2010 年全世界采用该工艺生产的带钢将占带钢总产量的 3% ~5%,至 2020 年,将增至 10% ~15%。

5.6.5.3 钢铁生产短流程将进一步完善和发展

电炉连铸连轧短流程工艺与传统的高炉转炉连铸连轧长流程工艺相比,具有许多优点,因此,近年来采用这种短流程的小钢厂得到了迅速发展。

目前,以废钢为主要原料的普通型电炉短流程发展很快,由于优质废钢资源有限,钢材质量不够理想,钢铁生产短流程将进一步发展和完善,21 世纪还将广泛应用下列几种新的短流程工艺:

(1) 以废钢和少量 DRI 或 FeC 为主的电炉短流程:废钢 + DRI 或 FeC→EAF 电弧炉→LF 钢包炉→连铸→连轧。

(2) 以铁水和 DRI 为主的短流程:Corex 铁水 + MIDREX 竖炉 DRI→EAF 电弧炉→LF→连铸→连轧。

(3) 以 50% 铁水和 50% 废钢及 DRI 为原料,采用电炉和常规连铸相结合的短流程:Corex 铁水 50% + DRI30% + 废钢 20% → EAF 电弧炉→LF→连铸→连轧。

(4) 以铁水为主的转炉短流程:Corex 铁水→LD 顶底复吹转炉→LF→连铸→连轧。

5.6.6 自动控制技术及经营管理

微电子技术的发展和计算机的广泛应用,对钢铁工业的发展产生了巨大的影响。21 世纪,以电子计算机为中心的自动控制系统在钢铁中应用将更加普及和深入,炼铁、炼钢、轧钢和其他压力加工法将更多地采用各种智能化技术,包括计算机数控、计算机辅助施工、计算机综合管理、设备管理系统、专家系统、计算机神经网络、生产过程完全自动化、故障自动诊断和排除、机器人等。

进入 20 世纪 90 年代,世界发展速度减慢,市场钢材需求减少,许多国家钢铁工业不景气,钢铁企业处于严峻的经营环境。21世纪,钢铁企业面对更多,更严峻的挑战。为适应市场变化,各企业除了采用先进技术装备、提高产品质量外,还必须变革经营管理,制订经营发展战略,在激烈的竞争中求得生存和发展。

5.6.6.1 小钢厂发展而大钢厂缩小规模,精减人员

目前以北美为代表,小钢厂发展很快,其产量在美国占钢产量的比例接近40%,小钢厂规模越来越大(最大年产量已达400万t),数量越来越多,而大型钢铁企业在缩小规模、精减人员。英国钢铁联合公司原来约有10个厂,现在只保留了几家,1980年拥有雇员16万人,至1995年已减至5.39万人,劳动生产率得到提高,1995年度销售额达到100.3亿美元,利润为12.16亿美元,昂首走入世界500强企业行列。

21世纪,由于竞争加剧,各国政府鼓励老企业结构改造,小钢厂将继续得到发展,钢铁联合企业进一步缩小规模、精减人员、提高劳动生产率。

5.6.6.2 钢铁工业国际化

公司发展的战略方向应当是国际型的公司,原来那种国家型的公司在西方社会已不存在了。1995年度世界500强企业排名表显示:过分依赖国内市场的企业名落孙山,而不断拓展海外市场的公司在500强中位置得以升迁。近年来,钢铁企业的国际化已成为一股潮流。目前,日本六大钢铁公司都在国外合资建设了钢材生产厂,欧洲各国大多数主要钢铁企业正在进行更大范围的联合和生产专门化;由于国际发展和重心由西方移向环太平洋地区,亚洲钢铁需求不断增长,跨国合资组建钢铁厂的现象层出不穷。因此,21世纪,钢铁企业的国际化仍将继续发展。

5.6.6.3 多元化经营

工业发达国家,特别是日本,因钢铁市场已饱和,主要发展方向是多元化经营。日本六大钢铁公司、韩国浦项钢铁公司都在进行多元化经营,把钢铁业务在企业中的比例逐渐缩小,非钢铁业务的比例逐渐扩大。扩大经营范围分纵向和横向两种方向,前者指

扩大钢铁生产的上、下游业务，如开矿、生产化工产品和汽车等，后者指与钢铁原料、产品和副产品无直接关系的经营，如机械、电子、工程设计等。21 世纪，绝大多数钢铁联合企业的钢铁业务所占比例将低于目前的数值，而非钢铁业务的比例将明显升高。

5.6.6.4 新产品开发

目前，社会需求向多样化、精细化发展，各钢铁企业的经营都以市场为导向，以用户需求为目标，与用户共同研究新产品的开发和应用，不断提高产品的技术含量，增加高难度、高附加值钢材的产量。21 世纪，钢铁企业将在继续增产强度高、耐磨或耐腐蚀性好、颜色和外形更美、断面形状合理或更接近零件形状的轧材的同时，还将加速开发钢与其他竞争材料相结合的高附加值复合材料生产工艺，生产钢与塑料、钢与铝（或锌）、钢与陶瓷等复合材料，最大限度地满足能源、交通、机电、建筑等行业对高难度、高性能钢铁产品的需求。

在 21 世纪，钢铁工业将发生深刻的变化，发展趋势是新工艺取代老工艺，新流程代替老流程，无焦钢铁生产、薄带钢连铸技术进入工业化生产；另一方面，新的管理思想代替老的管理思想，精减人员，开发新产品，各大钢铁公司向多元化经营发展，并不断拓展海外市场，向跨国企业发展。

参 考 文 献

[1] 刘中柱，蔡开科. 纯净钢生产技术[J]. 钢铁，2000，35(2):64.

[2] 知水，王平，侯树庭. 特殊钢炉外精炼[M]. 北京:原子能出版社，1996.

[3] 梁克中. 金相－原理与应用[M]. 北京:中国铁道出版社:1983.

[4] 张承甫，等. 液态金属的净化与变质[M]. 上海:上海科学技术出版社，1989.

[5] 陈瑞宁，等译. 金属手册[M]. 北京:机械工业出版社，1991.

[6] 俞华峰. 提高铁基高温合金锻造温度的可能途径[D]. 沈阳:中国科学院金属研究所，1985.

[7] 周兰章. 磷、硫、硅对 1N718C 合金显微组织和力学性能的影响[D]. 沈阳:中国科学院金属研究所，1995.

[8] Sims C T，Stoloff N S，Hagel W C. 高温合金[M]. 赵杰，朱世杰，李晓刚，王富刚译. 大连:大连理工大学出版社，1992.

[9] 戴永年，赵忠．真空冶金[M]，北京：机械工业出版社，1988.
[10] 罗思. 真空技术[M]. 北京：机械工业出版社，1989.
[11] 吴仲棠，钟振纲，唐定中，等. 无 Re 第二代单晶合金探索研究[J]. 金属学报，1999，35（2）：10.
[12] 李嘉荣，钟振纲，唐定中，等. 低成本第二代镍基单晶高温合金 DD6[J]. 金属学报，1999，35(2)：20.
[13] 刘兴博，董建新，谢锡善. 杂质元素磷、硫在 Inconel 718 合金中的作用[J]. 金属学报，1999，35(2)：20.
[14] 徐岩，谭明晖，郭守仁，卢德忠，王玉兰，胡壮麒. 镍基铸造高温合金冶金质量控制[J]，金属学报，1999，35(2)：20.
[15] 傅杰，黎璞，赵俊华，等. 氮对 GH36 合金性能的影响[M]. 北京：冶金工业出版社，1987.
[16] 俞德刚. 钢的强韧化理论与设计[M]. 上海：上海交通大学出版社，1990.
[17] 陈希春，冯涤，陶宇. 真空感应熔炼 FGH95 母合金中的非金属夹杂物研究[J]. 钢铁研究学报，2003，15(7)：327.
[18] 李代钟. 钢中硫化物夹杂物球化和对钢性能的影响[J]. 钢铁研究学报，1992，2：15.
[19] 常开地，赵焕春，张慧峰，等. 含硫非调质钢轧后硫化物夹杂形貌的观察[J]. 金属热处理，2006，9：35.
[20] 张莉萍，葛建国，赵爱军，等. 浅谈钢中夹杂物的控制对钢质量的影响[J]. 包钢科技，2002，4：45.
[21] 董履新，刘新华. 钢中硫化物夹杂物及其形态控制[J]. 钢铁，1987，6：56.
[22] 娄德春，崔崑，吴晓春，张杰. 硫复合系易切削钢在凝固过程中夹杂物形成的计算机模拟[J]，金属学报，1996，10：76.
[23] 邢华宝，徐汾兰，金属中的气体元素及分析[J]. 马钢科技，1998，4：34.
[24] 胡俊辉. 低碳高硫磷钢硫化物凝固析出的热力学分析[J]. 宝钢技术，2005，5：56.
[25] 陶文铨. 数值传热学. 第 2 版[M]. 西安：西安交通大学出版社，2001.
[26] 张继玉. 真空电炉[M]. 北京：冶金工业出版社，1993.
[27] 强锡富. 传感器[M]. 北京：机械工业出版社，1994.
[28] 陈存中. 有色合金熔炼与铸锭[M]. 北京：冶金工业出版社，1996.
[29] 陆文华，李隆盛，黄良余. 铸造合金及其熔炼[M]. 北京：机械工业出版社，2002.
[30] 郭景杰，苏彦庆. 钛合金 ISM 熔化过程热力学与动力学分析[M]. 哈尔滨：哈尔滨工业大学出版社，1998.
[31] 李沛勇. 熔体处理及微合金化对 A357 铝合金组织与力学性能的影响[D]. 哈尔滨：哈尔滨工业大学，1996.

6 过滤技术

过滤净化对金属质量的影响是多方面的。

第一,过滤可以去除金属熔体中携带的大块夹杂物。

生产实践表明,无论采取哪种类型的过滤器,只要使用得当,都可以有效地除去金属熔体中携带的大块夹杂物,在浇注系统中采用网型过滤器,可以基本上消除因孔眼造成的废品,如果在浇注系统中放入泡沫陶瓷过滤器,可以根本去除大块夹杂物。

合金中的氧化物无论对变形合金质量还是对铸造合金质量都有极大的影响,所以使用过滤器十分必要。

第二,过滤可以去除金属熔体中相当部分的悬浮细小夹杂物。

以往人们比较重视去除大的块状夹杂物,对呈弥散分布的细小夹杂物重视不够。近年来,随着断裂理论的发展,人们越来越重视金属中细小夹杂物的有害影响,但对如何去除金属熔体中细小的夹杂物,传统工艺显得无能为力。

实验结果表明,当采用网型过滤器(1.5 mm × 1.5 mm)时,不仅能截留金属液体中尺寸大于0.3mm的夹杂物,还能过滤掉小于20 μm的夹杂物。

颗粒状过滤器和多孔陶瓷过滤器过滤细小夹杂物的效果优于网型过滤器。它们能除去比孔眼尺寸小很多倍的杂质质点。例如,铝合金熔体经过多孔刚玉陶瓷过滤器后,5 μm以上的氧化物夹杂大部分被过滤掉,特别是尺寸在50 μm以上的氧化物能全部过滤掉。

第三,过滤可以减少金属熔体的气体含量。

实验证明,采用网型过滤器,可以减少金属液体中的气体含量,这是因为金属液体中机械混合态的气体被分离了,同时可以过滤掉非金属夹杂物所包含的气体。

不同的过滤方式和不同的过滤介质具有不同的除气效果。如果不采用价格昂贵的氧化铝，而采用电极碎块等作为颗粒状过滤器的过滤介质，也可以获得较好的过滤效果。例如，铝青铜、铝合金和镁合金中的氧化物含量和氢气含量密切有关。氢原子可以吸附在一些氧化物上，氧化夹杂可以成为气泡的生长核心，因此，过滤后金属中的夹杂物和气体可以同时大幅度下降。当采用颗粒过滤器时，铝青铜中的氢含量从百克 3 cm^3 下降到 1.5 cm^3，非金属夹杂物的含量可以降低一个数量级，经过精细过滤的铝锭可以轧制成厚度为 3 μm 的铝箔。

第四，过滤可以去除金属熔体中的有害元素。

由于颗粒状过滤器和多孔陶瓷过滤器具有很大的接触表面积，按过滤机理分类属于深层过滤范畴，当金属熔体通过过滤介质时，不但会因为各种机制（如直接拦截、重力沉积、惯性沉积、扩散沉积等）使熔体中悬浮的固态夹杂物分离出来，而且熔体和过滤介质之间也将发生传质过程——物质交换，如利用多孔砖对铁水进行过滤脱硫、铝液过滤脱铁等。

第五，过滤可以改变金属熔体的性能和凝固特点。

过滤可以使金属熔体净化，必然使其黏度明显下降，流动性获得改善。

根据现代金属熔体的结构模型，细小的夹杂物提高了金属熔体的有序度，因此，过滤必然要影响金属的结晶和凝固过程。过滤对凝固过程的影响反映在元素的分布和洁净组织的变化上，深入的研究有待进行。

第六，过滤可以显著提高金属的质量和性能。

由于过滤工艺基本上消除了合金中的夹杂物，显著改善了铸件的质量，降低了废品率，因此过滤工艺已经成为保证轻合金铸锭生产质量的有效手段。如经过过滤后铝合金，塑性有明显的改善，为后来的加工带来方便。

综上，我们可以看出，各种过滤方法具有各自的特点，可以在不同情况下选择使用。颗粒状过滤器使用起来不如其他过滤器方便，但多孔陶瓷过滤器和颗粒过滤器的过滤效果优于网状过滤器，过滤器自身的成本低，可以大幅度提高金属的洁净度，是很经济收益率很高的工艺方法，是其他方法所不能比拟的。

6.1 过滤净化技术发展概况

6.1.1 过滤技术的发展

随着社会的进步和科学技术的不断发展，对材料的纯净度提出了越来越高的要求，因为百万分之几的夹杂物的出现都会对材料性能产生决定性的影响，一个微米大小的氧化物和反应产物都会给材料加工带来不良的影响。例如，不把夹杂物和氧化物在熔炼和浇注时清除掉，就不会有铝箔的问世。目前，钢材生产最大的困难之一，就是薄板深冲的问题。

在铸造前，清除熔体中的夹杂物，不论从技术观点和经济观点都是十分必要的。外来夹杂物、氧化物、耐火材料以及反应产物都应该去除掉。

可以用过滤，即让金属液体通过一个装有耐火颗粒层、过滤网、泡沫陶瓷过滤器的滤床和其他易于让熔体通过的各种净化方法，来去除熔体中的非金属夹杂物、氧化物和外来颗粒。

近些年来，随着宇航、航空和其他工业的发展，对金属及合金质量提出了更高的要求，而影响质量的重要因素之一是夹杂物。断裂力学已经表明，夹杂物是零件中的重要裂纹源，严重降低零件的寿命。同时，夹杂物还降低合金的力学性能，使加工性能变坏。

早在 1948 年，就提出了采用过滤方法去除铝液中的氧化物夹杂，在 20 世纪 50 年代初生产上才开始采用过滤技术净化铝合金，至今已有半个世纪多了，过滤技术也得到了不断发展和完善。

非金属夹杂是高温合金中的一种常见的缺陷，它降低液态金属的流动性、增加铸件内部的孔隙、降低材料的力学性能、恶化材料的机械加工性能和表面处理性能、增加废品率、降低零件的使用寿命。据统计，合金铸件中因各种夹杂而报废的零件数量约占废品总量的50%以上，其中很大的部分是经过机械加工后才发现的，在经济上造成了很大的损失。因此要采取各种方法去除金属液体中的夹杂物，其中最经济有效的方法是对合金液体进行过滤。

采用陶瓷过滤器去除高温合金中的非金属夹杂物，已经进行过很多实验，被证明是很有效的方法，而且已经得到了广泛的应用，现在已经扩大到4 t的大炉子上。美国等国家首先采用高温泡沫陶瓷过滤网净化技术，使过滤后的高温合金液体中，绝大部分的夹杂物被去除，过滤效率在80%以上。

从过滤方法来讲，过滤可分为网型过滤，固体填充床过滤，刚玉微孔陶瓷管过滤和泡沫陶瓷片过滤。

网型过滤是应用较早的一种过滤方法，是将过滤网放置在浇注系统内，在金属液体流入型腔以前，大块夹杂物被阻截，这种方法简便、经济，但过滤效果差，只能过滤掉大于网眼尺寸的粗大的夹杂物，不能阻截微小夹杂。金属液体流过过滤网时，会产生飞溅，从而引起二次氧化夹杂。改进型的过滤网采用玻璃丝网作为过滤器，采用玻璃丝布强化可以提高玻璃丝网的强度。

固体填充床方法是采用松散的固体颗粒作为过滤介质，介质粒度不同，过滤效果也有差异。过滤机理是在颗粒之间存在的一些细微通道，当含有夹杂的熔体通过这些通道时，由于扩散、重力、吸附、表面张力和直接拦截的综合作用，夹杂被截留在过滤器中间的颗粒表面上。在使用过程中，由于流动着的金属液体的冲刷作用，会使松散的固体颗粒发生移动，产生沟流现象，造成一些杂质随金属液体流走而降低过滤效果。

刚玉陶瓷过滤器是采用人造刚玉作为骨架，低硅玻璃作为黏结剂，经高温烧结而成。这种过滤器往往做成管形，它具有许多曲折穿透的微细管道，金属液体流经管道时，大块和细小的夹杂，甚至比孔道尺寸小许多倍的夹杂也能过滤掉。但从生产中发现，当滤管孔径过小时，容易使合金组织粗化，可能在滤掉夹杂的同时，把作为结晶核心的有效质点也过滤掉了。刚玉陶瓷过滤器孔隙度低、热容量大、适用于半连续铸锭过滤用，不能作为成形铸件型内的过滤器。

泡沫陶瓷片过滤器是将亲水的弹性泡沫塑料浸入三氧化二铝粉和其他一些物质混合成的陶瓷浆料中，使其上面均匀涂挂一层浆料，经硬化工序，在高温下焙烧，得到泡沫陶瓷过滤片，其孔隙度可达到85% ~90%。

因为过滤片本身孔洞是由于原来的多孔泡沫塑料有机物燃尽而成，所以其具有高孔隙度、几何面积大、密度小和孔洞曲折、耐高温、发气量小、不与金属液体发生反应。经过陶瓷过滤片的金属液流变得更加平稳，降低了紊流和飞溅的程度。

6.1.2 过滤过程的分类

工业上过滤过程一般分为两大类，滤饼过滤和深层过滤。

滤饼过滤滤液通过过滤介质后，固体粒子被介质截留，在介质表面形成一层一定厚度的截留物，随着截留物的增加，常常引起过滤介质的阻力，金属液过滤中的网状过滤器即属于滤饼过滤。

深层过滤滤液中的固体粒子被截留于介质内部孔隙中，在介质表面一般不形成滤饼，泡沫陶瓷过滤器即属于深层过滤。

上述两种过滤方式大多采用间歇操作，过滤进行时，随着金属液体中固体粒子的被截留，介质阻力逐渐增加。滤饼过滤和深层过滤的过滤特点是不同的，滤饼过滤阻力的增加是滤饼增厚所致，而深层过滤阻力的增加，则是过滤介质阻力增加所致。

6.1.3 金属净化技术发展展望

因为金属中的夹杂物是材料的裂纹源，所以净化技术受到越来越多的关注，金属净化领域里也有许多问题有待于进一步深入研究。

（1）金属的熔体净化机理有待于深入研究。净化机理的深入研究有助于选择净化方法、净化介质、确定净化过程的最佳规范、指导净化过程的技术发展。目前人们主要关注的是过滤介质和过滤后金属的性能，对过滤机理和工艺特征方面的深入研究很少。

净化机理涉及到物理化学、液体金属物理学,流体动力学、固体表面物理和化学、液态金属物理学的基础理论知识。

(2) 研究快速评定金属液体质量的方法。探索一种便于检查金属熔体质量的方法,使质量不合格的金属熔体可以立即进行处理,只有能够快速地确定金属熔体中气体的含量和固体夹杂的含量,才能确保金属熔体的质量。

(3) 建立评定各种净化方法效果的科学方法。必须研究评定各种净化方法效果的数量关系。目前,多数研究仅限于给出一种净化方法能达到的氢含量和固体夹杂含量,没有同时考虑吸收剂耗量等经济因素。对各种净化方法的效果评价方面还存在一些缺点,如振动法精度不高,机械性能测定法只适合定性分析,气体分析法精度不高等,应进一步建立起比较科学的对各种净化方法效果的评定方法。

(4) 进一步研究净化对金属结晶凝固过程的影响和对金属动态力学性能的影响。

(5) 需要研究小容量实验室条件下的某种净化方法能获得的效果在工业生产中得到应用。随着工业生产规模的不断扩大,所生产的零件尺寸和形状复杂性增加,对金属质量要求也越来越高,需要研究更有效的净化方法。

(6) 对陶瓷过滤器性能的测试和过滤的规格化、标准化、产品系列进行研究,扩大应用范围。

(7) 必须研究避免净化的金属熔体在浇注过程中的二次污染问题。

(8) 改进和开发新型净化方法。

金属熔体的加压过滤技术将允许采用孔隙更小的过滤器,如果利用金属熔体和过滤器的极大接触面积,可以开发过滤 - 变质技术、过滤 - 合金化技术和过滤 - 孕育技术。

金属净化技术的应用可以显著提高金属的表面和内在质量,是一种符合优质、低耗、高效的先进技术,它具有明显的技术经济效果,因此应该重视这项技术的开发。

6.1.4 泡沫陶瓷过滤器的发展趋势

泡沫陶瓷是由陶瓷构成的泡沫体，其孔隙度高达 80 %～90 %，且通道曲折,表面积大，可与流体充分接触。大量的研究实践证明，泡沫陶瓷过滤器可有效地去除金属中的夹杂物和气体等有害杂质，提高金属内在质量。

中国加入 WTO 后，铸造业的发展势头强劲,对高性能铸件的需求剧增，因而对泡沫陶瓷过滤器的需求日益增加。据统计，我国铸造业对泡沫陶瓷过滤器年需求量近 1 亿片，产值可达 5～7 亿元,而提高铸件质量所带来的实际利润远远超过这一数字，世界铸造业对泡沫陶瓷过滤器的年需求量近十亿片，其经济效益极为可观。我国政府、科研机构及生产厂家对泡沫陶瓷的发展给予高度重视，在泡沫陶瓷的研制和生产方面做了大量的工作。

6.1.4.1 应用现状

铸造合金用泡沫陶瓷过滤器在国内的发展始于 20 世纪 80 年代。80 年代中期，叶荣茂等成功研制了用于铝合金、铸铁、不锈钢过滤的泡沫陶瓷过滤器；1985 年，曹文龙、豆柱等申请了用于铝合金、铜合金、镁合金和铸铁件的过滤除渣的泡沫陶瓷过滤器专利。此外，沈阳铸造研究所、上海机械制造工艺研究所、湖北省机电研究设计院、南昌航空工业学院、东风汽车公司等单位也先后开展了泡沫陶瓷过滤器的研究工作，并均取得了丰硕成果。

90 年代，深圳汉力高技术陶瓷有限公司建成我国第一条泡沫陶瓷生产线并投入批量生产。1993 年,北京市昌平县特种陶瓷材料研究所与清华大学和中国建材科学院共同研制、开发出系列可用于铸钢、铸铁和有色合金的泡沫陶瓷过滤器，并建成一条 200 万标件的生产线。

2001 年 12 月，贵州新材料矿业发展有限公司与清华大学、中国科学院上海硅酸盐研究所等单位，联合承担了国家“十五”863 计划《耐高温、高强、耐磨、耐腐蚀陶瓷部件的关键制备技术》重大专项中的“碳化硅泡沫陶瓷熔融金属过滤器”的研发和产业化建设，计划在“十五”后期建成年产2 000万片的碳化硅基泡沫陶瓷过滤器中试生产线，再用2～3年时间达到上亿片的生产能力。

2002年6月，中国建材工业出版社出版了《泡沫陶瓷过滤器》国家标准。

据不完全统计，目前国内已有10多条泡沫陶瓷过滤器生产线，年生产总量已达数千万片。用于镁、铝、铜等有色金属合金的泡沫陶瓷过滤器性能稳定，已形成了一定的生产规模，其性能可以与美国Selee公司的产品相媲美。

用于铸钢、铸铁和连铸等耐高温泡沫陶瓷过滤器，如碳化硅、氧化铝、氧化锆等材质，目前还未形成生产规模，有的正处于开发阶段，所需的产品尚须大量进口。据海关统计，仅2001年天津港进口的碳化硅质过滤器就达2 000万片。

近年来，经过铸造工作者的努力，泡沫陶瓷过滤器及其在液态铸造合金过滤领域的应用已得到了长足的发展。据不完全统计，国内迄今已有近10条泡沫陶瓷过滤器生产线投入生产，年生产总量已达数百万片。但据测算，我国铸造行业的潜在年需求量约1亿片左右。因此，在新的世纪，泡沫陶瓷过滤器的研究、生产和应用推广工作尚需继续加强，而且工作重点应放在以下几个方面：

（1）开发生产烧结温度低、烧结时间短的新型低成本泡沫陶瓷过滤器。

（2）开发生产适用于各种活性合金、高温物理化学性能稳定的新型泡沫陶瓷过滤器。

（3）开发生产适用于熔模铸造、金属型铸造等特种铸造工艺的异形泡沫陶瓷过滤器。

（4）深入研究泡沫陶瓷过滤器的过滤净化机制和对金属凝固过程的影响机制。

（5）系统研究泡沫陶瓷过滤器的应用技术，包括孔径和厚度的选择、安放方式和浇铸系统的设计、浇铸温度和速度及金属液压头的控制等。

（6）开展泡沫陶瓷过滤器的系列化和标准化工作。

6.1.4.2 泡沫陶瓷过滤器的主要特点

(1) 滤除铸件中的夹杂物，减少铸件中的气体，降低金属液流充型时的紊流程度，减少铸件中的表面缺陷，显著地减少铸件的废品率。

(2) 增加铸件的抗压密封性，增强伸长率和抗拉强度，改进铸件的表面光洁度，改进熔融金属的流动性，增加铸件的充型能力和补缩能力。

(3) 简化了浇注系统设计，减少了横浇道的长度，提高了铸件工艺出品率。

(4) 减少了加工时间和刀具损坏，改进了铸件加工表面质量。

(5) 具有非常高的高温工作强度，抗热震性能和抗金属液流冲击的能力。在工作中无掉渣或破裂现象，确保了熔融金属的过滤质量。

(6) 具有非常显著的过滤效果。远远高于其他过滤元件的过滤效果，其显著的过滤效果与“ 速度判据 ”过滤机理有关。

(7) 能够有效地减小浇注带来的金属液的紊流，使充型平缓，避免产生铸件表面缺陷。

(8) 具有较大的金属流率，且流率稳定（不同于直孔陶瓷过滤器其流率随被捕捉的夹杂数量的增加而逐渐降低）。即使在熔融金属中夹杂物含量多的情况下，正常使用不会造成过滤器的堵塞。

(9) 具有很高的化学稳定性，不受金属液酸碱性的影响，不改变金属液的化学成分。

(10) 具有非常高的尺寸精度，可用于自动安放过滤器的生产线上。

6.2 泡沫陶瓷过滤器的制备技术及技术指标

6.2.1 陶瓷过滤器的结构与材质

陶瓷过滤的研究主要集中于两个方面：一是陶瓷过滤器的材

质，包括陶瓷过滤器的制造工艺及性能；二是陶瓷过滤器的结构，包括过滤器的形状、安放位置、过滤机制及过滤效果。

选择过滤器材质要根据过滤所要去除的夹杂物的类型来进行选择，同时也要考虑材料的抗蠕变及抗热振性。大量的实验结果表明，材质、孔隙度和陶瓷过滤器的内表面粗糙度影响过滤效果。

陶瓷过滤器的结构是由其材质决定的，根据材质的不同，可以把陶瓷过滤器分为泡沫陶瓷过滤器和颗粒陶瓷过滤器两大类。

6.2.1.1 泡沫陶瓷过滤器

泡沫陶瓷过滤器的开孔体积为75%～90%，通常是按每英寸线上的孔数（ppi）来进行分类。如10 ppi的泡沫陶瓷过滤器，其孔径为1778 μm，范围为584～3708 μm；30 ppi的泡沫陶瓷过滤器，其孔径为711 μm，范围为229～1422 μm。泡沫陶瓷过滤器的厚度一般为25 mm。在浇注系统中有直立安放的，也有水平安放的，其结构根据具体的使用情况来设计。

泡沫陶瓷过滤器曾经选用过的材质有NCL-Mullite，ZrO_2，$ZrSiO_4$与Al_2O_3等。采用Al_2O_3泡沫陶瓷，在操作时不易碎，其抗热振崩裂性能好，在1700℃高温金属液流动下，抗蠕变变形能力强。因为开孔的孔隙度高（75%～90%）和孔壁很薄，所以泡沫陶瓷过滤器在与金属液接触前不需要预热。

6.2.1.2 颗粒陶瓷过滤器

颗粒陶瓷过滤器的结构为上下有孔的支撑板，中间为颗粒填充物，在颗粒上镀有一层活性吸附材料，见图6－1。支撑板的厚度一般为12 mm，孔直径为4.5～13 mm。

颗粒陶瓷过滤器选用MgO或Al_2O_3作为填充物，根据要过滤夹杂物的类别选用活性吸附剂。对于用稀土金属处理过的高温合金，选用稀土金属为活化剂，当使用氧化钙颗粒时要解决防水化问题。

CaO耐火材料是很好的颗粒陶瓷过滤器的填充材料，它不仅可以依靠物理吸附原理，而且还可以通过化学反应去除夹杂物。但有两个原因限制了其大量应用：一是需极高的烧结温度（高于

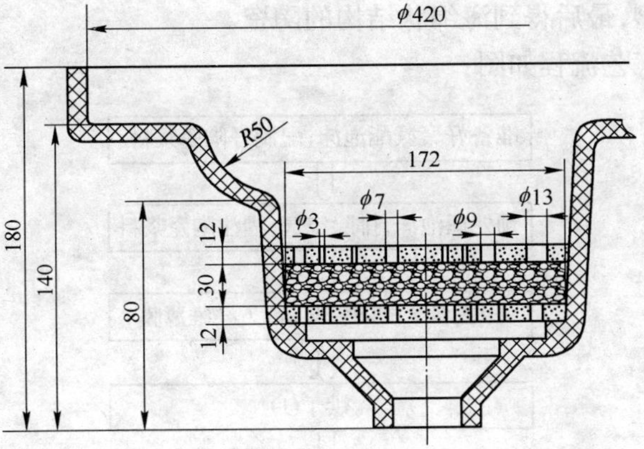

图 6－1 颗粒陶瓷过滤器的结构

1800℃）才能获得必需的致密度和机械强度。二是在常温和大气下易水化。

CaO 耐火材料的优点是耐火度高，碱度高，钢液过滤性好，资源极为丰富。提高钢液过滤用 CaO 耐火材料抗水化性能的途径是大力提高 CaO 耐火材料的烧结度，大结晶粒度，采用超高煅烧或电熔石灰；在 CaO 表面形成一层保护膜；在 CaO 烧成品上浸上焦油或有机树脂薄膜作为中间过渡措施；在 CaO 中加入少量的化学添加剂，其作用是降低 CaO 的烧结温度，并在烧结后期使烧结体内部产生部分液相，促进 CaO 晶粒的长大。

6.2.2 制备技术

泡沫陶瓷过滤器是一种多孔陶瓷制品，具有多层网络，是孔与孔连接的连续网状结构体。

6.2.2.1 泡沫陶瓷过滤器的制作过程

首先将粗孔泡沫塑料用加热或水解除去孔眼的薄膜，然后浸入陶瓷浆揉搓，使陶瓷浆比较均匀地分布在整个泡沫塑料内，再除掉多余的陶瓷浆，使泡沫塑料丝状体上留下一层很薄的浆液。然后将坯体烘干，经高温焙烧，使塑料挥发尽，留下了与泡沫塑料一样的复型,最后得到海绵状结构的陶瓷。

其工艺流程如图:

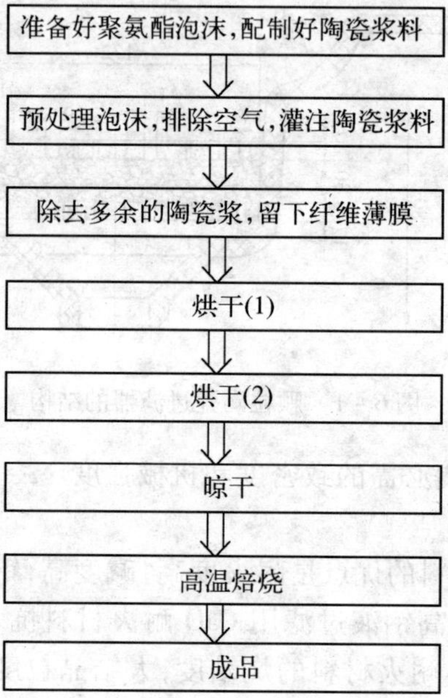

6.2.2.2 制作泡沫陶瓷过滤器的原材料

A 泡沫塑料

所采用的泡沫塑料应该具有弹性,有能重新恢复原状的能力,亲水,在烘干温度下能挥发,并且多孔。通常使用聚氨基甲酸酯或纤维素泡沫异类的聚合泡沫材料。

B 陶瓷泥浆

所采用的水状陶瓷泥浆原材料取决于过滤金属的要求,应抗金属和合金的侵蚀,耐用,在一定的高温下不软化。此外,泥浆应具有比较高的流动性,而且应具有水状悬胶,以使泥浆牢固地黏附在泡沫塑料丝状网物上。在烘干和烧结时,过滤器保持一定的强度,可以使用的典型陶瓷材料有氧化铝、氧化铬、氧化锆、氧化镁和它们的混合物。

C 黏结剂

通常采用硫酸铝、磷酸铝作为直接黏结剂，另外还加入氧化铝和几种碱性金属氧化物，如长石、高岭土、膨润土等，也能起到降低陶瓷材料软化点和瓷化作用。

D 陶瓷材料的组成及原材料的作用

陶瓷浆料有不同的配比(质量分数)，通常是：

Al_2O_3:45 ~ 55；

Cr_2O_3:10 ~ 17；

$AlPO_4$:12 ~ 17；

膨润土:0.5 ~ 2；

高岭土:2 ~ 5；

其余为莫来石、氧化锆和氧化镁，需要加入10% ~ 40%的水以形成陶瓷泥浆。

各组成原料的作用是：Al_2O_3 为基体材料，Cr_2O_3 与 Al_2O_3 配合，有很好的耐高温性能和抗金属熔体腐蚀性能。膨润土是泡沫结构材料的黏结剂，烧结时产生玻璃相，增加流动性，高岭土与膨润土具有相似的作用，但价格比较低廉。$AlPO_4$ 是一种空气固化剂和黏结剂，无需加热即可使陶瓷泥浆硬化，它与金属熔体不起化学反应，稳定性和固化性良好。

6.2.2.3 氧化钙过滤网的制作

选用分析纯 CaO、Al_2O_3，预烧至1000℃保温2 h后放入干燥器中冷却至室温。选用乙醇、甲醇为溶剂，按25%混合成稀糊状后，把有机泡沫网涂挂上糊状 CaO 混合物，自然干燥24 h后按以下工艺烧结后待用。

烧结工艺：室温 $\xrightarrow{3\ h}$ 200℃，保温3h $\xrightarrow{2\ h}$ 650℃，保温2 h $\xrightarrow{2\ h}$ 1000℃，保温2 h。

6.2.3 陶瓷泡沫过滤器的技术指标

(1) 具有足够高的机械强度。在过滤金属液体之前，金属液体以很高的速度冲撞过滤器，后面的金属液体继续高速运动，这个过程时间短，压力大，所以需要过滤器本身有很高的强度。另外，在运输过程中的振动、冲击和挤压等，可能使过滤器破碎，都需要它具有很高的机械强度。

(2) 高的耐热冲击和耐冲刷性能。高温金属液体突然与泡沫陶瓷过滤器接触，并在很短时间内升温到接近金属液体的温度，使之受热膨胀，所以过滤器应该有小的线[膨]胀系数，并且受热后不裂，或不产生大的裂纹。同时，金属液体经过过滤器要有一定的持续时间，尤其在半连续铸造过程中，所以长时间的浸泡于高温金属液体中，应不软化、不变形。

(3) 具有低的发气量。过滤器在工作中，几乎全部浸入金属液体中，如果它本身发气量大，则所产生的气体将进入液态金属中，增加了金属液体的含气量，也污染了环境。

(4) 具有高的化学稳定性能。陶瓷过滤器自身具有高的化学稳定性。在高温条件下，金属与陶瓷过滤器之间是否相互作用，取决于两种物质所生成化合物自由能的变化值。例如，泡沫陶瓷过滤器多采用 Al_2O_3 作为主要成分，若被过滤的是铝合金，则不起作用，但不能用于过滤镁合金。

6.3 过滤理论基础

6.3.1 基本理论

过滤过程的实质是流体通过多孔物质的流动过程。而流体通过均匀的、不可压缩固体床层的流动规律是研究过滤过程的基础。对于这个问题，最早的实验研究是 darcy 进行的。他考察水流经过不同厚度的砂床时，水流速率的变化规律，提出如下经验公式：

$$\frac{V}{A \cdot t} = \mu = K\Delta p / L$$

式中 V——时间 t 内通过床层的流体体积，m^3；

A——床层的截面积 m^2；

μ——流体通过床层的平均线速度；

Δp——流体通过床层的压强差；

L——床层厚度；

K——床层及流体物性有关的常数。

上式说明两点；一是流速与压降成直线关系，因此流体经过床层的流动属于滞流；二是通过颗粒床层的流体线速度与压强差成正比，与床层厚度成反比。

过滤过程理论的研究最初起源于 Hogen-poiseuille 方程的应用。

对于流体在圆形管中作滞流运动，Hogen-poiseuille 导出的流速与压强降的关系为：

$$U_0 = \frac{d_0^2}{32u} \cdot \frac{\Delta p}{L}$$

式中 Δp——流体流过圆形管的压强降；

U_0——流体在圆形管中的流速；

d_0——圆形管直径；

L——圆形管长度；

u——流体黏度，$N \cdot s/m^2$。

流体通过颗粒层的流动一般都呈滞流，如果设想颗粒床层是由于若干毛细管通道组成，那么上式的规律显然也能适用于流体通过颗粒床层的场合。为了将上式用于解决过滤问题，要考虑到床层中的通道不是圆形的，可以用水利学半径 R_H 代替 d_0，可以得到：

$$U_0 = \frac{R_H^2 P}{K_0 u L}$$

式中，R_H 为水利学半径；K_0 为比例常数。对于圆形管道，$d_0 = 4R_H$，显然此时 $K_0 = 2$，对于非圆形直管（如矩形、椭圆形等）$K_0 = 2 \sim 2.5$。

下面导出颗粒床层中 R_H 的表达式。

$$R_H = 孔体积 / 孔壁表面积$$

若颗粒床层的平均孔隙度为E,那么

$$\frac{E}{1-E}=\frac{\text{孔体积}}{\text{颗粒体积}}$$

故
$$\text{孔体积}=\frac{E}{1-E}\times\text{颗粒体积}$$

$$R_{\mathrm{H}}=\frac{E}{1-E}\cdot\frac{1}{S_0}$$

式中,S_0为颗粒物料的比表面积。

假定颗粒床层的流体通道都是直的,则流体通过颗粒床层中孔隙的流速为:

$$u'=u/E$$

就一般情况而论,床层中的流体通道显然不是直的,而是弯曲的。若床层中的弯曲通道的有效长度为L_e,显然$L_e>L$,L为床层厚度,一根直管若被弯曲变形,则必受到拉伸,其结果是管的截面必然有某种程度的收缩。在流量一定的条件下,流速必然有所增加,其增加的程度与弯曲程度成正比,故流体通过床层中弯曲通道的流速u''为:

$$u''=u'\frac{L_e}{L}$$

方程用于多孔床层时,显然应该以u''代替U_0,L_e代替其中的L,得到

$$u''=\frac{R_{\mathrm{H}}^2P}{K_0uL_e}$$

$$u=\left(\frac{L_e}{L}\right)^2\frac{E^3}{(1-E)^2}\frac{1}{S^2}\frac{1}{K_0u}\frac{P}{L}=\frac{E^3P}{K_1(1-E)^2S^2uL}$$

此即为柯尼滋/卡门方程,K_1为柯尼滋常数。

$$K_1=(L_e/L)^2K_0$$

式中的K_0前面已经指出,对于非圆形通道,其值在2~2.5之间,若取K_0为2.5,弯曲度取$\sqrt{2}$,则根据该式,$K_1=5$,以后很多研究者对不同物料进行实验,其结果当$E=0.3\sim0.5$时,柯尼滋常

数 $K_1 = 5 \pm 5 \times 10\%$，因此一般都取 $K_1 = 5$。

柯尼滋/卡门方程奠定了过滤过程的理论基础，它揭示了影响过滤过程各因素之间的关系，从而在指导过滤实践方面有了突破性的进展。

6.3.2 陶瓷过滤器过滤夹杂物的机理

6.3.2.1 净化机理

泡沫陶瓷过滤器可以有效地拦截液态金属中的夹杂物，提高铸件品质和成品率。研究其净化液态金属的机制，可为过滤器的完善及应用提供理论依据。房文斌、贾天敏等对此做了大量工作。

(1) 飘浮分离机制。在浇注系统中放置泡沫陶瓷过滤器后，金属液流阻力增大，液态金属在浇注系统中呈充满状态，从而发挥浇注系统的挡渣功能。同时，从直浇道注入的液流通过过滤器节流，金属液在直浇道内短暂停留，密度小的渣子上浮分离，即可产生底注式浇注系统的同样效果。当金属液经泡沫陶瓷过滤器继续浇注时，一方面密度小的渣子上浮，另一方面有效地减轻或消除了涡流。

(2)“滤饼”机制。泡沫陶瓷过滤器的通道是弯弯曲曲的，可以高效率地机械挡渣，许多大于过滤器孔洞的夹杂被捕获在过滤器的入口端。随着捕获夹杂物数量的增多，在过滤器入口端表面形成了由大块夹杂构成的“滤饼”。“滤饼”使液流变细，这样小于过滤器网孔尺寸的夹杂也被部分捕获在“滤饼”上。

(3) 吸附机制。过滤器置于型腔的横浇道或内浇道中，过滤操作属深层过滤。当第1股液流抵达过滤器入口端表面时，产生液流与泡沫网架的吸附现象，同时，会发生液流的“撞击”现象。过滤器本身又有阻流作用，有些夹杂质点在一定的压力下，由于夹杂物与固态的泡沫陶瓷网架更具有相近的“共格对应”关系，从而易于润滑而产生吸附。这种吸附主要是以无选择的多分子层物理吸附为主，夹杂物在过滤器网架上逐层黏附，直至堵塞为止。

采用陶瓷过滤器去除夹杂物，效果比较明显而机理却不能肯定。

对于陶瓷过滤器的过滤机制主要有两种观点。

(1) 物理分离。包括两种情况:一是颗粒尺寸大于或与孔的尺寸相近的夹杂物将被过滤网筛住,不同尺寸的杂质位于过滤网的不同部位;二是夹杂物上浮脱除,认为陶瓷过滤器的作用主要在于改变了金属液的流动条件,有利于夹杂物的上浮,因而孔的大小与过滤器的结构对过滤的效果影响很大。其根据是,金相观察过滤后残留的金属液体与过滤孔壁剖面未发现陶瓷壁截获的夹杂物,只发现陶瓷壁与金属液的反应层和上浮于金属液面的氧化物夹杂。

(2) 化学吸附。认为金属液中的夹杂物被陶瓷壁所吸附,在高温下产生烧结而被捕获,这种情况与坩埚壁吸附夹杂物相似。基于此,颗粒陶瓷过滤器通过选择颗粒吸附剂来提高过滤的效率。比孔的尺寸小一些的颗粒将被黏结块黏住而过滤,黏结块是由不断吸附于表面的颗粒形成。比过滤孔径尺寸小得多的颗粒可能由于与过滤网接触或被网间的金属液夹住。

总之,过滤机理以哪一种为主,与合金液体、夹杂物和陶瓷类别、性能有很大的关系,需要进一步做更加深入的工作来确定。

泡沫陶瓷过滤器(CFF,即 Ceramic Foam Filter)是采用聚氨酯泡沫塑料为载体,经水解后将其浸入到由陶瓷粉末、黏结剂、助烧结剂、悬浮剂等制成的涂料中,然后挤掉多余涂料,使陶瓷涂料均匀地涂敷于载体骨架上成为坯体,再把坯体烘干并经高温焙烧而成。

6.3.2.2 过滤机理

泡沫陶瓷过滤器通过对金属液的 3 种物理化学作用,分离液态铸造合金中的夹杂物,达到净化金属液的效果。

A 滤饼机制

复杂的泡沫陶瓷结构,可以高效率地机械挡渣,当金属液通过结构复杂的泡沫陶瓷过滤器时,通过过滤介质的机械分离作用,把大于过滤器表面孔眼的夹杂物滤除,并使之沉淀在过滤器液态金属流入端,成为过滤器的一个组成部分。随着夹杂物在过滤器表面上堆积数量的增多，逐渐形成了一层"滤饼"，使金属液流道进一步变细，因而新增的过滤介质表面可以滤除更为细小的夹杂物，与此同时，介质内部也有过滤作用，在贯穿于陶瓷体的众多小孔中，有的呈现微小狭缝，有的存在死角，这些变化不同的区域都是截获夹杂物的可能位置，过滤器内部也存在"滤饼"效应。

B　表面效应

当金属液流经结构复杂的陶瓷体时，被分割成许多细小的流股，增大了金属液中夹杂物与过滤介质的接触面积及接触几率，由于过滤器表面是极微小的凸凹面，凹块尺寸约为 1 ~ 10 μm，对夹杂物有静电吸附和黏附截流作用。

C　整流效应

金属液流过泡沫陶瓷过滤器时，被分割成许多细小单元的流股，其直径较小，从而使雷诺数（$Re = vd/r$）变小，使液流趋于层流运动。当金属液处于层流状态时，由于熔融金属液的密度远大于夹杂物的密度，因而使夹杂物有充分的时间上浮除去，也即泡沫陶瓷过滤器能辅助横浇道挡渣。浇注系统中放置过滤器后，金属液流动的阻力增加，在横浇道中流动的金属液容易形成充满运动，并使流速降低，有利于夹杂物上浮，并滞留在横浇道顶面。

6.4　过滤效果及其对合金性能的影响

6.4.1　泡沫陶瓷的应用

6.4.1.1　铝合金铸造过滤

铝合金在熔化和形成铸件的过程中，容易吸收气体和混入非金属杂物，从而降低了铸件的使用性能和加工性能。目前研制成功的泡沫陶瓷过滤片为铝合金铸件生产提供了一种新型的、高效率的过滤器。不同于通常的单层钻孔筛板和玻璃纤维筛网，而是有着多层网络和弯曲的通孔，能充分地滤除铝合金熔体中的细小非金属夹杂物，从而提高了铸件的质量。泡沫陶瓷过滤片用于铝合金熔体的过滤，通常选用堇青石质，网眼尺寸为 0.8 ~ 1.0 mm。

西安飞机制造公司采用(90 mm × 80 mm × 20 mm)泡沫陶瓷滤片，使油泵弯管头、离合器壳、变扭器壳体等铸件的合格率提高了40% ~70%，仅此一项，就为该公司每年新增产值200万元，实现利税30万元。

6.4.1.2 铜合金铸造过滤

有色金属熔体(黄铜、青铜、锌、锡)在铸造过程中，同样也会产生氧化和非金属杂物，出现大量的废品，若采用泡沫陶瓷滤片可大大降低废品率。过滤铜合金熔体通常选用堇青石质，网眼尺寸为1.0 ~1.2 mm。

6.4.1.3 钢铁铸造过滤

泡沫陶瓷同样适用于球墨铸铁、合金钢、不锈钢等高温合金的铸造过滤。钢铁合金的密度比较大，熔点高，要求泡沫陶瓷的高温强度、软化温度以及抗热冲击性都要比过滤铝、铜高。通常选用氧化铝和碳化硅质的泡沫陶瓷过滤片，滤片的网眼尺寸为2 ~3 mm。

6.4.1.4 其他应用

在高温条件下，泡沫陶瓷具有优良的热辐射特性，被用于强化传热和多孔介质的燃烧技术中，效果显著。泡沫陶瓷还可以做成光触媒载体，在泡沫陶瓷载体上涂覆纳米二氧化钛，受紫外线激发，具有强烈的光催化氧化降解特性，可催化降解有机物和微生物，从而净化空气。泡沫陶瓷还可以做成化工塔填料，布气材料，煤气灶节能燃烧板等。

综上所述，泡沫陶瓷的应用将会给现代工业和现代生活带来极大的经济和社会效益。由于泡沫陶瓷使用方便、价格便宜、制造工艺简单，通过材质的选择和工艺控制，可以制成适合于不同用途的泡沫陶瓷产品。具有优良特性的泡沫陶瓷已被越来越多的人所认识，它将广泛应用于冶金、化工、环保、节能、医学、电子等领域，前景十分广阔。

6.4.2 耐高温纤维铸造过滤网的应用

在铸造生产中，铸钢件、铸铁件、铸铝件及其他合金铸件，由于种种原因很容易产生渣眼、砂眼、气眼等质量问题，因此除去金属熔体中非金属夹杂物，对提高铸件成品率，改善铸件质量，具有重大的技术价值和经济价值。与其他各类过滤网比较，耐高温纤维铸造过滤网价格低廉、使用方便、不改变铸件金属组成成分、滤渣效果好、发气量低。另外，它同样具有耐高温、耐烧蚀、化学稳定性好、耐金属熔体冲刷、良好的强度。因此耐高温纤维铸造过滤网是各类金属熔体的理想过滤材料。它还可以用于化工腐蚀液体和高温气体的过滤。

耐高温纤维铸造过滤网被广泛用来对各类金属熔体进行过滤净化处理，通过过滤网过滤，可以达到以下几个方面的目的：

(1) 有效地去除金属熔体中的气泡、氧化物以及各种夹杂物等有害杂质，从而从根本上消除铸件的气眼、渣眼、砂眼，大大提高铸件的成品率，提高铸件的内在质量和外观质量。

(2) 改善铸件的力学性能：可以使铸件的硬度提高且表面硬度均匀，提高铸件的抗弯强度。

(3) 改变铸件的石墨形态，使石墨尺寸减小、厚度变薄、形状稍弯曲。

(4) 改变铸件的机械加工性能，提高加工效率。

耐高温纤维铝水过滤网，可有效地去除铝熔液中的气泡、氧化物，以及各种夹杂物等有害杂质，大大提高铝铸件的成品率、提高铝制品质量，且避免了其他金属成分渗进铝熔液的弊端，不影响铝合金成分组成，以保证铝铸件的品质；改善铝铸件的力学性能（可以使铸件硬度提高且表面硬度均匀，提高铸件的抗弯强度）；改变铸件的机械加工性能，提高加工效率。

与各类滤网相比较，耐高温纤维过滤网不影响铝合金组成成分；因纤维自身有吸附杂质的作用，故过滤效果更好。另外，耐高温纤维过滤网同样具有耐高温、网眼稳定性好、使用方便等优点。而且有利于废料的回炉利用（废料回炉后，网片浮于铝熔液表面）。耐高温纤维过滤网布是高档铝合金铸件的理想过滤材料。几种金属液体所使用过滤网的技术指标见表 6－1。

表 6-1 过滤网技术指标

过滤网种类	工作温度/℃	软化点/℃	持续工作时间/min	室温抗拉强度/MPa	发气量/mL · g^{-1}	适用范围
钢水过滤网	1600~1620	1700	5	≥16	≤60	中小型铸钢件过滤
铁水过滤网	1400~1450	1700	10	≥8	≤60	灰铸件、球铁和小型铸钢件过滤
铜水过滤网	1200	1700	10	≥6	≤60	铜合金铸件过滤
铝水过滤网	700~800	900	10	≥6	≤30	铝合金铸件过滤

6.4.3 陶瓷过滤器的过滤效果

D. Apelian 用四种泡沫陶瓷过滤器对四种镍基高温合金进行过滤，所得的纯化效果见表 6-2。从表6-2中的数据可见过滤效果明显，从 43% 到 97%。过滤效率与合金的成分、过滤器的类别及金属液原始夹杂物含量等具有明显的关系。当金属液中的夹杂物含量多时，过滤效果比较明显。超纯净熔炼后的过滤效果如何，本章将进行讨论。

表 6-2 几种牌号高温合金的过滤效果

合金	过滤器的类型	浇注速率/kg · s^{-1}	氧化物比面积/cm^2 · kg^{-1}	过滤效率/%
IN-713LC	NCL-20ppi	0.91	0.23	43
	Al_2O_3-20ppi	0.85	0.18	55
	控制	0.79	0.40	—
IN-738	NCL-20ppi	0.86	0.20	83
	$ZrSiO_4$	0.34	0.18	84
	NCL+节流器	0.11	0.05	96
	未加过滤器	0.36	1.15	
IN-718	NCL-20ppi	1.11	0.03	97
	控制	0.84	1.05	

续表 6-2

合　金	过滤器的类型	浇注速率 /kg·s^{-1}	氧化物比面积 /cm^2·kg^{-1}	过滤效率/%
IN-718	$ZrSiO_4$-20ppi	1.16	0.03	96
	ZrO_2	0.87	0.04	94
	控制	0.74	0.74	
	NCL 20ppi	1.00	0.07	76
	单块	1.28	0.11	62
	控制	0.96	0.28	
MM200 + Hf	$ZrSiO_4$-20ppi	0.97	0.71	74
	NCL-20ppi	1.16	0.62	77
	控制	0.29	2.69	
	NCL-30ppi	0.08	0.47	92
	NCL-20ppi	0.60	1.43	75
	控制	0.42	5.70	

资料介绍了用陶瓷颗粒过滤器过滤镍基高温合金的情况，过滤后合金中的氧含量降低 14%、氮含量降低 35%、硫含量降低 40%。硫含量的降低可能是由于该合金在真空感应熔炼时曾加入 0.03% 的 Ce，而且颗粒陶瓷镀有稀土活化剂。过滤后合金的短时断裂强度只提高 6%，但性能稳定，塑性则明显升高。

A. Mitchell 认为，对许多高温合金来说，降低夹杂物的主要目的是减少氮化钛，因为它的含量要比氧化物高一个数量级。但氧化物对 TiN 产生缺陷的作用大，因为氧化物黏附会使单个的 TiN 晶体聚集化，否则它们在高温合金的温度下是不会烧结的。采用陶瓷过滤器对去除 TiN 夹杂物非常有效。基于氧化物附着于 TiN 的性质，产生的 TiN 被吸附于过滤器的表面上。经过过滤，合金液体中只含有饱和溶液冷凝时生成的 TiN 和 Al_2O_3。

固态夹杂物如三氧化二铝、氮化钛，由于它们不润湿的特性而去除，液态夹杂物如钙铝酸盐由于表面张力而被吸附于网壁。

资料介绍了对过滤后的过滤网进行 SEM 分析的情况，对 IN718 合金的过滤结果是成团的夹杂位于过滤网上部；单个的夹杂位于过滤网中部；大量小的夹杂位于网间已凝固的金属中。EDAX 分析表明，成团的东西是铝、镁、氧的集聚，即三氧化二铝及氧化镁。网间已凝固的夹杂物是氮化钛、三氧化二铝或氧化镁。

对 FV-458 不锈钢进行过滤后，分析过滤网中的夹杂物表明，在过滤网中成团的夹杂物中，圆形的夹杂物是三氧化二铝和氧化镁，长条形的是铝酸钙。

资料介绍，采用厚度为 10 mm、15（孔数/in^2）的 Al_2O_3 陶瓷过滤网过滤合金，在过滤前把壳型预热至 900℃，在 1480℃ 慢浇，过滤后的分析结果为：过滤网顶部黏附着氧化物和硫化物（经电子探针分析其成分），也有含 Mg、Ca 和 Si 的氧化物颗粒，它们是由耐火材料带入的。其中的部分氧化物产生于金属液。过滤网中、底部有一些小尺寸的杂质，它们是氧化物的凝聚团（20 ~ 30 μm 细长），位于过滤网的狭窄、流动阻力较大处，过滤效率取决于过滤网的特性（孔的尺寸、厚度）。表面黏附，一些小的颗粒黏附于过滤网的内壁上，经分析是 TiN。有些文献介绍过滤网不能过滤氮化物，可以证明过滤物中有氮化物。凝固速度较慢、粗糙的内表面形状有利于过滤。TiN 与金属液的润湿角未知，但 TiN 与铁液的润湿角是 130°，界面能高，TiN 被推向过滤网的内表面并不断聚集直至凝固。过滤效果与接触面积成正比，与流动速度成反比。流速越慢、杂质黏附越多。过滤提高了塑性和稳定性，但对断裂寿命无影响。

王铁利研究了对 K640S 返回料的过滤效果，表明明显降低了合金中的氧含量和氮含量，其他元素含量没有什么变化。过滤对合金的拉伸性能没有影响，但合金的蠕变寿命提高了 90%。

有资料介绍了使用过滤网前后母合金持久性能的变化情况（见表 6 - 3），实验结果表明过滤有利于提高和稳定高温合金的持久性能。

表 6-3 使用过滤网前后母合金持久性能的变化

条　件	持久寿命/h		
	最大值	最小值	平均值
没过滤	90	41	68
过　滤	120	52	82.5

6.4.4 CaO 及 Al_2O_3 陶瓷过滤网的过滤效果

以前的陶瓷过滤网大多采用 Al_2O_3、ZrO_2 材质，这两种过滤网只能靠机械黏附去除夹杂物，而 CaO 过滤网可以依靠化学反应对夹杂物进行过滤，采用 CaO 过滤网有利于去除更多的夹杂物。

6.4.4.1　过滤对脱氧的影响

本实验中采用 Al_2O_3 和 CaO 过滤网分别进行了脱氧过滤效果的试验，Al_2O_3 和 CaO 过滤网的孔隙度均为 30 ppi。过滤效果见表 6-4，由表 6-4 可以看到，过滤对于氧的脱除具有明显的影响，从而证明了在超纯净熔炼的条件下，过滤仍有效果。采用 Al_2O_3 和 CaO 过滤网，其氧的过滤脱除率分别为 33% 和 50%。

表 6-4 Al_2O_3 和 CaO 过滤网的脱氧过滤效果

过滤网的材质	氧含量（质量分数）/%	
	过滤前	过滤后
Al_2O_3	0.0006	0.0004
CaO	0.0006	0.0003

6.4.4.2　过滤对脱氮的影响

实验中采用 Al_2O_3 和 CaO 过滤网分别进行了脱氮过滤效果的试验，Al_2O_3 和 CaO 过滤网的孔隙度均为 10ppi，过滤效果见表6-5。

表 6-5 Al_2O_3 和 CaO 过滤网的脱氮过滤效果

过滤网的材质	氮含量（质量分数）/%	
	过滤前	过滤后
Al_2O_3	0.0007	0.0003
CaO	0.0007	0.0005

从表6－5可以看到，过滤对于氮的脱除具有明显的效果，采用 Al_2O_3 和 CaO 过滤网，其氮的过滤脱除率分别为56%和30%。

6.4.4.3 过滤对脱硫的影响

本实验中采用 Al_2O_3 和 CaO 过滤网分别进行了脱硫过滤效果的试验，Al_2O_3 和 CaO 过滤网的孔隙度均为30 ppi。过滤效果见表6－6。

表6－6 Al_2O_3 和 CaO 过滤网的脱硫过滤效果

过滤网的材质	硫含量（质量分数）/%	
	过滤前	过滤后
Al_2O_3	0.0008	0.0010
CaO	0.0008	0.0011

从表6－6可以看到，过滤对于硫的脱除没有明显的效果，采用 Al_2O_3 和 CaO 过滤网，其硫的含量有所增加。说明若制作过滤网的耐火材料中硫的含量较高，还有可能增加硫的含量。

6.5 铝熔体净化用新型泡沫陶瓷过滤板

柯东杰等研究了铝熔体净化用的新型泡沫陶瓷过滤板，铝合金的熔炼是铝合金加工过程的首道工序，也是至关重要的环节，体现在熔炼过程的合金化、净化、细化处理技术中。去除铝合金熔体中的非金属夹杂，采取炉内熔剂处理，炉外泡沫陶瓷过滤的技术早已成为铝液净化的重要手段。

泡沫陶瓷是一种开口气孔率高达80%～90%，体积密度只有0.3～0.6 g/cm^3，具有独特三维立体网络骨架和相互贯通气孔结构的多孔陶瓷制品。最早的泡沫陶瓷过滤器是1978年由美国 Consolidated Alnminum 公司的 F. R. Mollard 和 N. Davison 研制成功，并用于铝合金浇注系统，于1980年4月美国铸造年会上发表了他们的研究成果。金属熔体经泡沫陶瓷过滤除杂，可显著提高铸锭质量，降低废品率。从那时起在世界各地相应研制、开发泡沫陶瓷过滤材料，促进了在冶金行业的普遍应用。泡沫陶瓷过滤器（CFF 即 Ceramic Foam Filter）的生产普遍采用一种三维网状结构和连通气孔的有机泡沫塑料作为载体，将其浸入具有触变性的特种陶瓷浆料中，并采取特殊的辊挤工艺，使陶瓷浆料均匀敷于载体的骨架上，然后经烘干固化再高温焙烧而成。国内外典型泡沫陶瓷的主要技术参数见表 6－7。

表 6－7　国内外典型的泡沫陶瓷（仅指已在铝业采用的过滤板）

国别及公司	型号	主要组成	孔径 ppi	体积密度 /g·m^{-3}	开口气孔率/%	常温耐压 /MPa	常温抗折 /MPa	热振性 (750℃)
美国某公司	Selee/A1	刚玉	10,20,30,40,50	0.35～0.45	85～90	0.85		
英国某公司	Sivex	刚玉	10,20,30,40,50	0.35～0.45	81～87	1.5		
目前国内市场		刚玉	10,20,30,40,50	0.35～0.45	≥80	1.5	0.9	
福州麦特新	MTX	刚玉	10,20,30,40,50,60	0.36～0.43	≥85	≥4.5	1.5	5

众所周知，泡沫陶瓷过滤板在中国铝加工业上的应用已经普及，在变形铝合金熔体净化技术应用上主要有两种模式：一种是炉内熔剂喷粉精炼，炉外泡沫陶瓷板过滤的半连续铸造，陶瓷过滤板更换是每铸一次换一片。也有的铝加工厂在过滤前增设流槽式在线除气机，提高净化效果；第二种是连续铸轧线上采用，其更换是依据过滤板前后压力差大小来确定更换周期。至于选用多大规格是根据单位时间铝液单位时间流量和总量而确定；而应该选用多大目数孔径的泡沫陶瓷过滤板，则视最终铝液的洁净度要求而定，对铝液的洁净度要求越高，选择的孔径就越小，由此对泡沫陶瓷过滤的结构和材质提出新的要求。随着铝各种净化技术的发展和应用效果，泡沫陶瓷过滤净化均为铝液净化的最后一道工序，在此工序之前均已采用熔剂喷粉精炼或在线旋转除气技术，铝液中尚未

去除的杂相——氢的质点是更加细微和弥散，如何促使杂相集聚长大吸附分离就显得特别重要，单凭机械拦截的“滤饼”效应对此显得很不突出，因此能促进杂相集聚长大和氢分压吸附的新一代泡沫陶质过滤材料，已成为泡沫陶瓷过滤板研究的重要方向。

6.5.1 新一代泡沫陶瓷材料的特性

为了实现以上的分析目标，我们从选材、制浆混练、载体的预处理到红外烘干和溅射涂覆到微波干燥，再到焙烧的温度场效应控制，研究一整套严格的工艺技术，来完成适应铝熔体净化的高温冶金物理化学过程，有效地提高铝熔体的洁净度，表现出如下表归纳的特性。

项目	第二代泡沫陶瓷过滤板（三维立体网骼）	第一代泡沫陶瓷过滤板
材质方面	X'Pert Pro MPD 衍射仪分析，主晶相 α-Al_2O_3，多形态莫来石，无石英玻璃相	X'Pert Pro MPD 衍射仪分析，主晶相 α-Al_2O_3，堇青石或莫来石或有尖晶石相，还有石英玻璃相
网孔构造	三维立体网络均匀骨骼结构，骨架支体有微观龟裂和微观针孔，抗热振性强，不掉陶粒，微观缺陷有利于二次沉积氟化物，增加对铝液中杂相的吸附能力	三维立体网络不均骨骼结构，特别体现在纵断面的横向上，盲孔，呈蜂窝形。骨架支体光滑或存有许多断支裂纹，振动易掉陶粒渣，全靠机械碰撞拦截
现　象	耐压强度高于 4.5 MPa，抗弯 1.5 MPa，抗热振性(750℃室温) >5 不掉陶粒，对铝中杂相亲和力强，除杂效率高，表现为静压差变化大	耐压强度 <4 MPa，一般在 1.0 ~1.5 MPa，抗热振性 <5，易掉陶粒粉，除杂效率相对低，表现为静压差变化甚微
外　观	粉红色或洁白色，拍打不掉陶粒渣	白色或灰白色，拍打掉陶粒渣，甚至越振越多
误　区	吸附过滤除杂率高，有时因滤杂太多，引起静压差激增，造成供流不足，“堵塞”	因本身中部横断面盲孔多，有效过滤体积下降，引起供流不足，甚至堵塞

6.5.2　泡沫陶质材料过滤净化机理

泡沫陶瓷过滤机制，一般描述为扩散拦截和惯性碰撞拦截或经筛分，沉积层和深床过滤，清华大学一国家重点实验室对泡沫陶瓷过滤机理建立了三维物理模型和两相流模型，并进行了模拟计算，这对我们研究铝液过滤净化很有帮助。然而泡沫陶瓷对铝液的过滤净化过程十分复杂，也是高温物理化学和冶金动力学的复杂过程。至于筛分碰撞、沉降、拦截过滤都比较好理解，我们对泡沫陶瓷过滤研究过程中所获得的诸多参数，综合分析后，提出以下见解：

（1）通过筛分碰撞拦截和扩散拦截，摩擦、沉降等机械过滤，其过滤效率同泡沫陶瓷的网眼孔径成正比，网眼越小，对小颗粒拦截能力越强。

（2）沉积层或滤饼层效应，随着熔体中的粒子沉积和弯弯曲曲的相互连通又凸凹不平的网架支壁，对杂相粒子的捕获能力提高了。

（3）由于网骼支架体表面缺隙而形成的粗糙面，增大了铝液流同陶瓷固体面的界面能促使铝液流中的粒子流向更加无序化，有利于固态粒子被捕获沉积下来。

（4）由于网骼支架体表面微观裂纹和针孔，预先沉积了对 Al_2O_3 等粒子亲和力强的氟化物熔剂，促使完整的滤饼层效应和强的化学吸附力，捕获留滞的杂相粒子能力更加强了。

（5）再者，从金属熔体结构熔炼过程和传输过程温度场效应，必然形成合金溶质的浓度差，金属熔体是重新分配—整合—再分配—又整合，这也是一个很好的合金化处理过程，有些高熔点金属相和化合物重新聚集长大，细小杂相聚集长大后有利于过滤捕获。这也可以从过滤前后 H、Al_2O_3、Fe 相、Ti 相浓度的变化来说明。尤其双级过滤或孔梯度厚板过滤更加明显。因此，在同等的前提条件下，新型泡沫陶瓷过滤板，对铝熔体杂相去除率高，过滤前后静压差变化随时间的变化更大，过滤前后铝熔体中 H 含量的变化也明显。当然,选择泡沫陶质孔眼越小,越能提高铝熔体的洁净度。

6.5.3 正确选择过滤板,提高铝熔体的洁净度

6.5.3.1 视铝熔体中的含杂量、熔体转注流量和最终铸造制品的质量要求而定

(1) 含杂量多,铸造制品的品质一般,可选用孔网眼较大的泡沫陶瓷过滤板,在过滤板前增设一道玻璃丝布粗滤。这时半连续铸造先用玻璃丝布粗滤是重要的,它可以拦截开眼时的流渣和流槽冲刷下来的渣,以防过滤板的堵塞。

(2) 铸造制品的质量要求高,应选用孔网眼小,即目数大的新型泡沫陶瓷过滤,例如福建瑞闽铝业和南方铝业生产铝箔坯料,河南明泰铝业生产高品质热轧板坯,东北轻合金加工厂生产高品质军品铝材,广东中山和胜铝业生产的高品质工业型材精品,均采用福州麦特新高温材料有限公司生产的第二代泡沫陶质过滤板,最为突出的是选用 30 ppi 和 60 ppi,规格为 305 mm × 305 mm × 50 mm、381 mm × 381 mm × 50 mm、432 mm × 432 mm × 50 mm、508 mm × 508 mm × 50 mm 的双级过滤技术,达到理想的洁净度,获得很好的效果。

(3) 过滤板规格的选定,是按熔体通过的流量和总的通过量而定。流量大、总通过量大、过滤板孔眼小,则选用较大的规格。

6.5.3.2 观其色、拍其体、烧其物

(1) 颜色纯、无杂,说明材质均一;扎手不粘手,说明表面没喷黏结剂,不会造成二次污染。

(2) 单手托着过滤板,另一只手以鼓掌式,适力拍打过滤板,连续掉下陶粒渣,说明是劣质过滤板,会对铝液造成二次污染。

(3) 用明火或电热升温烧为红色立即室温冷却无崩裂掉渣,说明是好的过滤板。

6.5.3.3 认真评估其泡沫体的有效比表面积或孔隙率计算

这可以观察过滤板表面层网眼均质状态,再剖开观察其断面

网眼均质状态。有条件的话,可以用排水法测量计算出其孔隙率。三维网眼均质,孔隙率相对较大是优秀的泡沫陶瓷过滤板。

总之,泡沫陶质过滤板是铝熔体净化处理的最后一道工序,选择第二代泡沫陶质过滤板显得尤为重要。根据以上几点和各铸造厂的环境选择最佳的过滤板进行过滤,获得了高洁净度的铝熔体,但需特别注意的是:防止铝熔体离开过滤箱后,到凝固成形这一过程可能的二次污染。在此段采用长寿命、高强度、不粘铝的、保温性良好的熔融石英陶瓷烧结制成的流槽、前箱、分配盘、热帽,并及时除湿、清扫来消除可能的污染源,确保铝熔体的洁净度不容忽视。

6.6 多孔陶瓷材料引领国内过滤技术发展

薛友祥等总结了多孔陶瓷材料引领国内过滤技术发展。随着科技和工业化生产的发展,能源、资源、三废治理等问题更加受到重视。尤其是生物化工、精细化工、能源材料等高技术领域的迅速发展,对液、固分离技术的研究和开发提出了更高的要求,高分离精度、高运行效率的微孔过滤技术及微孔过滤材料愈来愈引起人们的重视。微孔陶瓷材料由于具有孔隙度高、透气阻力小、可控孔径、清洗再生方便以及耐高温、耐高压、耐化学介质腐蚀等特点,在许多领域具有较大的应用市场。以微孔陶瓷材料作为过滤介质的陶瓷微过滤技术及陶瓷过滤装置,由于其不仅解决了高温、高压、强酸碱和化学溶剂介质等难过滤问题,而且由于本身具有过滤精度高、洁净状态好以及容易清洗、使用寿命长等特点,已在石油、化工、制药、食品、环保和水处理等领域得到广泛应用。

进入20世纪以来,中国造型材料高新技术公司先后承担了科技部中小型企业创新基金项目、科研院所社会公益基金项目、科技部技术开发研究专项资金项目及国家863计划等重大科研项目的研究工作。目前,在微孔陶瓷材料的制备工艺及性能检测、陶瓷过滤器的设计及应用、陶瓷微滤膜及高温气体净化用陶瓷过滤材料及过滤装置的研制及开发方面居国内领先地位。

中国造型材料高新技术公司下属的过滤陶瓷部是一个集陶瓷过滤材料、过滤装置的研究、开发、设计及生产为一体的高科技实体，拥有近20项省、部级科研成果和专利技术，是目前国内研制、生产微孔陶瓷系列制品及陶瓷过滤器种类最多、应用面最广、生产技术较为成熟的专业生产厂家。其主要产品包括各种规格的微孔陶瓷过滤元件和微孔陶瓷过滤器、高性能陶瓷膜过滤元件及陶瓷膜过滤装置、高温气体净化(高温除尘)用高温陶瓷过滤材料及高温陶瓷除尘器、高温融体过滤用泡沫陶瓷过滤元件以及陶瓷净水器、陶瓷曝气器、陶瓷消声器、各种陶瓷电解隔膜等，产品已广泛应用于化工、制药、冶金、水处理及环保工业。

6.6.1 国内外发展现状

国外多孔陶瓷材料研究开发和应用已有近百年的历史，陶瓷膜产品的研制、开发、应用也有近50年的历史，其产品的产业化、商业化程度已达到较高的水平，产品的技术水平也有了很大的提高。20世纪50年代，法国、美国等先后开发了各种SiC、莫来石、ZrO_2、陶瓷纤维等气、液过滤、微生物处理用微孔陶瓷过滤元件，主要用于化工、食品、饮料及水处理行业。20世纪70年代日本等国家在高温气体净化、烟气除尘用多孔陶瓷过滤材料研究方面取得了较大进展，如日本旭硝子公司等生产的高温陶瓷过滤器在化铁炉等高温烟气除尘方面大量推广应用。从20世纪80年代开始，国外在陶瓷膜的研究及开发应用、高温陶瓷热气体净化技术方面的研究又取得较大的突破。目前国外已有专业的多孔陶瓷材料及陶瓷膜材料生产厂家300余家，如日本NGK和TDK、法国的CERVER、美国的Corning和Filter、乌克兰的Fairey工业陶瓷公司、芬兰奥托昆明克公司等。其中美国过滤器公司已成为目前全球最大的无机陶瓷分离膜及设备供应商，芬兰奥托昆明克公司生产的陶瓷真空圆盘过滤机目前已在100多个国家使用。美国Anguil环境系统公司生产的自洁式高温陶瓷过滤器采用了陶瓷过滤和催化净化技术，目前已有1600余套高温气体过滤装置在各个领域应用。

相比之下,国内在多孔陶瓷材料产业发展方面与国外先进国家相比存在明显不足。一是国内多孔陶瓷材料的发展技术不平衡;二是国内绝大多数厂家对多孔陶瓷材料缺乏必要的了解。近年来,在国家科技攻关政策的扶持下,尤其是在国家环保、节能政策的引导下,国内多孔陶瓷材料及膜材料技术有了较快的发展,产业化及市场化规模逐渐扩大。山东工业陶瓷研究设计院在长期研究、开发多孔陶瓷材料的基础上,近几年在国家几项重大科研项目支持下,目前已在陶瓷微滤材料、高温陶瓷过滤材料及膜材料方面逐渐形成了自己的技术优势,并且在产品市场推广和产业化方面有了一定规模。江苏省九吾高科技发展公司、合肥世杰膜工程有限责任公司等在陶瓷膜材料制备技术方面也在一定程度上达到国外先进水平。毋庸讳言,多孔陶瓷材料由于受产品制造水平及应用技术的限制,目前在国内过滤分离领域所占的市场份额较小,产品的产业化水平普遍较低。但可以预言,随着国内化工形势的好转、能源和环保产业政策的扶持以及国外同行业技术的不断发展和应用市场的不断扩大,多孔陶瓷材料产业在国内将会迎来更好的发展前景。

6.6.2 市场应用

从多孔陶瓷材料及膜材料的性能特性来讲,由于其具有良好的耐热性能和耐介质腐蚀性能,因此可以应用于除 HF、热磷酸以外所有介质过滤。另外,多孔陶瓷过滤材料高的过滤精度(0.1 μm)、在线清洗性能以及自洁性能(无嗅无味、对介质无污染)和良好的操作性能,使其在许多领域具有好的推广应用前景。

6.6.2.1 石化行业

石油、化学工业石油、化学工业领域常涉及到工艺原料气、工艺原料液净化问题,其中少量固体必须最大限度除去。由于原料气、液常涉及高温、高压或强腐蚀性,其他分离材料无法应用,只能采用陶瓷材料。目前很多厂家都有这种要求,如碱厂滤液过滤、聚腈胺工艺料液净化，分子筛、催化剂生产过程中产品回收，钛白粉生产中偏钛酸细微粒子回收，超细粉体生产过程中产品回收，盐水及氯化钙等溶液的过滤等。另外，陶瓷过滤器在国内各大炼油厂中航空煤油过滤、催化气体净化、石蜡加氢工艺中也得到推广应用。

6.6.2.2 制药及食品行业

制药及食品行业常涉及活性炭进行脱色过滤及催化剂过滤问题。由于这些介质过滤通常要求过滤精度比较高，又常涉及到高温（60～150℃）和腐蚀性溶液等，采用传统的袋式过滤器或离心过滤机一般很难达到好的去除效果或根本无法使用。使用微孔陶瓷或陶瓷膜过滤器则可以很容易地解决这个问题，它不但可以提高滤液质量，而且滤芯清洗再生效果好，可长时间连续使用。

6.6.2.3 无菌空气及压缩气体净化

采用微孔陶瓷过滤器进行空气的无菌处理具有洁净状态好、滤速高、净化效果好、再生周期长（1～2月）、清洗效果好、可高温消毒杀菌等特点，在制药、啤酒行业发酵用无菌空气制备方面具有很好的应用前景。因此，采用微孔陶瓷过滤器代替价格昂贵的金属过滤器用于食品、酿造及制药行业发酵无菌空气的制备是完全可行的。另外，陶瓷过滤器用于高压压缩气体的净化，用于除油、除杂质，在国内也得到推广应用。其次，陶瓷过滤器在高压高温蒸气（150～200℃）净化方面也有较大的应用市场。

6.6.2.4 水处理

在水处理领域，陶瓷过滤材料可应用于生活饮用水处理、工厂工艺用水制备、工业循环水净化及工业污水和城市生活废水处理等。如采用硅藻土质陶瓷滤芯进行家庭生活饮用水净化，具有独特的除菌和再生性能，目前已在中国、韩国、美国、英国、日本和中国台湾等得到大量开发和应用。陶瓷过滤材料用于工业冷却水处理及酸碱性废水处理，目前已在国内的蓄电池行业、石化行业、电厂中取得了较好的应用成果。在工业污水处理方面，陶瓷膜过滤装置用于乳化油废水处理、印钞及印染废水处理，不仅可以保证废水达标排放或回用，而且还可大大降低处理成本。实验数据表明，在国内采用陶瓷微滤膜过滤装置处理工业废水，相同情况下，其设备价格仅为进口有机膜设备的1/4左右，运行费用约为其1/10左右。

6.6.2.5 高温气体净化

很多生产领域，如电厂进入第二涡轮室用燃烧气体制备、露点以上碳水化合物生产热气体中粒子杂质的去除、燃煤锅炉高温烟气净化、冶金炉、电石炉等排出的高温含尘气体净化等都需要一种高效粒子去除设备。目前，国内采用的热气体粒子去除装置绝大多数为旋风除尘，由于其运行和分级效率低，约为0.89% ~ 0.96%和粉尘粒径50为6.5 ~ 8.5 μm，即使采用三级旋风处理，其排出物质量浓度仍将数倍于NSPS最大极限，也达不到目前现行烟气排放标准200 mg/m^3。高温过滤技术是近20年来粒子控制技术的最主要发展，在其他过滤介质不能选用的情况下，高温陶瓷过滤器则成为首选的过滤设备，其除尘效率可达99.5%以上，分级效率为粉尘粒径50 μm。该产品的产业化将会对国内日益迫切的冶金炉含尘气体排放，电石厂电石气回收，PGBC装置热气体净化技术水平的提高起到重要的促进作用。

6.6.2.6 饮料、食品工业

根据陶瓷膜特点和国外发展陶瓷膜的经验，陶瓷膜在我国应用领域极其广泛，食品工业是其重要的应用领域，诸如矿泉水生产、酒、饮料过滤、调味品、果汁过滤等。该领域对膜设备的要求是抗污染能力强，可以蒸汽原位消毒，使用寿命长，而陶瓷膜恰具这种优势。例如采用1 ~ 1.5 μm的陶瓷膜脱除低脂牛奶中的细菌，效率达99.6%，滤速达500 ~ 750 L/(m^2·h)，该工艺生产为牛奶的低温保存期由处理前的6 ~ 8天延长到16 ~ 21天。采用孔径为0.5 μm的陶瓷膜，在不改变色、香、味的前提下，除菌率达到100%，保存期可延长3个月。另外，采用0.4 μm的陶瓷膜用于果汁澄清，生产的果汁品质优良，更具芳香味。

6.6.2.7 矿浆脱水和物料干燥

采用多孔陶瓷材料的毛细管原理研制开发的真空圆盘陶瓷过滤机是国外20世纪80年代后期才发展起来的一种用于黏细物料过滤脱水的高效节能装置,它在过滤机理和工艺效果方面均有新的突破,其用于黏细物料脱水显示出很大的优越性,在世界各地已得到大量推广应用。该过滤机的特点是:整机能耗低,约为真空过滤机的10 %,处理成本约为板矿过滤机的50%。另外,整机自动控制、连续运转设备利用率高,生产维护费用低。可以说,在目前国内外开发应用的各种过滤脱水设备中,陶瓷过滤机是一种比较先进、很有应用前途的过滤设备。它在我国的各种矿浆脱水、无机盐工业中的重碱脱水、碳酸盐、磷酸盐等制备过程物料的干燥、脱水方面具有较好的应用推广前景。

6.6.2.8 高温金属熔体过滤

泡沫陶瓷作为一种特殊多孔陶瓷材料在金属熔体过滤中起着重要作用。金属中杂质的种类、形状、大小及分布对材料的强度、硬度、断裂韧性等有着很大的影响,由于金属熔体的熔融温度非常高,其他过滤介质无法满足要求,而泡沫陶瓷材料不仅具有非常高的熔体透过能力和杂质去除能力,还具有非常高的抗高温能力。例如采用堇青石-莫来石系列的泡沫陶瓷材料,可以满足熔融铝合金、金属铜液的过滤,而采用氧化铝、碳化硅质高温泡沫陶瓷材料则可以满足更高温度下(1400~1600℃)铁水和钢水过滤的需要。目前国际上工业较发达国家的铸造行业,已普遍采用金属熔体过滤工艺。例如在生产生铁铸件时,采用泡沫陶瓷过滤器,可以使合格铸件的产量提高到80%。在连续铸钢中,采用泡沫陶瓷过滤时,不锈钢中非金属夹杂物的含量大约可以减少20%。

6.6.2.9 汽车尾气净化

蜂窝陶瓷作为多孔陶瓷材料中的又一特殊材料,目前在催化剂载体、汽车尾气净化器和换热储能器方面有很好的推广应用前景。由堇青石等低热膨胀陶瓷材料制成的蜂窝状多孔陶瓷材料,通过被敷催化剂后,可以作为催化转换器,用来净化内燃机尾气,以防止空气污染。与其他形式的尾气净化器相比,采用蜂窝陶瓷的汽车尾气净化器具有耐热振稳定性好、催化层阻力小、预热能力好、抗磨性高等优点。采用蜂窝陶瓷催化器,一方面通过过滤作用,可将尾气中的烟尘颗粒有效去除,并在高温下燃尽;另一方面,通过催化氧化和还原,可将排气中有毒的一氧化碳和一氧化氮转换成二氧化碳和二氧化氮。因此,蜂窝陶瓷目前在国外已被广泛应用于汽车尾气处理装置。

6.6.2.10 *发展方向*

(1) 通过优化工艺配方和工艺过程,制备高孔隙度高强度多孔陶瓷材料,提高材料气孔的均匀性。气孔率和孔径是多孔陶瓷材料的主要微孔性能指标,在满足其他强度要求的情况下,适当提高材料的气孔率,可以大幅度提高材料的透气性能,降低单位面积材料的流体透过阻力,提高过滤效率。为此,可以通过在多孔陶瓷基体中引入陶瓷纤维,或通过采用编制陶瓷纤维网利用化学气相沉积技术来制备高强、高孔隙率的陶瓷纤维复合多孔陶瓷材料。

(2) 降低材料成本,制备大尺寸多孔陶瓷制品。目前,多孔陶瓷用作过滤材料,其综合成本虽然要比粉末冶金过滤材料低得多,但同其他过滤材料相比,价格仍显偏高,这也是影响多孔陶瓷材料大面积推广应用的一个主要原因。另外,随着将来大端面陶瓷过滤器的工业化推广应用,基于材料密封等原因的陶瓷过滤元件规格尺寸也要求增大。探索新的制备工艺,制备低成本、大尺寸的多孔陶瓷制品,是发展多孔陶瓷材料产业的必然选择。

(3) 采用陶瓷膜材料的表面修饰技术,制备大尺寸无缺陷的陶瓷膜材料。陶瓷膜材料作为一种精密过滤与分离材料,其膜层孔径大小、孔径均匀性、膜层厚度及表面缺陷等对其分离性能有很大的影响。现有的制备技术,包括支撑体技术、膜层的工艺控制技术、完整膜的无损在线检测技术等很难达到制备完全无缺陷膜的技术要求。以上问题也是制约陶瓷膜材料在国内大量推广的一个主要原因。为此,在今后的工作中,应就陶瓷膜材料的表面修饰技术及在线检测技术方面做更深入的研究工作。

(4) 研究开发多功能性多孔陶瓷复合材料。现有的多孔陶瓷材料功能单一,尤其用作过滤材料的多孔陶瓷材料,其过滤机理基本以物理过滤为主,今后若能采用陶瓷材料复合技术或嫁接技术制备一些多功能性陶瓷材料,如采用纳米抗菌功能材料与微孔制备技术结合,研制开发具有抗菌和净化功能的微孔陶瓷材料;采用陶瓷-金属复合技术,制备具有选择吸收、催化功能的多孔陶瓷材料;采用无机和有机材料复合技术制备其他一些电传导膜、生物反应膜等,这对扩大多孔陶瓷材料的应用范围具有重要意义。

(5) 加强多孔陶瓷材料的应用技术研究,提高产业化水平。目前国内从事多孔陶瓷材料研究的工作者大多数只注重于材料本身性能的研究,而缺乏对材料应用性能的研究。事实上,多孔陶瓷的应用技术,包括过滤技术、材料的清洗再生技术、过滤系统的优化等是一门很深的学问,多孔陶瓷材料推广应用一方面取决于材料本身优良的性能,而另一方面更大程度取决于材料应用技术水平的提高。因此,要提高我国的多孔陶瓷材料的产业化水平,就必须加强材料应用性能的研究,建立相应的应用研究平台,并加强企业之间的技术交流与自律。

(6) 发挥优势、突出重点。结合目前国内多孔陶瓷材料的发展实际状况和需求,重点开发陶瓷微过滤材料、陶瓷膜过滤材料、高温气体过滤材料及高温气体催化分离材料及装备技术,以满足目前国内能源、化工、环保和水处理行业的需要,提高国内的过滤与分离技术水平。

6.7 液态铸造合金用过滤器的发展和性能

在铸造生产中,由于非金属夹杂物等铸造缺陷导致的铸件废品率一般高达废品总数的50%~60%。夹杂缺陷不仅严重降低铸件的力学性能,也对其加工性能及外观产生有害影响。净化液态铸造合金,减少或消除其中的各种非金属夹杂物,无疑是获得高质量铸件的非常重要的技术措施。采用过滤技术可以有效地达到净化液态铸造合金的目的。

过滤技术应用于铸造生产已有几十年的历史，但最初仅仅是用铁丝网、带孔的钢板、多孔泥芯等简单的过滤器插入浇注系统中来滤除大块夹杂物。从20世纪60年代初起，在俄、美、英、中等国家陆续出现了硅酸铝纤维质、钼丝质、氮化硼纤维质等二维结构型内过滤网，并在生产中得到应用，取得了一定的效果。但是，所有这些过滤网只能通过机械筛分作用滤除金属液中的大块夹杂物和极少数小块夹杂物，而且硅酸铝纤维过滤网由于耐火度和强度均较低，只能用于有色合金、铸铁和小型铸钢件的过滤，难以长时间地承受高温金属流体的冲击；英国研制的钼丝质和美国研制的氮化硼纤维质过滤网虽能用于过滤铸钢等高温合金，但因其价格昂贵，使其应用受到限制。用于铸造合金过滤的还有直孔芯型陶瓷过滤器和耐火颗粒过滤器，但它们的孔隙度均小，而且前者的过滤效率仍较低，过滤效果不够稳定，后者由于颗粒间无黏结作用使其易漏粒，使用也不方便。20世纪70年代初美国最先研制成功的烧结型多孔陶瓷过滤器虽解决了耐火颗粒过滤器易漏粒和使用不便的问题，但和80年代初美国最先研制成功的直孔型蜂窝陶瓷过滤器一样，孔隙度仍较小（一般小于50%），金属液过流率低。

自从1978年铝合金用泡沫陶瓷过滤器首次研究成功以来，泡沫陶瓷过滤技术得到了迅速发展。这种过滤器（简称CFF，即Ceramic Foam Filter）是采用聚氨酯泡沫塑料为载体，将它浸入由陶瓷粉末、黏结剂、助烧结剂、悬浮剂等制成的涂料中，然后挤掉多余涂料，使陶瓷涂料均匀涂敷于载体骨架成为坯体，再把坯体烘干并经高温焙烧而成。泡沫陶瓷过滤器又分为黏结型和烧结型，前者依靠黏结剂将陶瓷微细颗粒黏结在一起，后者是依靠在高温下保温，使较纯的陶瓷微细颗粒烧结熔合起来。泡沫陶瓷过滤器所具有的独特的三维连通曲孔网状骨架结构使其具有高达80%～90%的开口孔隙度，并具有以下三种过滤净化机制：其一是机械拦截；其二是整流浮渣，即过滤片的整流作用使过滤片前的横浇道处于充满状态，使过滤后的铁水呈平稳的层流状态，铁水的氧化和冲刷反应减弱，从而使夹杂物易于上浮和捕获，使过滤片后的二次夹杂物数量减少;其三是深层吸附,即进入过滤片内部的细小夹杂物由于与流径复杂的陶瓷网络充分接触而被吸附于骨架上或被滞留于网络死角中。它通过这三种过滤净化机制,可高效地滤除金属液中的大块夹杂物和很大部分小至数十微米的微小悬浮夹杂物(哈尔滨工业大学对铝青铜的试验表明,泡沫陶瓷过滤器的过滤效率高达95%,而双层纤维过滤网仅为67%),从而显著降低铸件废品率和焊补率。此外,还能简化浇注系统,改善金相组织,从而提高铸件工艺出品率和生产率,改善铸件内部质量、工作性能以及机加工性能。因此,泡沫陶瓷过滤器具有很好的应用前景。

6.8 多孔陶瓷过滤元件的主要特点、过滤机理,陶瓷过滤器的组装结构及应用

多孔陶瓷是一种以耐火原料为骨料，配以结合剂等经过高温烧结而制成的陶瓷过滤材料，其结构内部具有大量贯通的可控孔径的微细气孔。它除具有耐高温、高压、耐酸、碱腐蚀等特性外，还具有孔径均匀，透气性高等特点，因此可广泛用作过滤、分离和消音材料。国外自20世纪50年代起，就开始应用多孔陶瓷作为过滤元件进行上、下水净化，矿泉水除菌，含油气体净化等。到目前，产品已标准化和系列化。国内对多孔陶瓷在过滤技术中的应用研究虽起步较晚，但目前以多孔陶瓷作为过滤元件组成的陶瓷过滤器，在各行业的分离，净化领域中已得到较全面的推广应用。例如石化行业液 - 固、气 - 固的分离，制药、酿造行业中的无菌净化处理，环保行业中的高温烟气除尘等。目前，陶瓷过滤器以其独特的功能特性，在各分离，净化领域中已成为一种不可替代产品。

6.8.1 多孔陶瓷过滤材料性能

多孔陶瓷材质、规格种类繁多。其中国外生产的多孔陶瓷材料材质主要有硅酸铝质、黏土质、刚玉质、石英质、碳化硅质和硅藻

土质等。国内生产的主要有刚玉质、石英质和硅藻土质。

(1) 孔径：表明制品开口气孔的大小，这里是指制品的最大开口直径。多孔陶瓷过滤元件的孔径可分为 1 mm、5 mm、10 mm、20 mm、30 mm、50 mm、80 mm、100 mm、120 mm、150 mm、200 mm、250 mm、300 mm 系列。

(2) 气孔率：是制品中开口气孔体积占总体积的百分比，它等于 $V_{开口}/V_{总} \times 100\%$。

(3) 透气性 K：是指在 10 Pa(1 mm H_2O)压差下，在单位时间 1 h 内通过厚度为 1 cm，面积为 1 m^2的多孔陶瓷的干式气体量(m^3)。

(4) 耐酸性：多孔陶瓷制品经 20% 硫酸溶液煮沸 1 h 后，其抗弯强度与腐蚀前抗弯强度之比。

(5) 耐碱性：多孔陶瓷制品经 20% NaOH 溶液煮沸 1 h 后，其抗弯强度与腐蚀前抗弯强度之比。

(6) 耐温性：多孔陶瓷制品抵抗温度变化而不被破坏的能力。

6.8.2 多孔陶瓷过滤材料的主要特点

与其他过滤材质相比，多孔陶瓷过滤材料具有如下特点。

(1) 多孔陶瓷过滤材料孔隙度高，最高可达 60% 以上。孔径均匀且易于控制。过滤精度高，适用于各种介质的精密过滤。

(2) 耐酸、碱性好。适用于强酸(硫酸，硝酸，盐酸)，强碱(氢氧化钠等)和各种有机溶剂的过滤。

(3) 机械强度高。工作压力可达 6 MPa，压差可达 1 MPa。

(4) 耐高温。具有良好的耐急热急冷性能，工作温度最高可达 800℃。适用于各种高温气体的过滤。

(5) 过滤元件自身清洁状态好。无毒、无味、无异物脱落，适用于无菌处理操作。

(6) 过滤元件使用寿命长。长期使用，微孔形貌不发生变化，便于清洗再生。

6.8.3 多孔陶瓷过滤元件过滤机理

多孔陶瓷的过滤是集吸附、表面过滤和深层过滤相结合的一种过滤方式。从用于液-固，气-固系统的过滤与分离来讲，其过滤机理主要为惯性冲撞、扩散和截留。

(1) 惯性冲撞。流经多孔陶瓷过滤元件微孔孔道的流体中的杂质颗粒，由于惯性而与微孔孔道壁接触而被捕捉。惯性冲撞与杂质颗粒直径的平方成正比，与流速及流体黏度成反比。

(2) 扩散。杂质颗粒由于布朗运动而离开流线与微孔孔道壁接触，从而被捕捉。扩散捕捉和流速及流体黏度成反比。

(3) 截留。杂质颗粒由于比微孔孔道大而被捕捉，属表面过滤。截留只与杂质颗粒的大小有关，而与流速和流体黏度没有关系。

当流体流经多孔陶瓷过滤元件时，大于过滤元件微孔径的颗粒被截留在表面形成滤饼层，小于多孔陶瓷孔径的颗粒由于惯性和受布朗运动影响而离开流线与微孔道壁接触，仍有部分颗粒被截留在表面或沉积在多孔陶瓷孔道内。由于多孔陶瓷微孔通道迂回曲折，加上流体介质在多孔陶瓷表面形成的架桥效应及惯性冲撞和布朗运动的影响，因此其过滤精度要比本身孔径高得多。如10 mm孔径的多孔陶瓷过滤元件，当过滤介质为液体时，其过滤精度为1 mm，当过滤介质为气体时，其过滤精度达0.5 mm。

陶瓷过滤器运行一定时间后，当过滤元件内部通孔被流体介质中的颗粒杂质堵塞，表面滤饼层增厚，导致过滤阻力增大，流速降低时，可以通过气体反吹，液体反洗或气-液混洗的方式再生，而使其基本恢复到初始状态水平。因此，定时反吹、反洗，能大大延长多孔陶瓷过滤元件的使用寿命。

6.8.4 多孔陶瓷过滤器

6.8.4.1 陶瓷过滤器的组装结构

陶瓷过滤器主要由多孔陶瓷过滤元件，拉杆、花板和壳体组成。根据过滤元件的规格、形状不同及过滤方式不同，过滤器的组装结构主要有板式，单管式和多管式等，其中多管式陶瓷过滤器应用较广。

烛形陶瓷过滤器安装较方便，密封性好，适用于安装小口径的陶瓷过滤元件，过滤面积大，可以达到 20 m^2。但该结构过滤元件抗机械冲击和热冲击性能较差，因此适用于低压液体过滤。

拉杆式陶瓷过滤器结构较复杂，但抗机械冲击、热冲击性能好，可适用各种介质过滤。

6.8.4.2 陶瓷过滤器过滤效率的主要影响因素

（1）过滤精度。是指能够滤除的流体介质中最小固体杂质颗粒的粒径大小，单位为 mm。前面已经提到，对于陶瓷过滤器来讲，其过滤精度可以达到 0.1 mm。

影响陶瓷过滤器过滤精度的主要因素是多孔陶瓷过滤元件的最大微孔直径。对于同一流体介质来讲，孔径愈小，则过滤精度愈高，反之愈低。其次，工作压力对过滤精度也有微弱的影响。

一般来讲，对液体介质，其能过滤掉的杂质颗粒大小约为陶瓷过滤元件孔径的 1/5 ~ 1/10。对气体介质，由于布朗运动在气体中比在液体中活泼，扩散捕捉作用增大，其截留杂质颗粒大小约为过滤元件孔径的 1/15 ~ 1/25。

（2）过滤速率 Q。即单位时间内通过陶瓷过滤器的流体介质质量。

参考文献

[1] 王世和，周飞，等. 深层过滤理论与长纤维高速过滤器[M]. 北京：化学工业出版社，2008.

[2] Sims C T，Stoloff N S，Hagel W C 著. 高温合金. 赵杰，朱世杰，李晓刚，王富刚译. 大连：大连理工大学出版社，1992.

[3] 袁文明，汤鑫，商宝禄. 提高钢液过滤用氧化钙耐火材料抗水化性的途径[J]. 材料工程，1993，4：17.

[4] 路贵民，柯东杰. 铝合金熔炼理论与工艺[M]. 沈阳：东北大学出版社，1999.

[5] 杨长贺，高钦. 有色金属净化[M]. 大连：大连理工大学出版社，1989.

[6] 王零森. 特种陶瓷[M]. 长沙:中南工业大学出版社,1994.
[7] 郑水林. 粉体表面改性[M]. 北京:中国建材出版社,2003.
[8] 贺家其. 冶金过程物理化学[M]. 沈阳:东北大学出版社,1983.
[9] 柯东杰. 综述国内铝熔体净化技术[J]. 轻合金加工技术, 1994, 4:10.
[10] 王志石. 深床过滤的微观理论模型[J]. 清华大学学报,1988,6:23.
[11] 资新运. 泡沫陶瓷过程过滤机理的研究[J]. 内燃机学报, 2000, 2:15.
[12] 边秀房,王伟民,李辉,等. 金属熔体结构[M]. 上海:上海交通大学出版社,2003.
[13] 李天晓, 孙宝德,等. 夹杂聚集——铝合金净化新思路. 材料科学与工艺,2003, 4:45.
[14] 贾天敏,李军文,江度,等. 泡沫陶瓷过滤器净化原理及含过滤器浇注系统的设计[J]. 铸造技术,1998,5:28.
[15] 牛建平, 杨克努, 孙晓峰,等. 一种带有氧化钙涂层的氧化镁坩埚及其制备方法. 专利号:ZL 00 1 10150. 1 国际专利主分类号:F27B 14/10.